内容简介

本书是"21世纪高等院校数学规划系列教材"之《线性代数》.它是根据教育部颁发的《本科理工科、经济类数学基础教学大纲》,并在总结编者多年讲授线性代数课程经验的基础上,精心编写而成的.

全书共分六章,内容包括:行列式、矩阵及其运算、矩阵的初等变换与线性方程组、向量组的线性相关性、矩阵的特征值与特征向量、二次型等.本书取材适当、叙述清楚、逻辑清晰、深入浅出、简明易懂、难点分散、重点突出,便于教学与自学.每章的最后都设置了"综合例题"一节,希望通过对各种典型且综合性较强的例题的剖析,进一步开阔读者的解题思路,提高读者的综合解题能力,

本书每节均配有习题,每章也配有题型多样的复习题.对每道习题与复习题,书末均附有参考答案;对大部分的"证明题"给出了提示或证明思路;对难度较大的"计算题",除了给出结果的参考答案,还给出计算过程提示,目的是为了给使用本书的读者提供更多的帮助信息.

本书可以作为高等院校理工科、经济类各专业本科学生学习线性代数的教材;同时,由于所配置的各章复习题,题型多样,且具有一定的代表性,因而本书也适合有志于考研的学生,作为考研的参考书之用.

21 世纪

高等院校数学规划系列教材 / 主编　肖筱南

线性代数

许振明　周牡丹　周小林　编著

北京大学出版社
PEKING UNIVERSITY PRESS

图书在版编目(CIP)数据

线性代数/许振明，周牡丹，周小林编著. —北京：北京大学出版社，2014.8
(21世纪高等院校数学规划系列教材)
ISBN 978-7-301-24665-8

Ⅰ.①线…　Ⅱ.①许…　②周…　③周…　Ⅲ.①线性代数—高等学校—教材　Ⅳ.①O151.2

中国版本图书馆CIP数据核字(2014)第189404号

书　　　名：线性代数
著作责任者：许振明　周牡丹　周小林　编著
责 任 编 辑：曾琬婷　潘丽娜
标 准 书 号：ISBN 978-7-301-24665-8/O·0996
出 版 发 行：北京大学出版社
地　　　址：北京市海淀区成府路205号　100871
网　　　址：http://www.pup.cn　　新浪官方微博：@北京大学出版社
电 子 信 箱：zpup@pup.cn
电　　　话：邮购部 62752015　发行部 62750672　编辑部 62767347　出版部 62754962
印　刷　者：三河市博文印刷有限公司
经　销　者：新华书店
787mm×980mm　16开本　12.5印张　220千字
2014年8月第1版　2021年1月第5次印刷
印　　　数：12001—14000册
定　　　价：28.00元

“21世纪高等院校数学规划系列教材”书目

前 言

随着我国高等教育改革的不断深入，根据 2009 年教育部关于要求全国高等学校认真实施本科教学质量与教学改革工程的通知精神，为了更好地适应 21 世纪对高等院校培养复合型高素质人才的需要，北京大学出版社计划出版一套对国内高等院校本科大学数学课程教学质量与教学改革起到积极推动作用的“21 世纪高等院校数学规划系列教材”.应北京大学出版社的邀请，我们这些长期在教学第一线执教的教师，经过统一策划、集体讨论、反复推敲、分工执笔编写了这套教材，其中包括：《高等数学(上册)》《高等数学(下册)》《微积分》《线性代数》《新编概率论与数理统计(第二版)》.

在结合编写者长期讲授本科大学数学课程所积累的成功教学经验的同时，本套教材紧扣教育部本科大学数学课程教学大纲，紧紧围绕 21 世纪大学数学课程教学改革与创新这一主题，立足大学数学课程教学改革新的起点、新的高度狠抓了教材建设中基础性与前瞻性、通俗性与创新性、启发性与开拓性、趣味性与科学性、直观性与严谨性、技巧性与应用性的和谐与统一的“六突破”.实践将会有力证明，符合上述先进理念的优秀教材，将会深受广大学生的欢迎.

本套教材的特点还体现在：在编写过程中，我们按照本科数学基础课要“加强基础，培养能力，重视应用”的改革精神，对传统的教材体系及教学内容进行了必要与精心的调整和改革，在遵循本学科科学性、系统性与逻辑性的前提下，尽量注意贯彻深入浅出、通俗易懂、循序渐进、融会贯通的教学原则与直观形象的教学方法.既注重数学基本概念、基本定理和基本方法的本质内涵的辩证、多侧面的剖析与阐述，特别是对它们的几何意义、物理背景、经济解释以及实际应用价值的剖析，又注意学生基本运算能力的训练与综合分析问题、解决问题能力的培养，以达到便于教学与自学之目的；既兼顾教材的前瞻性，注意汲取国内外优秀教材的优点，又注意到数学基础课与相关专业课的联系，为各专业后续课程打好坚实的基础.

为了帮助各类学生更好地掌握本课程内容，加强基础训练和基本能力的培养，本套教材紧密结合概念、定理和运算法则配置了丰富的例题，并做了深入的剖析与解答.每节配有适量习题，每章配有复习题或综合例题，以供读者复习、巩固所学知识；书末附有习题答案与提示，以便读者参考.

本套规划系列教材的编写与出版，得到了北京大学出版社及厦门大学嘉庚学院的大力支持与帮助，刘勇副编审与责任编辑曾琬婷、潘丽娜为本套教材的出版付出了辛勤劳动，在此一并表示诚挚的谢意.

本书第一、二章由许振明编写,第三、四章由周牡丹编写,第五、六章由周小林编写.全书由肖筱南制定编写计划,并负责最后审稿、定稿.

限于编者水平,书中难免有不妥之处,恳请读者指正!

编　者

2014 年 3 月

目　录

第一章 行列式

行列式是伴随着线性方程组的求解而发展起来的基本数学工具，在线性代数、多项式理论和微积分中都有着重要的应用.本章将着重介绍行列式的定义、性质、计算及其在线性方程组求解中的简单应用，为后续章节的学习打下必要的基础.

§1.1 矩 阵

由于行列式是对某一种特殊矩阵定义的一种运算，因此在介绍行列式之前，我们先介绍一下矩阵的基本概念和一些特殊的矩阵.

一、矩阵的概念

矩阵其实是现实生活中随处可见的纵横排列的二维数据表.矩阵在其他学科和生产实践中有着许多应用，比如密码学、数字图像处理、模式识别、电阻电路、人口流动、医疗监控数据处理、组织管理、质量管理、文献管理等等.

定义 由 $m\times n$ 个数排成的 m 行 n 列的数表，称为一个 **m 行 n 列矩阵**，也称为 **$m\times n$ 矩阵**，简称为**矩阵**.为了表示它是一个整体，通常加上一个中括号或圆括号，并用大写黑体字母 $\boldsymbol{A},\boldsymbol{B},\boldsymbol{C}$ 等来表示它，记做

$$\boldsymbol{A}=\begin{pmatrix} a_{11} & a_{12} & \cdots & a_{1n} \\ a_{21} & a_{22} & \cdots & a_{2n} \\ \vdots & \vdots & & \vdots \\ a_{m1} & a_{m2} & \cdots & a_{mn} \end{pmatrix}.$$

这 $m\times n$ 个数称为矩阵的**元素**，位于第 i 行第 j 列的元素 a_{ij} 称为矩阵的 **(i,j)元**，记为 $(\boldsymbol{A})_{ij}$.

上面矩阵 $\boldsymbol{A}$ 中的(i,j)元为 a_{ij}，即$(\boldsymbol{A})_{ij}=a_{ij}$.以后也可以用 $\boldsymbol{A}=(a_{ij})_{m\times n}$ 表示这种以 a_{ij} 为(i,j)元的一般矩阵，用 $\boldsymbol{A}_{m\times n}$ 表示一个 m 行 n 列矩阵.

元素均为实数的矩阵称为**实矩阵**，元素中含有复数的矩阵称为**复矩阵**. 本书研究的均为实矩阵，以后就不再特别强调.

元素全为 0 的矩阵称为**零矩阵**，记做 $\boldsymbol{O}$. m 行 n 列零矩阵也记为 $\boldsymbol{O}_{m\times n}$.

行数和列数均为 n 的矩阵称为 n **阶矩阵**或 n **阶方阵**(简称**方阵**)，记做 $\boldsymbol{A}_n$. 方阵在矩阵中具有特殊且重要的地位，下面先介绍几种特殊的方阵.

二、特殊方阵

1. 对角矩阵

在方阵中，从左上角到右下角的对角线称为**主对角线**，从右上角到左下角的对角线称为**副对角线**. 而主对角线以外的元素均为 0 的方阵称为**对角矩阵**，形如

$$\begin{pmatrix} a_{11} & 0 & \cdots & 0 \\ 0 & a_{22} & \cdots & 0 \\ \vdots & \vdots & & \vdots \\ 0 & 0 & \cdots & a_{nn} \end{pmatrix},$$

其中主对角线上的元素 $a_{11}, a_{22}, \cdots, a_{nn}$ 也可以是 0. 由于对角矩阵的特征，上述对角矩阵也简记做

$$\mathrm{diag}(a_{11}, a_{22}, \cdots, a_{nn}).$$

注意 对角线上的元素不管是不是 0，均需按顺序出现在对角矩阵简记的括号中.

2. 数量矩阵

把主对角线上的元素均相同的对角矩阵称为**数量矩阵**.

3. 单位矩阵

把主对角线上的元素均为 1 的数量矩阵称为**单位矩阵**，记做 $\boldsymbol{E}$ 或 $\boldsymbol{E}_n$(有的教材也记做 $\boldsymbol{I}$ 或 $\boldsymbol{I}_n$). 单位矩阵在整门线性代数课程中有着重要的应用，要把单位矩阵跟矩阵中所有元素均是 1 的全 1 矩阵区分开来.

4. 上三角矩阵和下三角矩阵

主对角线下方的元素均为 0 的方阵称为**上三角矩阵**，而主对角线上方的元素均为 0 的方阵称为**下三角矩阵**，它们分别形如

$$\begin{pmatrix} a_{11} & a_{12} & \cdots & a_{1n} \\ 0 & a_{22} & \cdots & a_{2n} \\ \vdots & \vdots & & \vdots \\ 0 & 0 & \cdots & a_{nn} \end{pmatrix} \text{ 与 } \begin{pmatrix} a_{11} & 0 & \cdots & 0 \\ a_{21} & a_{22} & \cdots & 0 \\ \vdots & \vdots & & \vdots \\ a_{n1} & a_{n2} & \cdots & a_{nn} \end{pmatrix}.$$

显然，对角矩阵既是上三角矩阵，又是下三角矩阵.

5. 对称矩阵

如果 n 阶方阵 $\mathbf{A}=(a_{ij})_{n\times n}$ 的元素满足 $a_{ij}=a_{ji}(i,j=1,2,\cdots,n)$，则称 $\mathbf{A}$ 为**对称矩阵**. 例如，矩阵

$$\begin{pmatrix} 1 & 2 & -4 \\ 2 & 5 & 3 \\ -4 & 3 & 0 \end{pmatrix}$$

就是一个 3 阶对称矩阵.

6. 反对称矩阵

如果 n 阶方阵 $\mathbf{A}=(a_{ij})_{n\times n}$ 的元素满足 $a_{ij}=-a_{ji}(i,j=1,2,\cdots,n)$，则称 $\mathbf{A}$ 为**反对称矩阵**. 在条件 $a_{ij}=-a_{ji}$ 中，当 $i=j$ 时，即有 $a_{ii}=-a_{ii}$，从而 $a_{ii}=0(i=1,2,\cdots,n)$，即反对称矩阵主对角线上的元素均为 0. 例如，矩阵

$$\begin{pmatrix} 0 & -2 & -4 \\ 2 & 0 & 3 \\ 4 & -3 & 0 \end{pmatrix}$$

就是一个 3 阶反对称矩阵.

以上 6 种特殊的 n 阶方阵在今后的学习中将陆续遇到，因此要做到了然于胸.

§1.2 行列式的定义

对于方阵有一种重要的运算，即行列式(注意：只有方阵才有行列式这种运算).

在高中时，大家都接触过 2 阶行列式，并知道 2 阶行列式

$$\begin{vmatrix} a_{11} & a_{12} \\ a_{21} & a_{22} \end{vmatrix} = a_{11}a_{22}-a_{12}a_{21}.$$

从中我们可以看出，2 阶行列式是对 2 阶矩阵定义的一种运算，而且运算的结果是一个数值. 那么，对于任意 n 阶的行列式又是怎么定义的呢？这是我们这一节将要讨论的内容.

一、行列式的定义

设 n 阶方阵

$$\mathbf{A}=\begin{pmatrix} a_{11} & a_{12} & \cdots & a_{1n} \\ a_{21} & a_{22} & \cdots & a_{2n} \\ \vdots & \vdots & & \vdots \\ a_{n1} & a_{n2} & \cdots & a_{nn} \end{pmatrix},$$

则符号

$$\begin{vmatrix} a_{11} & a_{12} & \cdots & a_{1n} \\ a_{21} & a_{22} & \cdots & a_{2n} \\ \vdots & \vdots & & \vdots \\ a_{n1} & a_{n2} & \cdots & a_{nn} \end{vmatrix}$$

称为 n 阶方阵 $\boldsymbol{A}$ 的**行列式**，记做 $|\boldsymbol{A}|$ 或 $\det\boldsymbol{A}$（有时候也用英文单词“determinant”的首字母 D 来表示行列式），它是对 n 阶方阵定义的一种运算，运算的结果是一个数值.

注意 矩阵是一个数表，用中括号或圆括号括起来，行列式是一个数值，用两条竖线围起来，两者是完全不同的东西，因此符号不能用错.

为了给出 n 阶行列式的具体定义，我们先来介绍两个基本概念：余子式和代数余子式.

定义 1 在 n 阶方阵 $\boldsymbol{A}$ 的行列式中，将元素 a_{ij} 所在的第 i 行和第 j 列的元素去掉，剩下的元素按原来的顺序组成的 $n-1$ 阶行列式，称为元素 a_{ij} 的**余子式**，记做 M_{ij}. 称 $A_{ij}=(-1)^{i+j}M_{ij}$ 为元素 a_{ij} 的**代数余子式**.

注意 其中符号项 $(-1)^{i+j}$ 中的 i 和 j 分别为元素 a_{ij} 当前所在的行和列，并不一定是元素当前的下标，因为后面我们学了行列式的性质之后，就可以对行列式进行变换，变换后元素所在位置和它的下标就不一定一致了.

例 1 求 3 阶行列式 $\begin{vmatrix} 2 & 0 & 1 \\ 3 & -1 & -2 \\ 4 & 6 & -3 \end{vmatrix}$ 第 2 行所有元素的余子式和代数余子式.

解 $M_{21}=\begin{vmatrix} 0 & 1 \\ 6 & -3 \end{vmatrix}=-6,\quad M_{22}=\begin{vmatrix} 2 & 1 \\ 4 & -3 \end{vmatrix}=-10,\quad M_{23}=\begin{vmatrix} 2 & 0 \\ 4 & 6 \end{vmatrix}=12;$

$$A_{21}=(-1)^{2+1}M_{21}=6,\quad A_{22}=(-1)^{2+2}M_{22}=-10,\quad A_{23}=(-1)^{2+3}M_{23}=-12.$$

有了余子式和代数余子式的概念，就可以给出 n 阶行列式的递推定义了.

定义 2 设 n 阶方阵 $\boldsymbol{A}=(a_{ij})_{n\times n}$，则 $|\boldsymbol{A}|$ 定义如下：

当 $n=1$ 时，1 阶行列式 $|a_{11}|=a_{11}$；

当 $n\geqslant 2$ 时，假设 $n-1$ 阶行列式已经定义过，则 n 阶行列式

$$\begin{vmatrix} a_{11} & a_{12} & \cdots & a_{1n} \\ a_{21} & a_{22} & \cdots & a_{2n} \\ \vdots & \vdots & & \vdots \\ a_{n1} & a_{n2} & \cdots & a_{nn} \end{vmatrix}=a_{i1}A_{i1}+a_{i2}A_{i2}+\cdots+a_{in}A_{in}\quad(1\leqslant i\leqslant n).\tag{1}$$

(1)式也称为行列式按行展开的展开式，可以表述为：行列式等于某一行的所有元素和它们对应的代数余子式的乘积之和. 它是计算行列式的手段之一. 其中 i 的取值为 1 到 n 之间的任意一个数，说明行列式按哪一行展开均可以，结果都一样. 通过行列式的展开式可以

把一个 n 阶行列式的计算转化成 n 个 $n-1$ 阶行列式的计算，以此类推，直到最后全部转化成 1 阶行列式(具体计算中，到 2 阶即可)，从而达到计算行列式的目的.

例 2 计算例 1 中的 3 阶行列式.

解 根据行列式按行展开的展开式和例 1 的结论，可得

$$\begin{aligned}\begin{vmatrix}2 & 0 & 1\\ 3 & -1 & -2\\ 4 & 6 & -3\end{vmatrix} &= a_{21}A_{21}+a_{22}A_{22}+a_{23}A_{23}\\ &= 3\times 6+(-1)\times(-10)+(-2)\times(-12)\\ &= 52.\end{aligned}$$

读者可以自己验证一下，按第 1 行或第 3 行展开的结果是不是也是 52.

因为行列式中，行和列的地位是相同的(这一点我们将在下一节进行说明)，所以行列式定义的最后一步又可以写成

$$\begin{vmatrix}a_{11} & a_{12} & \cdots & a_{1n}\\ a_{21} & a_{22} & \cdots & a_{2n}\\ \vdots & \vdots & & \vdots\\ a_{n1} & a_{n2} & \cdots & a_{nn}\end{vmatrix} = a_{1j}A_{1j}+a_{2j}A_{2j}+\cdots+a_{nj}A_{nj}\quad (1\leqslant j\leqslant n). \tag{2}$$

(2)式称为行列式按列展开的展开式，可以表述为：行列式等于某一列的所有元素和它们对应的代数余子式的乘积之和. 其中 j 的取值为 1 到 n 之间的任意一个数，说明行列式按哪一列展开均可以，结果都一样，而且和按行展开的展开式计算出的结果也一样.

例 3 将例 1 中的行列式按第 3 列展开.

解

$$\begin{aligned}\begin{vmatrix}2 & 0 & 1\\ 3 & -1 & -2\\ 4 & 6 & -3\end{vmatrix} &= a_{13}A_{13}+a_{23}A_{23}+a_{33}A_{33}\\ &= 1\times(-1)^{1+3}\begin{vmatrix}3 & -1\\ 4 & 6\end{vmatrix}+(-2)\times(-1)^{2+3}\begin{vmatrix}2 & 0\\ 4 & 6\end{vmatrix}\\ &\quad +(-3)\times(-1)^{3+3}\begin{vmatrix}2 & 0\\ 3 & -1\end{vmatrix}\\ &= 22+24+6=52.\end{aligned}$$

显然，利用行列式的展开式对行列式进行计算的时候，应该挑选含 0 最多的行或列进行展开，以减少计算量. 行列式中若有一行或一列均为 0，则行列式的值等于 0.

二、对角线法则

对角线法则是一个用于记住 2 阶和 3 阶行列式定义结果的方法，它本身不是定义，且对 4 阶和 4 阶以上的行列式不适用. 在**对角线法则**中，主对角线和平行于主对角线方向上的元

素用实线相连,线上元素的乘积冠正号,副对角线和平行于副对角线方向上的元素用虚线相连,线上元素的乘积冠负号,则所得各乘积的代数和刚好与 2 阶或 3 阶行列式的定义结果吻合.

根据行列式的定义,有

$$\begin{vmatrix} a_{11} & a_{12} \\ a_{21} & a_{22} \end{vmatrix} = a_{11}a_{22} - a_{12}a_{21},$$

$$\begin{vmatrix} a_{11} & a_{12} & a_{13} \\ a_{21} & a_{22} & a_{23} \\ a_{31} & a_{32} & a_{33} \end{vmatrix} = a_{11}a_{22}a_{33} + a_{12}a_{23}a_{31} + a_{13}a_{21}a_{32}$$

$$- a_{13}a_{22}a_{31} - a_{12}a_{21}a_{33} - a_{11}a_{23}a_{32}.$$

上述结果可分别利用对角线法则记忆为

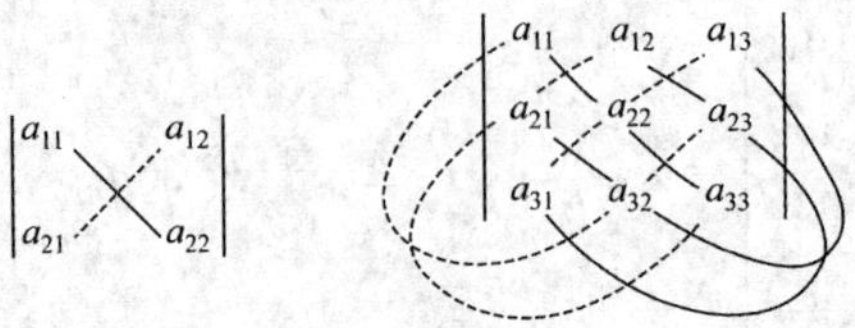

三、三角行列式

上三角矩阵和下三角矩阵的行列式分别称为**上三角行列式**和**下三角行列式**,它们统称为**三角行列式**.

根据行列式的展开式可以得到几个三角行列式的值,这些结果是后面计算行列式的重要依据,因而在此特别给出.

对于上三角行列式,一直按第 1 列展开可得

$$\begin{vmatrix} a_{11} & a_{12} & \cdots & a_{1n} \\ 0 & a_{22} & \cdots & a_{2n} \\ \vdots & \vdots & & \vdots \\ 0 & 0 & \cdots & a_{nn} \end{vmatrix} = a_{11}\begin{vmatrix} a_{22} & a_{23} & \cdots & a_{2n} \\ 0 & a_{33} & \cdots & a_{3n} \\ \vdots & \vdots & & \vdots \\ 0 & 0 & \cdots & a_{nn} \end{vmatrix}_{n-1} = a_{11}a_{22}\begin{vmatrix} a_{33} & a_{34} & \cdots & a_{3n} \\ 0 & a_{44} & \cdots & a_{4n} \\ \vdots & \vdots & & \vdots \\ 0 & 0 & \cdots & a_{nn} \end{vmatrix}_{n-2}$$

$$= \cdots = a_{11}a_{22}\cdots a_{nn}.$$

同理,对下三角行列式,一直按第 1 行展开可得一样的结论:

$$\begin{vmatrix} a_{11} & 0 & \cdots & 0 \\ a_{21} & a_{22} & \cdots & 0 \\ \vdots & \vdots & & \vdots \\ a_{n1} & a_{n2} & \cdots & a_{nn} \end{vmatrix} = \begin{vmatrix} a_{11} & a_{12} & \cdots & a_{1n} \\ 0 & a_{22} & \cdots & a_{2n} \\ \vdots & \vdots & & \vdots \\ 0 & 0 & \cdots & a_{nn} \end{vmatrix} = a_{11}a_{22}\cdots a_{nn}.$$

也就是说，上三角行列式和下三角行列式的值均等于主对角线上所有元素的乘积.

同样利用展开式，可以得到以副对角线为分界线的三角行列式的值：

$$\begin{vmatrix} a_{11} & \cdots & a_{1,n-1} & a_{1n} \\ a_{21} & \cdots & a_{2,n-1} & 0 \\ \vdots & & \vdots & \vdots \\ a_{n1} & \cdots & 0 & 0 \end{vmatrix} = \begin{vmatrix} 0 & \cdots & 0 & a_{1n} \\ 0 & \cdots & a_{2,n-1} & a_{2n} \\ \vdots & & \vdots & \vdots \\ a_{n1} & \cdots & a_{n,n-1} & a_{nn} \end{vmatrix} = (-1)^{\frac{n(n-1)}{2}} a_{1n}a_{2,n-1}\cdots a_{n1},$$

即以副对角线为分界线的三角行列式的值等于副对角线上所有元素的乘积再乘上一个符号项$(-1)^{\frac{n(n-1)}{2}}$，其中的 n 为行列式的阶数. 直接展开得到的符号项可能是$(-1)^{\frac{(n+4)(n-1)}{2}}$，虽与结论中的符号项形式不一致，但代表的符号是一样的.

关于行列式，也有使用逆序数和全排列来定义的，有兴趣的读者可以查阅其他书籍.

习 题 1.2

1. 计算下列 3 阶行列式：

(1) $\begin{vmatrix} 1 & 0 & 2 \\ 3 & 2 & 4 \\ 1 & 1 & 3 \end{vmatrix}$；　(2) $\begin{vmatrix} 1 & 2 & 3 \\ 2 & 3 & 4 \\ 3 & 4 & 5 \end{vmatrix}$.

2. 计算下列 n 阶行列式：

(1) $\begin{vmatrix} x & 1-y & 0 & 0 & 0 & 0 \\ 0 & x & 1-y & 0 & 0 & 0 \\ 0 & 0 & x & 1-y & 0 & 0 \\ 0 & 0 & 0 & x & 1-y & 0 \\ 0 & 0 & 0 & 0 & x & 1-y \\ 1-y & 0 & 0 & 0 & 0 & x \end{vmatrix}$；　(2) $\begin{vmatrix} 0 & 0 & \cdots & 0 & a_1 & 0 \\ 0 & 0 & \cdots & a_2 & 0 & 0 \\ \vdots & \vdots & & \vdots & \vdots & \vdots \\ 0 & a_{n-2} & \cdots & 0 & 0 & 0 \\ a_{n-1} & 0 & \cdots & 0 & 0 & 0 \\ 0 & 0 & \cdots & 0 & 0 & a_n \end{vmatrix}$.

§1.3 行列式的性质

虽然利用行列式的展开式已经可以计算行列式了，但是对于阶数较高的行列式，其计算量是相当大的，甚至是不可能完成的. 因此，单纯用行列式的展开式来计算行列式是完全不够的，我们需要考查行列式有没有什么特点或性质可以简化行列式的计算. 这就是这一节我们要研究的主要内容. 当然，也不能因此完全否定行列式展开式的作用，在计算行列式的过程中或在某种特定情形下，行列式的展开式还是很有用的.

观察下面两个 2 阶行列式：

$$\begin{vmatrix} 1 & 2 \\ 3 & 4 \end{vmatrix} = -2 = \begin{vmatrix} 1 & 3 \\ 2 & 4 \end{vmatrix}.$$

右边的行列式是左边的行列式互换行和列得到的，它们的值相同. 这一特点对任意阶行列式也一样成立. 这就是我们要给出的行列式的第一个性质. 在给出这一性质之前，先介绍一下转置行列式的定义.

定义 对于 n 阶行列式

$$|\boldsymbol{A}| = \begin{vmatrix} a_{11} & a_{12} & \cdots & a_{1n} \\ a_{21} & a_{22} & \cdots & a_{2n} \\ \vdots & \vdots & & \vdots \\ a_{n1} & a_{n2} & \cdots & a_{nn} \end{vmatrix},$$

将其中的行和列互换后得到的行列式称为行列式 $|\boldsymbol{A}|$ 的**转置行列式**，记做 $|\boldsymbol{A}^{\mathrm{T}}|$，即

$$|\boldsymbol{A}^{\mathrm{T}}| = \begin{vmatrix} a_{11} & a_{21} & \cdots & a_{n1} \\ a_{12} & a_{22} & \cdots & a_{n2} \\ \vdots & \vdots & & \vdots \\ a_{1n} & a_{2n} & \cdots & a_{nn} \end{vmatrix}.$$

性质 1 行列式和它的转置行列式相等.（证明略）

说明 行列式的这一性质告诉我们：在行列式中，行和列的地位是相同的，对行成立的性质，对列也成立；反之亦然. 因此，后面我们将要介绍的行列式的性质，总是针对行进行说明，对列也一样成立.

观察下面的 2 阶行列式：

$$\begin{vmatrix} 1 & 2 \\ 3 & 4 \end{vmatrix} = -2, \quad \begin{vmatrix} 3 & 4 \\ 1 & 2 \end{vmatrix} = \begin{vmatrix} 2 & 1 \\ 4 & 3 \end{vmatrix} = 2.$$

右边式子的两个行列式分别为左边式子的行列式互换两行和两列得到的，它们的值差了一个负号. 那么，是不是所有行列式都具有这样的性质呢？答案是肯定的.

性质 2 互换行列式中的某两行(列)，行列式的符号发生变化.（证明略）

说明 以后在利用这一性质对行列式进行计算时，可以用“$r_i \leftrightarrow r_j$”表示互换第 i,j 两行，而用“$c_i \leftrightarrow c_j$”表示互换第 i,j 两列.

推论 1 行列式中如有两行(列)的元素相同，则行列式的值为 0.

事实上，只要把相同的两行互换，根据性质 2 可得，行列式符号发生变化，但是互换相同的两行，行列式其实是没变的，因此有 $|\boldsymbol{A}| = -|\boldsymbol{A}|$，即 $|\boldsymbol{A}| = 0$.

观察下面的 2 阶行列式：

$$2\begin{vmatrix} 1 & 2 \\ 3 & 4 \end{vmatrix} = -4, \quad \begin{vmatrix} 1\times 2 & 2 \\ 3\times 2 & 4 \end{vmatrix} = -4, \quad \begin{vmatrix} 1\times 2 & 2\times 2 \\ 3 & 4 \end{vmatrix} = -4.$$

可以发现：用某一个数乘以行列式和行列式中某一行(列)乘以这个数的结果是一样的.这也是对所有行列式都适用的性质.

性质 3 行列式中某一行(列)可以提出一个公因子到行列式外面，或者说用一个数乘以行列式，相当于用这个数乘以行列式中某一行(列)的所有元素，即

$$\begin{vmatrix} a_{11} & a_{12} & \cdots & a_{1n} \\ \vdots & \vdots & & \vdots \\ ka_{i1} & ka_{i2} & \cdots & ka_{in} \\ \vdots & \vdots & & \vdots \\ a_{n1} & a_{n2} & \cdots & a_{nn} \end{vmatrix} = k\begin{vmatrix} a_{11} & a_{12} & \cdots & a_{1n} \\ \vdots & \vdots & & \vdots \\ a_{i1} & a_{i2} & \cdots & a_{in} \\ \vdots & \vdots & & \vdots \\ a_{n1} & a_{n2} & \cdots & a_{nn} \end{vmatrix}.$$

证明

$$\begin{vmatrix} a_{11} & a_{12} & \cdots & a_{1n} \\ \vdots & \vdots & & \vdots \\ ka_{i1} & ka_{i2} & \cdots & ka_{in} \\ \vdots & \vdots & & \vdots \\ a_{n1} & a_{n2} & \cdots & a_{nn} \end{vmatrix} \xlongequal{\text{按第 } i \text{ 行展开}} ka_{i1}A_{i1}+ka_{i2}A_{i2}+\cdots+ka_{in}A_{in}$$

$$=k(a_{i1}A_{i1}+a_{i2}A_{i2}+\cdots+a_{in}A_{in})$$

$$=k\begin{vmatrix} a_{11} & a_{12} & \cdots & a_{1n} \\ \vdots & \vdots & & \vdots \\ a_{i1} & a_{i2} & \cdots & a_{in} \\ \vdots & \vdots & & \vdots \\ a_{n1} & a_{n2} & \cdots & a_{nn} \end{vmatrix}.$$

上式中，首尾两个行列式除了第 i 行之外的所有元素均一样，因此它们第 i 行元素的代数余子式也是完全一样的.

说明 使用这一性质时，可以用符号“$r_i \times k$”或“$c_i \times k$”来表示某一行或列乘以一个数 k.

推论 2 行列式中如有两行(列)成比例，则行列式的值为 0.

根据性质 3 和性质 2 的推论 1 即可得此推论.

例 1 3 阶行列式 $\begin{vmatrix} 0.4 & 0.6 & 0.7 \\ 1/3 & 1/2 & 1/4 \\ 2 & 3 & 2 \end{vmatrix}=0$，因为第 2 列是第 1 列的 1.5 倍.

性质 4 若行列式的某行(列)可以写成两组数之和，则此行列式可以写成两个行列式之和，两个行列式的这一行(列)分别为两组数之一，其他行(列)均与原来相同，即

$$\begin{vmatrix} a_{11} & a_{12} & \cdots & a_{1n} \\ \vdots & \vdots & & \vdots \\ b_{i1}+c_{i1} & b_{i2}+c_{i2} & \cdots & b_{in}+c_{in} \\ \vdots & \vdots & & \vdots \\ a_{n1} & a_{n2} & \cdots & a_{nn} \end{vmatrix} = \begin{vmatrix} a_{11} & a_{12} & \cdots & a_{1n} \\ \vdots & \vdots & & \vdots \\ b_{i1} & b_{i2} & \cdots & b_{in} \\ \vdots & \vdots & & \vdots \\ a_{n1} & a_{n2} & \cdots & a_{nn} \end{vmatrix} + \begin{vmatrix} a_{11} & a_{12} & \cdots & a_{1n} \\ \vdots & \vdots & & \vdots \\ c_{i1} & c_{i2} & \cdots & c_{in} \\ \vdots & \vdots & & \vdots \\ a_{n1} & a_{n2} & \cdots & a_{nn} \end{vmatrix}.$$

证明

$$\begin{aligned}
&\begin{vmatrix} a_{11} & a_{12} & \cdots & a_{1n} \\ \vdots & \vdots & & \vdots \\ b_{i1}+c_{i1} & b_{i2}+c_{i2} & \cdots & b_{in}+c_{in} \\ \vdots & \vdots & & \vdots \\ a_{n1} & a_{n2} & \cdots & a_{nn} \end{vmatrix} \\
&\xlongequal{\text{按第 } i \text{ 行展开}} (b_{i1}+c_{i1})A_{i1}+(b_{i2}+c_{i2})A_{i2}+\cdots+(b_{in}+c_{in})A_{in} \\
&= (b_{i1}A_{i1}+b_{i2}A_{i2}+\cdots+b_{in}A_{in})+(c_{i1}A_{i1}+c_{i2}A_{i2}+\cdots+c_{in}A_{in}) \\
&= \begin{vmatrix} a_{11} & a_{12} & \cdots & a_{1n} \\ \vdots & \vdots & & \vdots \\ b_{i1} & b_{i2} & \cdots & b_{in} \\ \vdots & \vdots & & \vdots \\ a_{n1} & a_{n2} & \cdots & a_{nn} \end{vmatrix} + \begin{vmatrix} a_{11} & a_{12} & \cdots & a_{1n} \\ \vdots & \vdots & & \vdots \\ c_{i1} & c_{i2} & \cdots & c_{in} \\ \vdots & \vdots & & \vdots \\ a_{n1} & a_{n2} & \cdots & a_{nn} \end{vmatrix}.
\end{aligned}$$

上式中,三个行列式除了第 i 行之外,其余元素都一样,因此三个行列式第 i 行元素的代数余子式是完全一样的.

注意 性质 4 在使用的过程中,一次只能针对某一行(列)拆成两个行列式,不能同时针对多个或所有行(列)拆成两个行列式.

例 2 利用性质 4,有

$$\begin{aligned}
\begin{vmatrix} a_1+a_2 & b_1+b_2 \\ c_1+c_2 & d_1+d_2 \end{vmatrix} &= \begin{vmatrix} a_1 & b_1 \\ c_1+c_2 & d_1+d_2 \end{vmatrix} + \begin{vmatrix} a_2 & b_2 \\ c_1+c_2 & d_1+d_2 \end{vmatrix} \\
&= \begin{vmatrix} a_1 & b_1 \\ c_1 & d_1 \end{vmatrix} + \begin{vmatrix} a_1 & b_1 \\ c_2 & d_2 \end{vmatrix} + \begin{vmatrix} a_2 & b_2 \\ c_1 & d_1 \end{vmatrix} + \begin{vmatrix} a_2 & b_2 \\ c_2 & d_2 \end{vmatrix}.
\end{aligned}$$

上述做法中,原行列式先按第 1 行拆开,对拆开的行列式均再按第 2 行拆开.要避免出现如下错误做法:

$$\begin{vmatrix} a_1+a_2 & b_1+b_2 \\ c_1+c_2 & d_1+d_2 \end{vmatrix} = \begin{vmatrix} a_1 & b_1 \\ c_1 & d_1 \end{vmatrix} + \begin{vmatrix} a_2 & b_2 \\ c_2 & d_2 \end{vmatrix}.$$

性质 5 行列式某一行(列)的 k 倍加到另一行(列)上,行列式的值不变,即

$$\begin{vmatrix} a_{11} & a_{12} & \cdots & a_{1n} \\ \vdots & \vdots & & \vdots \\ a_{i1} & a_{i2} & \cdots & a_{in} \\ \vdots & \vdots & & \vdots \\ a_{j1}+ka_{i1} & a_{j2}+ka_{i2} & \cdots & a_{jn}+ka_{in} \\ \vdots & \vdots & & \vdots \\ a_{n1} & a_{n2} & \cdots & a_{nn} \end{vmatrix} = \begin{vmatrix} a_{11} & a_{12} & \cdots & a_{1n} \\ \vdots & \vdots & & \vdots \\ a_{i1} & a_{i2} & \cdots & a_{in} \\ \vdots & \vdots & & \vdots \\ a_{j1} & a_{j2} & \cdots & a_{jn} \\ \vdots & \vdots & & \vdots \\ a_{n1} & a_{n2} & \cdots & a_{nn} \end{vmatrix}.$$

证明 对左边的行列式,利用性质 4 针对第 j 行拆开得

$$\begin{vmatrix} a_{11} & a_{12} & \cdots & a_{1n} \\ \vdots & \vdots & & \vdots \\ a_{i1} & a_{i2} & \cdots & a_{in} \\ \vdots & \vdots & & \vdots \\ a_{j1}+ka_{i1} & a_{j2}+ka_{i2} & \cdots & a_{jn}+ka_{in} \\ \vdots & \vdots & & \vdots \\ a_{n1} & a_{n2} & \cdots & a_{nn} \end{vmatrix} = \begin{vmatrix} a_{11} & a_{12} & \cdots & a_{1n} \\ \vdots & \vdots & & \vdots \\ a_{i1} & a_{i2} & \cdots & a_{in} \\ \vdots & \vdots & & \vdots \\ a_{j1} & a_{j2} & \cdots & a_{jn} \\ \vdots & \vdots & & \vdots \\ a_{n1} & a_{n2} & \cdots & a_{nn} \end{vmatrix} + \begin{vmatrix} a_{11} & a_{12} & \cdots & a_{1n} \\ \vdots & \vdots & & \vdots \\ a_{i1} & a_{i2} & \cdots & a_{in} \\ \vdots & \vdots & & \vdots \\ ka_{i1} & ka_{i2} & \cdots & ka_{in} \\ \vdots & \vdots & & \vdots \\ a_{n1} & a_{n2} & \cdots & a_{nn} \end{vmatrix}.$$

上式右边第二个行列式中第 j 行为第 i 行的 k 倍,根据性质 3 的推论 2,该行列式为 0,性质得证.

说明 以后在使用这一性质时,通常用符号"r_i+kr_j"或"c_i+kc_j"表示第 j 行(列)的 k 倍加到第 i 行(列)上. 注意符号中放在第一个位置上的是操作的目标行(列),后面的行(列)均不变. 如"r_1+3r_2"表示第 2 行的 3 倍加到第 1 行上,"$r_1+r_2+r_3$"表示第 2 行和第 3 行均加到第 1 行上.

性质 6 行列式某一行(列)的元素和另一行(列)的元素对应的代数余子式的乘积之和等于 0,即

$$\sum_{j=1}^{n} a_{ij}A_{kj} = a_{i1}A_{k1} + a_{i2}A_{k2} + \cdots + a_{in}A_{kn} = 0 \quad (i \neq k)$$

或

$$\sum_{i=1}^{n} a_{ij}A_{il} = a_{1j}A_{1l} + a_{2j}A_{2l} + \cdots + a_{nj}A_{nl} = 0 \quad (j \neq l).$$

证明 既然 $i \neq k$,不妨设 $1 \leqslant i < k \leqslant n$,则对 n 阶行列式 $|\mathbf{A}|$ 按第 k 行展开有

$$|\boldsymbol{A}|=\begin{vmatrix} a_{11} & a_{12} & \cdots & a_{1n} \\ \vdots & \vdots & & \vdots \\ a_{i1} & a_{i2} & \cdots & a_{in} \\ \vdots & \vdots & & \vdots \\ a_{k1} & a_{k2} & \cdots & a_{kn} \\ \vdots & \vdots & & \vdots \\ a_{n1} & a_{n2} & \cdots & a_{nn} \end{vmatrix}=a_{k1}A_{k1}+a_{k2}A_{k2}+\cdots+a_{kn}A_{kn}.$$

若将上述行列式第 k 行的元素换成第 i 行的元素，其他行保持不变，则可得到行列式

$$|\boldsymbol{A}_1|=\begin{vmatrix} a_{11} & a_{12} & \cdots & a_{1n} \\ \vdots & \vdots & & \vdots \\ a_{i1} & a_{i2} & \cdots & a_{in} \\ \vdots & \vdots & & \vdots \\ a_{i1} & a_{i2} & \cdots & a_{in} \\ \vdots & \vdots & & \vdots \\ a_{n1} & a_{n2} & \cdots & a_{nn} \end{vmatrix}\begin{matrix} \\ \\ \text{第 } i \text{ 行} \\ \\ \text{第 } k \text{ 行} \\ \\ \\ \end{matrix}.$$

根据行列式的性质 2 的推论 1，可得 $|\boldsymbol{A}_1|=0$，又因为行列式 $|\boldsymbol{A}_1|$ 和行列式 $|\boldsymbol{A}|$ 除了第 k 行不一样之外，其余元素都一样，因此行列式 $|\boldsymbol{A}_1|$ 第 k 行元素的代数余子式和行列式 $|\boldsymbol{A}|$ 第 k 行元素的代数余子式是一样的，所以把行列式 $|\boldsymbol{A}_1|$ 按第 k 行展开可得

$$|\boldsymbol{A}_1|=a_{i1}A_{k1}+a_{i2}A_{k2}+\cdots+a_{in}A_{kn}=0.$$

将行列式的展开式和性质 6 结合在一起，可得：对 n 阶行列式 $|\boldsymbol{A}|=(a_{ij})_{n\times n}$，有

$$\sum_{j=1}^{n}a_{ij}A_{kj}=\begin{cases}|\boldsymbol{A}|, & i=k,\\ 0, & i\neq k\end{cases}\quad (i,k=1,2,\cdots,n);$$

$$\sum_{i=1}^{n}a_{ij}A_{il}=\begin{cases}|\boldsymbol{A}|, & j=l,\\ 0, & j\neq l\end{cases}\quad (j,l=1,2,\cdots,n).$$

这一重要性质在后续章节的学习中还要多次用到.

以上为行列式的一些主要性质，这些性质是今后计算行列式的重要依据，部分性质的证明较为复杂，这里略去.

例 3 已知 4 阶行列式 $|\boldsymbol{A}|=\begin{vmatrix} 2 & 1 & -1 & 3 \\ 1 & 4 & 0 & 3 \\ 3 & -2 & 4 & 1 \\ 4 & 5 & 6 & 7 \end{vmatrix}$，求 $2A_{41}+A_{42}-A_{43}+3A_{44}$ 和 $2M_{14}-M_{24}+3M_{34}-4M_{44}$（其中 M_{ij}，A_{ij} 分别为 a_{ij} 的余子式和代数余子式）.

解 根据性质 6，$2A_{41}+A_{42}-A_{43}+3A_{44}$ 为第 1 行元素和第 4 行元素的代数余子式的乘积之和，因此等于 0；而 $2M_{14}-M_{24}+3M_{34}-4M_{44}=-(2A_{14}+A_{24}+3A_{34}+4A_{44})$ 为第 1 列元素和第 4 列元素的代数余子式的乘积之和的相反数，因而等于 0.

例 4 求 3 阶反对称矩阵 $\boldsymbol{A}=\begin{pmatrix}0 & -a & -b\\ a & 0 & -c\\ b & c & 0\end{pmatrix}$ 的行列式.

解 根据行列式的性质 1，有

$$|\boldsymbol{A}|=\begin{vmatrix}0 & -a & -b\\ a & 0 & -c\\ b & c & 0\end{vmatrix}=|\boldsymbol{A}^{\mathrm{T}}|=\begin{vmatrix}0 & a & b\\ -a & 0 & c\\ -b & -c & 0\end{vmatrix}.$$

对 $|\boldsymbol{A}^{\mathrm{T}}|$ 的每一行均提出一个 -1，得

$$|\boldsymbol{A}^{\mathrm{T}}|=\begin{vmatrix}0 & a & b\\ -a & 0 & c\\ -b & -c & 0\end{vmatrix}=(-1)^3\begin{vmatrix}0 & -a & -b\\ a & 0 & -c\\ b & c & 0\end{vmatrix}=-|\boldsymbol{A}|,$$

即 $|\boldsymbol{A}|=-|\boldsymbol{A}|$，从而有 $|\boldsymbol{A}|=0$.

用类似的做法可以得到，所有奇数阶反对称矩阵的行列式均等于 0. 对于偶数阶反对称矩阵，此做法不适用，也没有类似的结论.

习 题 1.3

1. 利用行列式的性质化简并计算下列行列式：

(1) $\begin{vmatrix}1 & 2 & 3\\ 101 & 198 & 302\\ 2 & 1 & 4\end{vmatrix}$；　　(2) $\begin{vmatrix}a_1-b_1 & a_1-b_2 & a_1-b_3\\ a_2-b_1 & a_2-b_2 & a_2-b_3\\ a_3-b_1 & a_3-b_2 & a_3-b_3\end{vmatrix}$.

2. 已知 3 阶行列式 $|(a_{ij})_{3\times 3}|=1$，计算下列行列式：

(1) $\begin{vmatrix}2a_{11} & 3a_{12}-a_{11} & -a_{13}\\ 2a_{21} & 3a_{22}-a_{21} & -a_{23}\\ 2a_{31} & 3a_{32}-a_{31} & -a_{33}\end{vmatrix}$；　　(2) $\begin{vmatrix}-a_{21}+2a_{11} & -a_{23}+2a_{13} & -a_{22}+2a_{12}\\ a_{31} & a_{33} & a_{32}\\ 3a_{11} & 3a_{13} & 3a_{12}\end{vmatrix}$.

3. 证明：

(1) $\begin{vmatrix}a_1+b_1 & b_1+c_1 & c_1+a_1\\ a_2+b_2 & b_2+c_2 & c_2+a_2\\ a_3+b_3 & b_3+c_3 & c_3+a_3\end{vmatrix}=2\begin{vmatrix}a_1 & b_1 & c_1\\ a_2 & b_2 & c_2\\ a_3 & b_3 & c_3\end{vmatrix}$；

(2) $\begin{vmatrix} a^2 & (a+1)^2 & (a+2)^2 & (a-1)^2 \\ b^2 & (b+1)^2 & (b+2)^2 & (b-1)^2 \\ c^2 & (c+1)^2 & (c+2)^2 & (c-1)^2 \\ d^2 & (d+1)^2 & (d+2)^2 & (d-1)^2 \end{vmatrix}=0.$

4. 已知 102,238,357 均能被 17 整除,则以下行列式不能被 17 整除的是(　　).

A. $\begin{vmatrix} 1 & 0 & 2 \\ 2 & 3 & 8 \\ 3 & 5 & 7 \end{vmatrix}$　　B. $\begin{vmatrix} 2 & 4 & 6 \\ 0 & 3 & 5 \\ 2 & 8 & 7 \end{vmatrix}$　　C. $\begin{vmatrix} 0 & 2 & 2 \\ 3 & 4 & 8 \\ 5 & 6 & 7 \end{vmatrix}$　　D. $\begin{vmatrix} 1 & 0 & 2 \\ 8 & 3 & 2 \\ 7 & 5 & 3 \end{vmatrix}$

§1.4　行列式的计算方法

上一节我们曾经提到,只靠行列式的展开式来计算行列式是基本不可行的.有了行列式的性质之后,这一节我们将介绍行列式的一些主要计算方法和经典题型,其中以三角形法为主,加边法和数学归纳法作为了解内容.

一、三角形法

所谓的**三角形法**,是指利用行列式的性质将行列式化成三角行列式,再根据§1.2关于三角行列式的结论达到计算行列式的目的,其中应用到的行列式的性质主要是§1.3中的性质2,性质3和性质5.下面介绍利用三角形法求解行列式的几种经典题型.

1. 一般行列式的计算

例1　计算行列式

$$D=\begin{vmatrix} -5 & 1 & 3 & -4 \\ 2 & 0 & 1 & -1 \\ 3 & 1 & -1 & 2 \\ 1 & -5 & 3 & -3 \end{vmatrix}.$$

解　$D\xlongequal{r_1\leftrightarrow r_4}-\begin{vmatrix} 1 & -5 & 3 & -3 \\ 2 & 0 & 1 & -1 \\ 3 & 1 & -1 & 2 \\ -5 & 1 & 3 & -4 \end{vmatrix}\xlongequal[r_4+5r_1]{\substack{r_2-2r_1 \\ r_3-3r_1}}-\begin{vmatrix} 1 & -5 & 3 & -3 \\ 0 & 10 & -5 & 5 \\ 0 & 16 & -10 & 11 \\ 0 & -24 & 18 & -19 \end{vmatrix}$

$$\xlongequal{r_2\times\frac{1}{5}}-5\begin{vmatrix}1&-5&3&-3\\0&2&-1&1\\0&16&-10&11\\0&-24&18&-19\end{vmatrix}\xlongequal[r_4+12r_2]{r_3-8r_2}-5\begin{vmatrix}1&-5&3&-3\\0&2&-1&1\\0&0&-2&3\\0&0&6&-7\end{vmatrix}$$

$$\xlongequal{r_4+3r_3}-5\begin{vmatrix}1&-5&3&-3\\0&2&-1&1\\0&0&-2&3\\0&0&0&2\end{vmatrix}=(-5)\times1\times2\times(-2)\times2=40.$$

从这一例子中,我们可以总结出用**三角形法**计算行列式的一般过程:首先利用行列式的性质 5 把第 1 列主对角线下方的元素化为 0;接着利用行列式的性质 5 把第 2 列主对角线下方的元素化为 0,在这一过程中,不能再修改到第 1 列主对角线下方已经化为 0 的元素,因此不能再去减第 1 行;以此类推,直到把行列式化为上三角行列式. 在这些过程中,为了简化计算,避免计算过程中出现过多的分数,可以结合行列式的性质 2 和性质 3. 例如,上例中第一轮减法之前做了"$r_1\leftrightarrow r_4$",这样后三行减去第 1 行的时候都可以是整数倍了;第二轮减法前做了"$r_2\times\frac{1}{5}$",这样后两行减去第 2 行的时候就可以是整数倍了.

类似地,也可以把行列式化为下三角行列式或以副对角线为分界线的三角行列式.

读者可以稍微分析一下,对于一个 n 阶行列式,采用这一方法进行计算和只采用行列式的展开式进行计算,分别需要进行多少次的乘法和加减法运算,即可知道这一方法的重要性.

2. "箭形"行列式的计算

"箭形"行列式是指行列式中的非零元素组成一个箭头形状的行列式.

例 2 计算行列式

$$D=\begin{vmatrix}1&1&1&1\\1&2&0&0\\1&0&3&0\\1&0&0&4\end{vmatrix}.$$

解 $$D\xlongequal{c_1-\frac{1}{2}c_2-\frac{1}{3}c_3-\frac{1}{4}c_4}\begin{vmatrix}1-\frac{1}{2}-\frac{1}{3}-\frac{1}{4}&1&1&1\\0&2&0&0\\0&0&3&0\\0&0&0&4\end{vmatrix}$$

$$=\left(1-\frac{1}{2}-\frac{1}{3}-\frac{1}{4}\right)\times2\times3\times4=-2.$$

在这一例子中,如果还按一般行列式的计算过程,把第 2 行、第 3 行和第 4 行分别减去第 1 行，虽然也可以，但是显然比较麻烦(特别是阶数更高的时候). 因此，对于如本题的"箭型"行列式，只需把第 1 列主对角线下方的元素化为 0，这样"$c_1-\frac{1}{2}c_2-\frac{1}{3}c_3-\frac{1}{4}c_4$"这一操作即可达到目的. 这一"箭形"行列式推广到任意阶也是一样的做法，如

$$D_n=\begin{vmatrix} a_1 & d_2 & d_3 & \cdots & d_{n-1} & d_n \\ b_2 & a_2 & 0 & \cdots & 0 & 0 \\ b_3 & 0 & a_3 & \cdots & 0 & 0 \\ \vdots & \vdots & \vdots & & \vdots & \vdots \\ b_{n-1} & 0 & 0 & \cdots & a_{n-1} & 0 \\ b_n & 0 & 0 & \cdots & 0 & a_n \end{vmatrix} \quad (a_i\neq 0, i=1,2,\cdots,n)$$

$$\xlongequal{c_1-\frac{b_2}{a_2}c_2-\cdots-\frac{b_n}{a_n}c_n}\begin{vmatrix} a_1-\frac{b_2}{a_2}d_2-\cdots-\frac{b_n}{a_n}d_n & d_2 & d_3 & \cdots & d_{n-1} & d_n \\ 0 & a_2 & 0 & \cdots & 0 & 0 \\ 0 & 0 & a_3 & \cdots & 0 & 0 \\ \vdots & \vdots & \vdots & & \vdots & \vdots \\ 0 & 0 & 0 & \cdots & a_{n-1} & 0 \\ 0 & 0 & 0 & \cdots & 0 & a_n \end{vmatrix}$$

$$=\left(a_1-\frac{b_2}{a_2}d_2-\cdots\frac{b_n}{a_n}d_n\right)a_2a_3\cdots a_{n-1}a_n.$$

对于第 1 行、最后一列和副对角线元素组成的"箭形"行列式(见 §1.7 例 1)也有类似的解法.

3. 行(列)和相同的行列式的计算

行(列)和相同的行列式是指每一行(列)的所有元素之和都相等的一类行列式.

例 3 计算行列式

$$D=\begin{vmatrix} 0 & 1 & 1 & 1 \\ 1 & 0 & 1 & 1 \\ 1 & 1 & 0 & 1 \\ 1 & 1 & 1 & 0 \end{vmatrix}.$$

解 $D\xlongequal{c_1+c_2+c_3+c_4}\begin{vmatrix} 3 & 1 & 1 & 1 \\ 3 & 0 & 1 & 1 \\ 3 & 1 & 0 & 1 \\ 3 & 1 & 1 & 0 \end{vmatrix}\xlongequal{c_1\times\frac{1}{3}}3\begin{vmatrix} 1 & 1 & 1 & 1 \\ 1 & 0 & 1 & 1 \\ 1 & 1 & 0 & 1 \\ 1 & 1 & 1 & 0 \end{vmatrix}$

$$\xlongequal[r_4-r_1]{\substack{r_2-r_1\\ r_3-r_1}} 3\begin{vmatrix} 1 & 1 & 1 & 1 \\ 0 & -1 & 0 & 0 \\ 0 & 0 & -1 & 0 \\ 0 & 0 & 0 & -1 \end{vmatrix} = -3.$$

对于行(列)和相等的行列式,通常用所有列加到第 1 列(所有行加到第 1 行)这样的操作来简化行列式的计算.

对于其他类型的行列式,特别是 n 阶行列式,利用三角形法计算时,应先观察行列式的结构和其中元素的规律,找出一个把它化为三角行列式的方法.

二、加边法

利用行列式的展开式计算行列式的主要思路是降阶,把行列式的阶数往下降,降到 2 阶或 3 阶的时候就能够计算了. 而所谓的**加边法**,则反其道而行,是指为了达到简化行列式计算的目的,在行列式中加上一行一列,使其阶数上升的做法. 当然这样的方法有些时候不是必须的.

例 4 计算行列式

$$D_n = \begin{vmatrix} 1+a_1 & 1 & 1 & \cdots & 1 & 1 \\ 1 & 1+a_2 & 1 & \cdots & 1 & 1 \\ 1 & 1 & 1+a_3 & \cdots & 1 & 1 \\ \vdots & \vdots & \vdots & & \vdots & \vdots \\ 1 & 1 & 1 & \cdots & 1+a_{n-1} & 1 \\ 1 & 1 & 1 & \cdots & 1 & 1+a_n \end{vmatrix} \quad (a_i \neq 0, i = 1, 2, \cdots, n).$$

解 在原来的行列式中增加一行一列(第 1 行和第 1 列),行列式变为 $n+1$ 阶,但值不变:

$$D_n = \begin{vmatrix} 1 & 1 & 1 & \cdots & 1 & 1 \\ 0 & 1+a_1 & 1 & \cdots & 1 & 1 \\ 0 & 1 & 1+a_2 & \cdots & 1 & 1 \\ \vdots & \vdots & \vdots & & \vdots & \vdots \\ 0 & 1 & 1 & \cdots & 1+a_{n-1} & 1 \\ 0 & 1 & 1 & \cdots & 1 & 1+a_n \end{vmatrix}_{n+1}$$

$$\xlongequal[r_{n+1}-r_1]{\substack{r_2-r_1\\r_3-r_1\\\vdots}}\begin{vmatrix}1&1&1&\cdots&1&1\\-1&a_1&0&\cdots&0&0\\-1&0&a_2&\cdots&0&0\\\vdots&\vdots&\vdots&&\vdots&\vdots\\-1&0&0&\cdots&a_{n-1}&0\\-1&0&0&\cdots&0&a_n\end{vmatrix}_{n+1}$$

$$\xlongequal{c_1+\frac{1}{a_1}c_2+\cdots+\frac{1}{a_n}c_{n+1}}\begin{vmatrix}1+\sum\limits_{i=1}^{n}\frac{1}{a_i}&1&1&\cdots&1&1\\0&a_1&0&\cdots&0&0\\0&0&a_2&\cdots&0&0\\\vdots&\vdots&\vdots&&\vdots&\vdots\\0&0&0&\cdots&a_{n-1}&0\\0&0&0&\cdots&0&a_n\end{vmatrix}_{n+1}$$

$$=\left(1+\sum_{i=1}^{n}\frac{1}{a_i}\right)a_1a_2\cdots a_n.$$

在加边法的使用中，要注意加上一行一列后，需保证等式两边是相等的. 这一例子只是为了说明加边法的使用，其实不用加边法，直接用所有行减去第 1 行，可以得到一个“箭形”行列式，计算上并不会比加边法更复杂.

三、数学归纳法

数学归纳法是指针对某种特定结构的行列式，先分析行列式的结构，对行列式的值进行猜想，接着利用展开式或其他手段得到行列式的递推式，最后利用数学归纳法，根据递推式对猜想进行证明. 而适合利用数学归纳法进行计算的行列式是去掉某行某列之后，结构和原来的行列式仍然一样的行列式.

例 5 证明：

$$D_n=\begin{vmatrix}\cos\alpha&1&0&\cdots&0&0\\1&2\cos\alpha&1&\cdots&0&0\\0&1&2\cos\alpha&\cdots&0&0\\\vdots&\vdots&\vdots&&\vdots&\vdots\\0&0&0&\cdots&2\cos\alpha&1\\0&0&0&\cdots&1&2\cos\alpha\end{vmatrix}=\cos n\alpha.$$

证明 将行列式按最后一行展开，其中 $2\cos\alpha$ 的余子式和原来的行列式结构完全一样，

只是少了一阶，因此记为 D_{n-1}，即有

$$D_n = 1\times(-1)^{n+n-1}\begin{vmatrix} \cos\alpha & 1 & \cdots & 0 & 0 & 0 \\ 1 & 2\cos\alpha & \cdots & 0 & 0 & 0 \\ \vdots & \vdots & & \vdots & \vdots & \vdots \\ 0 & 0 & \cdots & 2\cos\alpha & 1 & 0 \\ 0 & 0 & \cdots & 1 & 2\cos\alpha & 0 \\ 0 & 0 & \cdots & 0 & 1 & 1 \end{vmatrix}_{n-1} + 2\cos\alpha\times(-1)^{n+n}D_{n-1}.$$

上式右端第 1 项中的行列式最后一列只有一个非零元素 1，因此选择按最后一列展开，而且这个非零元素 1 的余子式，结构上和题目中的行列式完全一样，不过是 $n-2$ 阶的，因此记为 D_{n-2}，即

$$D_n = (-1)\times[1\times(-1)^{(n-1)+(n-1)}D_{n-2}] + 2\cos\alpha D_{n-1} = 2\cos\alpha D_{n-1} - D_{n-2}.$$

下面利用数学归纳法进行证明：

当 $n=1$ 时，$D_1=\cos\alpha$，结论成立.

当 $n=2$ 时，$D_2=\begin{vmatrix} \cos\alpha & 1 \\ 1 & 2\cos\alpha \end{vmatrix}=2\cos^2\alpha-1=\cos2\alpha$，结论也成立.

假设当 $n=k-1$ 和 $k-2$ 时结论成立，即有

$$D_{k-1} = \cos(k-1)\alpha,\quad D_{k-2} = \cos(k-2)\alpha,$$

则当 $n=k$ 时，有

$$D_k = 2\cos\alpha D_{k-1} - D_{k-2} = 2\cos\alpha\cos(k-1)\alpha - \cos(k-2)\alpha.$$

利用积化和差公式得

$$D_k = \cos k\alpha + \cos(k-2)\alpha - \cos(k-2)\alpha = \cos k\alpha,$$

即当 $n=k$ 时，结论成立.

这一例子事实上省掉了其中最难的一步：猜想. 在证明的过程中，如果按第 1 行(列)展开，得到的余子式结构上和原行列式就不一样，因此只能按最后一行(列)展开来得到递推式.

习 题 1.4

1. 计算下列行列式：

(1) $\begin{vmatrix} 2 & 1 & -5 & 1 \\ 1 & -3 & 0 & -6 \\ 0 & 2 & -1 & 2 \\ 1 & 4 & -7 & 6 \end{vmatrix}$；　　(2) $\begin{vmatrix} 1 & 1 & 1 & 1 \\ 1 & 2 & -1 & 4 \\ 2 & -3 & -1 & -5 \\ 3 & 1 & 2 & 11 \end{vmatrix}$.

2. 计算下列行列式：

(1) $\begin{vmatrix} 1 & 1 & 1 & 1 \\ 0 & 0 & 2 & 1 \\ 0 & 3 & 0 & 1 \\ 4 & 0 & 0 & 1 \end{vmatrix}$；　(2) $D_n=\begin{vmatrix} a_1 & 1 & 1 & \cdots & 1 & 1 \\ 1 & a_2 & 0 & \cdots & 0 & 0 \\ 1 & 0 & a_3 & \cdots & 0 & 0 \\ \vdots & \vdots & \vdots & & \vdots & \vdots \\ 1 & 0 & 0 & \cdots & a_{n-1} & 0 \\ 1 & 0 & 0 & \cdots & 0 & a_n \end{vmatrix}\left(\begin{matrix} a_i\neq 0, \\ i=1,2,\cdots,n \end{matrix}\right)$.

3. 计算下列行列式：

(1) $\begin{vmatrix} 1 & 2 & 3 & 4 \\ 2 & 3 & 4 & 1 \\ 3 & 4 & 1 & 2 \\ 4 & 1 & 2 & 3 \end{vmatrix}$；　(2) $D_n=\begin{vmatrix} x & a & a & \cdots & a & a \\ a & x & a & \cdots & a & a \\ a & a & x & \cdots & a & a \\ \vdots & \vdots & \vdots & & \vdots & \vdots \\ a & a & a & \cdots & x & a \\ a & a & a & \cdots & a & x \end{vmatrix}$.

4. 证明：

(1) $D_n=\begin{vmatrix} a+b & ab & 0 & \cdots & 0 & 0 \\ 1 & a+b & ab & \cdots & 0 & 0 \\ 0 & 1 & a+b & \cdots & 0 & 0 \\ \vdots & \vdots & \vdots & & \vdots & \vdots \\ 0 & 0 & 0 & \cdots & a+b & ab \\ 0 & 0 & 0 & \cdots & 1 & a+b \end{vmatrix}=\dfrac{a^{n+1}-b^{n+1}}{a-b}$；

(2) $D_n=\begin{vmatrix} 2a & a^2 & 0 & \cdots & 0 & 0 \\ 1 & 2a & a^2 & \cdots & 0 & 0 \\ 0 & 1 & 2a & \cdots & 0 & 0 \\ \vdots & \vdots & \vdots & & \vdots & \vdots \\ 0 & 0 & 0 & \cdots & 2a & a^2 \\ 0 & 0 & 0 & \cdots & 1 & 2a \end{vmatrix}=(n+1)a^n$.

§1.5　范德蒙德行列式和拉普拉斯定理

本节我们将给出一种特殊的行列式——范德蒙德(Vandermonde)行列式的计算方法和由拉普拉斯(Laplace)定理推出的一些行列式计算中的常用结论.

一、范德蒙德行列式

形如

$$D_n = \begin{vmatrix} 1 & 1 & \cdots & 1 \\ a_1 & a_2 & \cdots & a_n \\ a_1^2 & a_2^2 & \cdots & a_n^2 \\ \vdots & \vdots & & \vdots \\ a_1^{n-1} & a_2^{n-1} & \cdots & a_n^{n-1} \end{vmatrix}$$

的行列式称为 **n 阶范德蒙德行列式**.

在 n 阶范德蒙德行列式中，第 1 行的元素都是 1，第 2 行为任意 n 个元素，第 3 行为这 n 个元素的平方，第 4 行为这 n 个元素的 3 次方，以此类推，最后一行为这 n 个元素的 $n-1$ 次方. 当一个行列式是范德蒙德行列式时，则其值为第 2 行元素中所有后项减去前项(不管相邻与否)的乘积，即

$$D_n = \prod_{n \geqslant j > i \geqslant 1} (a_j - a_i).$$

范德蒙德行列式的这一结论可以用上一节的数学归纳法给予证明，这里略去. 在使用这一结论时，注意按规律把所有后项减去前项都罗列出来，避免遗漏.

例 1 计算行列式

$$D_4 = \begin{vmatrix} 1 & 2 & 4 & 8 \\ 1 & 4 & 16 & 64 \\ 1 & 3 & 9 & 27 \\ 1 & 5 & 25 & 125 \end{vmatrix}.$$

解 该行列式初看似乎不是范德蒙德行列式，其实转置一下即是. 根据行列式的性质 1，有

$$\begin{aligned} D_4 &= \begin{vmatrix} 1 & 1 & 1 & 1 \\ 2 & 4 & 3 & 5 \\ 4 & 16 & 9 & 25 \\ 8 & 64 & 27 & 125 \end{vmatrix} \\ &= (5-2)(5-4)(5-3)(3-2)(3-4)(4-2) \\ &= -12. \end{aligned}$$

例 2 计算行列式

$$D_4 = \begin{vmatrix} 1 & 1 & 1 & 1 \\ 2^2 & 2^3 & 2^4 & 2^5 \\ 3^2 & 3^3 & 3^4 & 3^5 \\ 4^2 & 4^3 & 4^4 & 4^5 \end{vmatrix}.$$

解 $D_4=\begin{vmatrix}1 & 2^2 & 3^2 & 4^2\\ 1 & 2^3 & 3^3 & 4^3\\ 1 & 2^4 & 3^4 & 4^4\\ 1 & 2^5 & 3^5 & 4^5\end{vmatrix}=2^2\cdot 3^2\cdot 4^2\begin{vmatrix}1 & 1 & 1 & 1\\ 1 & 2 & 3 & 4\\ 1 & 2^2 & 3^2 & 4^2\\ 1 & 2^3 & 3^3 & 4^3\end{vmatrix}$

$=2^2\cdot 3^2\cdot 4^2\cdot(4-1)(4-2)(4-3)(3-1)(3-2)(2-1)$

$=6912.$

二、拉普拉斯定理及其结论

在§1.2中，我们曾给出了行列式按行(列)展开的展开式，作为它的一个推广，拉普拉斯定理给出了将行列式按某 k 行(列)展开的方法.在介绍拉普拉斯定理之前，先看一下几个基本概念.

定义 在 n 阶行列式 $|\boldsymbol{A}|$ 中，任取 k 行 k 列，假设为第 $i_1,i_2,\cdots,i_k(1\leqslant i_1<i_2<\cdots<i_k\leqslant n)$ 行和第 $j_1,j_2,\cdots,j_k(1\leqslant j_1<j_2<\cdots<j_k\leqslant n)$ 列，将这 k 行 k 列交叉点上的 k^2 个元素取出来，按原来顺序组成一个行列式，这一行列式称为 $|\boldsymbol{A}|$ 的一个 k **阶子式**，记为

$$\boldsymbol{A}\begin{bmatrix}i_1,i_2,\cdots,i_k\\ j_1,j_2,\cdots,j_k\end{bmatrix}.$$

而去掉这 k 行 k 列，将剩下的元素取出来按原来顺序组成一个行列式，称为这个 k 阶子式的**余子式**.在余子式的前面乘上一个符号项 $(-1)^{i_1+i_2+\cdots+i_k+j_1+j_2+\cdots+j_k}$(其中的指数为 k 阶子式所有行号和列号之和)即为 k 阶子式的**代数余子式**.

例如，对一个5阶行列式

$$|\boldsymbol{A}|=\begin{vmatrix}a_{11} & a_{12} & a_{13} & a_{14} & a_{15}\\ a_{21} & a_{22} & a_{23} & a_{24} & a_{25}\\ a_{31} & a_{32} & a_{33} & a_{34} & a_{35}\\ a_{41} & a_{42} & a_{43} & a_{44} & a_{45}\\ a_{51} & a_{52} & a_{53} & a_{54} & a_{55}\end{vmatrix},$$

选定第1,3行和第2,4列，可得一个2阶子式

$$\boldsymbol{A}\begin{bmatrix}1,3\\ 2,4\end{bmatrix}=\begin{vmatrix}a_{12} & a_{14}\\ a_{32} & a_{34}\end{vmatrix},$$

其余子式为

$$\boldsymbol{A}\begin{bmatrix}2,4,5\\ 1,3,5\end{bmatrix}=\begin{vmatrix}a_{21} & a_{23} & a_{25}\\ a_{41} & a_{43} & a_{45}\\ a_{51} & a_{53} & a_{55}\end{vmatrix},$$

代数余子式为

$$(-1)^{1+3+2+4}\begin{vmatrix} a_{21} & a_{23} & a_{25} \\ a_{41} & a_{43} & a_{45} \\ a_{51} & a_{53} & a_{55} \end{vmatrix}.$$

有了 k 阶子式及其余子式和代数余子式的概念,就可以引入拉普拉斯定理了.

拉普拉斯定理 在 n 阶行列式 $|\boldsymbol{A}|$ 中,选定 k $(1\leqslant k<n)$ 行,则行列式的值等于这 k 行里的所有 k 阶子式与它们对应的代数余子式的乘积之和.

说明 定理的证明比较复杂,这里略去.定理中选定 k 行后,在这 k 行里任取 k 列都能组成一个 k 阶子式,所以这 k 行里的所有 k 阶子式总共有 C_n^k 个,那么行列式的值就等于 C_n^k 个 k 阶子式和 C_n^k 个代数余子式的乘积之和.可想而知,其中的计算量有多大.因而拉普拉斯定理通常只适用于一些特殊结构(C_n^k 个 k 阶子式中只有个别不等于 0)的行列式的计算.定理中如果 k 取 1,即是行列式按行展开的展开式.

因为行列式中行和列的地位相同,因而拉普拉斯定理也可以描述为:选定 $k(1\leqslant k<n)$ 列,则行列式的值等于这 k 列里的所有 k 阶子式与它们对应的代数余子式的乘积之和.

例 3 计算行列式

$$\begin{vmatrix} a & 0 & c & 0 \\ b & 0 & d & 0 \\ e & g & k & m \\ f & h & l & n \end{vmatrix}.$$

解 由于这一行列式的特殊结构,根据拉普拉斯定理,选定第 1,2 行,这两行里的 2 阶子式有 $C_4^2=6$ 个(分别取第 1,2 列,第 1,3 列,第 1,4 列,第 2,3 列,第 2,4 列,第 3,4 列),但这 6 个 2 阶子式中只有 1 个(取第 1,3 列时)不等于 0,所以

$$\begin{vmatrix} a & 0 & c & 0 \\ b & 0 & d & 0 \\ e & g & k & m \\ f & h & l & n \end{vmatrix}=\boldsymbol{A}\begin{bmatrix}1,2\\1,3\end{bmatrix}(-1)^{1+2+1+3}\boldsymbol{A}\begin{bmatrix}3,4\\2,4\end{bmatrix}$$

$$=-\begin{vmatrix} a & c \\ b & d \end{vmatrix}\begin{vmatrix} g & m \\ h & n \end{vmatrix}=-(ad-bc)(gn-hm).$$

下面我们利用拉普拉斯定理推出一些在行列式计算中经常用到的结论.设

$$D=\begin{vmatrix} a_{11} & \cdots & a_{1m} & 0 & \cdots & 0 \\ \vdots & & \vdots & \vdots & & \vdots \\ a_{m1} & \cdots & a_{mm} & 0 & \cdots & 0 \\ c_{11} & \cdots & c_{1m} & b_{11} & \cdots & b_{1n} \\ \vdots & & \vdots & \vdots & & \vdots \\ c_{n1} & \cdots & c_{nm} & b_{n1} & \cdots & b_{nn} \end{vmatrix}.$$

这是一个 $m+n$ 阶行列式,根据拉普拉斯定理,选定前 m 行,在这 m 行的所有 m 阶子式中只有一个不等于 0,因此

$$D=\begin{vmatrix} a_{11} & \cdots & a_{1m} \\ \vdots & & \vdots \\ a_{m1} & \cdots & a_{mm} \end{vmatrix}(-1)^{(1+2+\cdots+m)+(1+2+\cdots+m)}\begin{vmatrix} b_{11} & \cdots & b_{1n} \\ \vdots & & \vdots \\ b_{n1} & \cdots & b_{nn} \end{vmatrix}$$

$$=\begin{vmatrix} a_{11} & \cdots & a_{1m} \\ \vdots & & \vdots \\ a_{m1} & \cdots & a_{mm} \end{vmatrix}\begin{vmatrix} b_{11} & \cdots & b_{1n} \\ \vdots & & \vdots \\ b_{n1} & \cdots & b_{nn} \end{vmatrix}.$$

记

$$\boldsymbol{A}=\begin{pmatrix} a_{11} & \cdots & a_{1m} \\ \vdots & & \vdots \\ a_{m1} & \cdots & a_{mm} \end{pmatrix},\quad \boldsymbol{B}=\begin{pmatrix} b_{11} & \cdots & b_{1n} \\ \vdots & & \vdots \\ b_{n1} & \cdots & b_{nn} \end{pmatrix},\quad \boldsymbol{C}=\begin{pmatrix} c_{11} & \cdots & c_{1m} \\ \vdots & & \vdots \\ c_{n1} & \cdots & c_{nm} \end{pmatrix},$$

则上述结论可表示为

$$\begin{vmatrix} \boldsymbol{A} & \boldsymbol{O} \\ \boldsymbol{C} & \boldsymbol{B} \end{vmatrix}=|\boldsymbol{A}||\boldsymbol{B}|.$$

同理可得

$$\begin{vmatrix} \boldsymbol{A} & \boldsymbol{O} \\ \boldsymbol{C} & \boldsymbol{B} \end{vmatrix}=\begin{vmatrix} \boldsymbol{A} & \boldsymbol{C} \\ \boldsymbol{O} & \boldsymbol{B} \end{vmatrix}=\begin{vmatrix} \boldsymbol{A} & \boldsymbol{O} \\ \boldsymbol{O} & \boldsymbol{B} \end{vmatrix}=|\boldsymbol{A}||\boldsymbol{B}| \quad (\text{其中 } \boldsymbol{A},\boldsymbol{B} \text{ 为方阵}).$$

类似地,由于

$$\begin{vmatrix} 0 & \cdots & 0 & a_{11} & \cdots & a_{1m} \\ \vdots & & \vdots & \vdots & & \vdots \\ 0 & \cdots & 0 & a_{m1} & \cdots & a_{mm} \\ b_{11} & \cdots & b_{1n} & c_{11} & \cdots & c_{1m} \\ \vdots & & \vdots & \vdots & & \vdots \\ b_{n1} & \cdots & b_{nn} & c_{n1} & \cdots & c_{nm} \end{vmatrix}$$

$$= \begin{vmatrix} a_{11} & \cdots & a_{1m} \\ \vdots & & \vdots \\ a_{m1} & \cdots & a_{mm} \end{vmatrix} (-1)^{(1+2+\cdots+m)+[(n+1)+(n+2)+\cdots+(n+m)]} \begin{vmatrix} b_{11} & \cdots & b_{1n} \\ \vdots & & \vdots \\ b_{n1} & \cdots & b_{nn} \end{vmatrix}$$

$$= (-1)^{2(1+2+\cdots+m)+mn} \begin{vmatrix} a_{11} & \cdots & a_{1m} \\ \vdots & & \vdots \\ a_{m1} & \cdots & a_{mm} \end{vmatrix} \begin{vmatrix} b_{11} & \cdots & b_{1n} \\ \vdots & & \vdots \\ b_{n1} & \cdots & b_{nn} \end{vmatrix}$$

$$= (-1)^{mn} \begin{vmatrix} a_{11} & \cdots & a_{1m} \\ \vdots & & \vdots \\ a_{m1} & \cdots & a_{mm} \end{vmatrix} \begin{vmatrix} b_{11} & \cdots & b_{1n} \\ \vdots & & \vdots \\ b_{n1} & \cdots & b_{nn} \end{vmatrix},$$

用类似于上面的记法，可得

$$\begin{vmatrix} \boldsymbol{O} & \boldsymbol{A} \\ \boldsymbol{B} & \boldsymbol{C} \end{vmatrix} = \begin{vmatrix} \boldsymbol{C} & \boldsymbol{A} \\ \boldsymbol{B} & \boldsymbol{O} \end{vmatrix} = \begin{vmatrix} \boldsymbol{O} & \boldsymbol{A} \\ \boldsymbol{B} & \boldsymbol{O} \end{vmatrix} = (-1)^{mn} |\boldsymbol{A}||\boldsymbol{B}| \quad (\boldsymbol{A} \text{ 为 } m \text{ 阶方阵}, \boldsymbol{B} \text{ 为 } n \text{ 阶方阵}).$$

习 题 1.5

1. 计算下列行列式：

(1) $\begin{vmatrix} 1 & 1 & 1 & 1 \\ -3 & 2 & 4 & -1 \\ 9 & 4 & 16 & 1 \\ -27 & 8 & 64 & -1 \end{vmatrix}$；　(2) $\begin{vmatrix} 1 & 16 & 4 & 64 \\ 1 & 9 & 3 & 27 \\ 1 & 49 & 7 & 343 \\ 1 & 25 & -5 & -125 \end{vmatrix}$.

2. 计算下列行列式：

(1) $\begin{vmatrix} 1 & 3 & 0 & 0 \\ 2 & 4 & 0 & 0 \\ 0 & 0 & 2 & 4 \\ 0 & 0 & 1 & 3 \end{vmatrix}$；　(2) $\begin{vmatrix} 0 & 0 & a & b \\ 0 & 0 & b & a \\ c & d & 0 & 0 \\ d & c & 0 & 0 \end{vmatrix}$.

3. 验证：

(1) $\begin{vmatrix} a_{11} & \cdots & a_{1m} & c_{11} & \cdots & c_{1n} \\ \vdots & & \vdots & \vdots & & \vdots \\ a_{m1} & \cdots & a_{mm} & c_{m1} & \cdots & c_{mn} \\ 0 & \cdots & 0 & b_{11} & \cdots & b_{1n} \\ \vdots & & \vdots & \vdots & & \vdots \\ 0 & \cdots & 0 & b_{n1} & \cdots & b_{nn} \end{vmatrix} = \begin{vmatrix} a_{11} & \cdots & a_{1m} \\ \vdots & & \vdots \\ a_{m1} & \cdots & a_{mm} \end{vmatrix} \begin{vmatrix} b_{11} & \cdots & b_{1n} \\ \vdots & & \vdots \\ b_{n1} & \cdots & b_{nn} \end{vmatrix}$；

$$(2)\quad \begin{vmatrix} c_{11} & \cdots & c_{1n} & a_{11} & \cdots & a_{1m} \\ \vdots & & \vdots & \vdots & & \vdots \\ c_{m1} & \cdots & c_{mn} & a_{m1} & \cdots & a_{mm} \\ b_{11} & \cdots & b_{1n} & 0 & \cdots & 0 \\ \vdots & & \vdots & \vdots & & \vdots \\ b_{n1} & \cdots & b_{nn} & 0 & \cdots & 0 \end{vmatrix} = (-1)^{mn} \begin{vmatrix} a_{11} & \cdots & a_{1m} \\ \vdots & & \vdots \\ a_{m1} & \cdots & a_{mm} \end{vmatrix} \begin{vmatrix} b_{11} & \cdots & b_{1n} \\ \vdots & & \vdots \\ b_{n1} & \cdots & b_{nn} \end{vmatrix}.$$

§1.6 克拉默法则

前面提到过，行列式是伴随着线性方程组的求解而发展起来的基本数学工具.这一节我们将介绍利用行列式求解某种特殊的 n 元一次方程组的方法——克拉默(Cramer)法则.

克拉默法则 对于如下含有 n 个方程的 n 元线性方程组(n 元一次方程组)

$$\begin{cases} a_{11}x_1 + a_{12}x_2 + \cdots + a_{1n}x_n = b_1, \\ a_{21}x_1 + a_{22}x_2 + \cdots + a_{2n}x_n = b_2, \\ \cdots\cdots\cdots\cdots\cdots\cdots \\ a_{n1}x_1 + a_{n2}x_2 + \cdots + a_{nn}x_n = b_n, \end{cases} \tag{1}$$

若方程组的系数所构成的行列式(称为**系数行列式**)

$$D = \begin{vmatrix} a_{11} & a_{12} & \cdots & a_{1n} \\ a_{21} & a_{22} & \cdots & a_{2n} \\ \vdots & \vdots & & \vdots \\ a_{n1} & a_{n2} & \cdots & a_{nn} \end{vmatrix} \neq 0,$$

则该方程组存在唯一解，且解为

$$x_j = \frac{D_j}{D} \quad (j = 1,2,\cdots,n),$$

其中 D_j 是将系数行列式 D 中第 j 列的元素 $a_{1j},a_{2j},\cdots,a_{nj}$ 换成方程组的常数项 $b_1,b_2,\cdots,b_n$ 之后所得的行列式.

这个法则的证明留到第二章§2.3给出.法则成立的条件是系数行列式不等于零，这个条件同时意味着方程组必须是方程个数与未知量个数相同的方程组，这样方程组的系数才能构成一个行列式.

例 1 求解 4 元线性方程组

$$\begin{cases} x_1+\ x_2+\ x_3+\ \ x_4=5, \\ x_1+2x_2-\ x_3+\ 4x_4=-2, \\ 2x_1-3x_2-\ x_3-\ 5x_4=-2, \\ 3x_1+\ x_2+2x_3+11x_4=0. \end{cases}$$

解 方程组的系数行列式为

$$D=\begin{vmatrix} 1 & 1 & 1 & 1 \\ 1 & 2 & -1 & 4 \\ 2 & -3 & -1 & -5 \\ 3 & 1 & 2 & 11 \end{vmatrix} \xlongequal[r_4-3r_1]{\substack{r_2-r_1\\ r_3-2r_1}} \begin{vmatrix} 1 & 1 & 1 & 1 \\ 0 & 1 & -2 & 3 \\ 0 & -5 & -3 & -7 \\ 0 & -2 & -1 & 8 \end{vmatrix}$$

$$\xlongequal[r_4+2r_2]{r_3+5r_2} \begin{vmatrix} 1 & 1 & 1 & 1 \\ 0 & 1 & -2 & 3 \\ 0 & 0 & -13 & 8 \\ 0 & 0 & -5 & 14 \end{vmatrix} =-142\neq 0,$$

根据克拉默法则,该方程组存在唯一解.而

$$D_1=\begin{vmatrix} 5 & 1 & 1 & 1 \\ -2 & 2 & -1 & 4 \\ -2 & -3 & -1 & -5 \\ 0 & 1 & 2 & 11 \end{vmatrix}=-142, \quad D_2=\begin{vmatrix} 1 & 5 & 1 & 1 \\ 1 & -2 & -1 & 4 \\ 2 & -2 & -1 & -5 \\ 3 & 0 & 2 & 11 \end{vmatrix}=-284,$$

$$D_3=\begin{vmatrix} 1 & 1 & 5 & 1 \\ 1 & 2 & -2 & 4 \\ 2 & -3 & -2 & -5 \\ 3 & 1 & 0 & 11 \end{vmatrix}=-426, \quad D_4=\begin{vmatrix} 1 & 1 & 1 & 5 \\ 1 & 2 & -1 & -2 \\ 2 & -3 & -1 & -2 \\ 3 & 1 & 2 & 0 \end{vmatrix}=142,$$

所以

$$x_1=1,\quad x_2=2,\quad x_3=3,\quad x_4=-1.$$

如果方程组(1)中右边的常数项 $b_1,b_2,\cdots,b_n$ 均为 0,则称该方程组为 **n 元齐次线性方程组**;否则,称为 **n 元非齐次线性方程组**.

将克拉默法则应用到 n 元齐次线性方程组中,可得如下定理:

定理 1 若 n 元齐次线性方程组

$$\begin{cases} a_{11}x_1+a_{12}x_2+\cdots+a_{1n}x_n=0, \\ a_{21}x_1+a_{22}x_2+\cdots+a_{2n}x_n=0, \\ \cdots\cdots\cdots\cdots\cdots\cdots \\ a_{n1}x_1+a_{n2}x_2+\cdots+a_{nn}x_n=0 \end{cases} \tag{2}$$

的系数行列式 $D\neq 0$，则该方程组存在唯一零解 $x_1=x_2=\cdots=x_n=0$.

证明 因为零解一定是 n 元齐次线性方程组的解，再根据克拉默法则，当系数行列式不等于 0 的时候，存在唯一解，所以方程组(2)存在唯一零解.

定理 1 的逆否命题如下：

定理 2 如果 n 元齐次线性方程组(2)存在非零解，则系数行列式 $D=0$.

例 2 已知下列齐次线性方程组有非零解，求 k 的值：

$$\begin{cases} x_1+x_2+x_3=0, \\ 2x_1+3x_2+kx_3=0, \\ x_1+kx_2+3x_3=0. \end{cases}$$

解 因为齐次线性方程组有非零解，根据定理 2 可知系数行列式为 0，即

$$\begin{vmatrix} 1 & 1 & 1 \\ 2 & 3 & k \\ 1 & k & 3 \end{vmatrix} \xrightarrow[r_3-r_1]{r_2-2r_1} \begin{vmatrix} 1 & 1 & 1 \\ 0 & 1 & k-2 \\ 0 & k-1 & 2 \end{vmatrix} = 2-(k-1)(k-2) = -k^2+3k=0,$$

从而有 $k=0$ 或 $k=3$.

习 题 1.6

1. 用克拉默法则解下列方程组：

(1) $\begin{cases} x_1+x_2+x_3+x_4=3, \\ x_1+2x_2+4x_3+8x_4=4, \\ x_1+3x_2+9x_3+27x_4=3, \\ x_1+4x_2+16x_3+64x_4=-3; \end{cases}$ (2) $\begin{cases} 2x_1+x_2-5x_3+x_4=8, \\ x_1-3x_2-6x_4=9, \\ 2x_2-x_3+2x_4=-5, \\ x_1+4x_2-7x_3+6x_4=0. \end{cases}$

2. 已知下面的齐次线性方程组有非零解，求 k 的值：

$$\begin{cases} (5-k)x_1+2x_2+2x_3=0, \\ 2x_1+(6-k)x_2=0, \\ 2x_1+(4-k)x_3=0. \end{cases}$$

3. 已知下面的齐次线性方程组有非零解，求 k 和 λ 的值：

$$\begin{cases} \lambda x_1+x_2+x_3=0, \\ x_1+kx_2+x_3=0, \\ x_1+2kx_2+x_3=0. \end{cases}$$

§1.7 综合例题

例 1 计算行列式

$$D_n=\begin{vmatrix} 1 & 1 & \cdots & \cdots & 1 & a_1 \\ 0 & 0 & \cdots & \cdots & a_2 & 1 \\ 0 & 0 & \cdots & a_3 & 0 & 1 \\ \vdots & \vdots & & & \vdots & \vdots \\ 0 & a_{n-1} & \cdots & 0 & 0 & 1 \\ a_n & 0 & \cdots & 0 & 0 & 1 \end{vmatrix} \quad (a_i\neq 0, i=1,2,\cdots,n).$$

解
$$D_n \xlongequal{c_n-\frac{1}{a_2}c_{n-1}-\frac{1}{a_3}c_{n-2}-\cdots-\frac{1}{a_n}c_1} \begin{vmatrix} 1 & 1 & \cdots & \cdots & 1 & a_1-\frac{1}{a_2}-\frac{1}{a_3}-\cdots-\frac{1}{a_n} \\ 0 & 0 & \cdots & \cdots & a_2 & 0 \\ 0 & 0 & \cdots & a_3 & 0 & 0 \\ \vdots & \vdots & & & \vdots & \vdots \\ 0 & a_{n-1} & \cdots & 0 & 0 & 0 \\ a_n & 0 & \cdots & 0 & 0 & 0 \end{vmatrix}$$

$$=(-1)^{\frac{n(n-1)}{2}}\left(a_1-\frac{1}{a_2}-\frac{1}{a_3}-\cdots-\frac{1}{a_n}\right)a_2a_3\cdots a_n.$$

这是一个“箭形”行列式,求解过程最后一步利用到了§1.2中三角行列式的结论.

例 2 计算行列式

$$D_n=\begin{vmatrix} 1 & 2 & 3 & \cdots & n-1 & n \\ 2 & 3 & 4 & \cdots & n & 1 \\ 3 & 4 & 5 & \cdots & 1 & 2 \\ \vdots & \vdots & \vdots & & \vdots & \vdots \\ n-1 & n & 1 & \cdots & n-3 & n-2 \\ n & 1 & 2 & \cdots & n-2 & n-1 \end{vmatrix}.$$

$$\text{解}\quad D_n \xlongequal[c_1\times\frac{2}{n(n+1)}]{c_1+c_2+\cdots+c_n} \frac{n(n+1)}{2}\begin{vmatrix} 1 & 2 & 3 & \cdots & n-1 & n \\ 1 & 3 & 4 & \cdots & n & 1 \\ 1 & 4 & 5 & \cdots & 1 & 2 \\ \vdots & \vdots & \vdots & & \vdots & \vdots \\ 1 & n & 1 & \cdots & n-3 & n-2 \\ 1 & 1 & 2 & \cdots & n-2 & n-1 \end{vmatrix}$$

$$\xlongequal[r_2-r_1]{\substack{r_n-r_{n-1}\\ r_{n-1}-r_{n-2}\\ \vdots}} \frac{n(n+1)}{2}\begin{vmatrix} 1 & 2 & 3 & \cdots & n-1 & n \\ 0 & 1 & 1 & \cdots & 1 & 1-n \\ 0 & 1 & 1 & \cdots & 1-n & 1 \\ \vdots & \vdots & \vdots & & \vdots & \vdots \\ 0 & 1 & 1-n & \cdots & 1 & 1 \\ 0 & 1-n & 1 & \cdots & 1 & 1 \end{vmatrix}$$

$$\xlongequal{\text{按第 1 列展开}} \frac{n(n+1)}{2}\begin{vmatrix} 1 & 1 & 1 & \cdots & 1 & 1-n \\ 1 & 1 & 1 & \cdots & 1-n & 1 \\ 1 & 1 & 1 & \cdots & 1 & 1 \\ \vdots & \vdots & \vdots & & \vdots & \vdots \\ 1 & 1-n & 1 & \cdots & 1 & 1 \\ 1-n & 1 & 1 & \cdots & 1 & 1 \end{vmatrix}_{n-1}$$

$$\xlongequal[r_2-r_1]{\substack{r_{n-1}-r_1\\ r_{n-2}-r_1\\ \vdots}} \frac{n(n+1)}{2}\begin{vmatrix} 1 & 1 & 1 & \cdots & 1 & 1-n \\ 0 & 0 & 0 & \cdots & -n & n \\ 0 & 0 & 0 & \cdots & 0 & n \\ \vdots & \vdots & \vdots & & \vdots & \vdots \\ 0 & -n & 0 & \cdots & 0 & n \\ -n & 0 & 0 & \cdots & 0 & n \end{vmatrix}_{n-1} \quad \text{(“箭形”行列式)}$$

$$\xlongequal{c_{n-1}+c_{n-2}+\cdots+c_1} \frac{n(n+1)}{2}\begin{vmatrix} 1 & 1 & 1 & \cdots & 1 & -1 \\ 0 & 0 & 0 & \cdots & -n & 0 \\ 0 & 0 & 0 & \cdots & 0 & 0 \\ \vdots & \vdots & \vdots & & \vdots & \vdots \\ 0 & -n & 0 & \cdots & 0 & 0 \\ -n & 0 & 0 & \cdots & 0 & 0 \end{vmatrix}_{n-1}$$

$$=\frac{n(n+1)}{2}(-1)^{\frac{(n-1)(n-2)}{2}}(-1)^{n-1}n^{n-2}.$$

最后一步利用了§1.2 中三角行列式的结论，其中副对角线上 1 个 -1，$n-2$ 个 $-n$.

例 3 计算行列式

$$D_4 = \begin{vmatrix} 1 & 1 & 1 & 1 \\ a & b & c & d \\ a^2 & b^2 & c^2 & d^2 \\ a^4 & b^4 & c^4 & d^4 \end{vmatrix}.$$

解 利用加边法构造如下范德蒙德行列式(增加第 4 行和第 5 列):

$$D_5 = \begin{vmatrix} 1 & 1 & 1 & 1 & 1 \\ a & b & c & d & x \\ a^2 & b^2 & c^2 & d^2 & x^2 \\ a^3 & b^3 & c^3 & d^3 & x^3 \\ a^4 & b^4 & c^4 & d^4 & x^4 \end{vmatrix}.$$

根据范德蒙德行列式的计算方法,有

$$D_5 = (x-a)(x-b)(x-c)(x-d)(d-a)(d-b)(d-c)(c-a)(c-b)(b-a).$$

这是一个关于 x 的 4 次多项式.

另外,把 D_5 按最后一列展开得

$$D_5 = 1\cdot(-1)^{1+5}M_{15} + x\cdot(-1)^{2+5}M_{25} + x^2\cdot(-1)^{3+5}M_{35} + x^3\cdot(-1)^{4+5}M_{45} + x^4\cdot(-1)^{5+5}M_{55},$$

其中 $M_{15}, M_{25}, M_{35}, M_{45}, M_{55}$ 里面均不含 x,因此这也是关于 x 的 4 次多项式,且其中的 M_{45} 即为题目中所要求的行列式 D_4.

同一个行列式利用两种方法计算出来的值应该一样,因此 D_5 的两个结论中 x^3 的系数也一样. 第一个结论中 x^3 的系数为

$$-(a+b+c+d)(d-a)(d-b)(d-c)(c-a)(c-b)(b-a),$$

第二个结论中 x^3 的系数为 $-M_{45}$,则所求行列式为

$$D_4 = M_{45} = (a+b+c+d)(d-a)(d-b)(d-c)(c-a)(c-b)(b-a).$$

例 4 计算行列式

$$D_n = \begin{vmatrix} 2 & -1 & 0 & \cdots & 0 & 0 & 0 \\ -1 & 2 & -1 & \cdots & 0 & 0 & 0 \\ 0 & -1 & 2 & \cdots & 0 & 0 & 0 \\ \vdots & \vdots & \vdots & & \vdots & \vdots & \vdots \\ 0 & 0 & 0 & \cdots & 2 & -1 & 0 \\ 0 & 0 & 0 & \cdots & -1 & 2 & -1 \\ 0 & 0 & 0 & \cdots & 0 & -1 & 2 \end{vmatrix}$$

解 方法1

$$D_n \xlongequal[c_1+c_2]{\substack{c_{n-1}+c_n\\ c_{n-2}+c_{n-1}\\ \vdots}} \begin{vmatrix} 1 & -1 & 0 & \cdots & 0 & 0 & 0 \\ 0 & 1 & -1 & \cdots & 0 & 0 & 0 \\ 0 & 0 & 1 & \cdots & 0 & 0 & 0 \\ \vdots & \vdots & \vdots & & \vdots & \vdots & \vdots \\ 0 & 0 & 0 & \cdots & 1 & -1 & 0 \\ 0 & 0 & 0 & \cdots & 0 & 1 & -1 \\ 1 & 1 & 1 & \cdots & 1 & 1 & 2 \end{vmatrix}$$

$$\xlongequal[c_n+c_{n-1}]{\substack{c_2+c_1\\ c_3+c_2\\ \vdots}} \begin{vmatrix} 1 & 0 & 0 & \cdots & 0 & 0 & 0 \\ 0 & 1 & 0 & \cdots & 0 & 0 & 0 \\ 0 & 0 & 1 & \cdots & 0 & 0 & 0 \\ \vdots & \vdots & \vdots & & \vdots & \vdots & \vdots \\ 0 & 0 & 0 & \cdots & 1 & 0 & 0 \\ 0 & 0 & 0 & \cdots & 0 & 1 & 0 \\ 1 & 2 & 3 & \cdots & n-2 & n-1 & n+1 \end{vmatrix} = n+1.$$

方法2

$$D_n \xlongequal{c_1+c_2+\cdots+c_n} \begin{vmatrix} 1 & -1 & 0 & \cdots & 0 & 0 & 0 \\ 0 & 2 & -1 & \cdots & 0 & 0 & 0 \\ 0 & -1 & 2 & \cdots & 0 & 0 & 0 \\ \vdots & \vdots & \vdots & & \vdots & \vdots & \vdots \\ 0 & 0 & 0 & \cdots & 2 & -1 & 0 \\ 0 & 0 & 0 & \cdots & -1 & 2 & -1 \\ 1 & 0 & 0 & \cdots & 0 & -1 & 2 \end{vmatrix}$$

$$\xlongequal{\text{按第1列展开}} 1\times(-1)^{1+1}D_{n-1} + 1\times(-1)^{n+1} \begin{vmatrix} -1 & 0 & \cdots & 0 & 0 & 0 \\ 2 & -1 & \cdots & 0 & 0 & 0 \\ -1 & 2 & \cdots & 0 & 0 & 0 \\ \vdots & \vdots & & \vdots & \vdots & \vdots \\ 0 & 0 & \cdots & 2 & -1 & 0 \\ 0 & 0 & \cdots & -1 & 2 & -1 \end{vmatrix}_{n-1}$$

$$= D_{n-1} + (-1)^{n+1}(-1)^{n-1} = D_{n-1}+1.$$

因为 $D_1=2, D_n-D_{n-1}=1$，所以 $D_n=n+1$（等差数列之和）.

例 5 计算行列式

$$D_{n+1}=\begin{vmatrix} a^n & (a-1)^n & \cdots & (a-n)^n \\ a^{n-1} & (a-1)^{n-1} & \cdots & (a-n)^{n-1} \\ \vdots & \vdots & & \vdots \\ a & a-1 & \cdots & a-n \\ 1 & 1 & \cdots & 1 \end{vmatrix}.$$

解 首先对行列式进行“$r_{n+1}\leftrightarrow r_n, r_n\leftrightarrow r_{n-1},\cdots,r_3\leftrightarrow r_2, r_2\leftrightarrow r_1$”这样的 n 次互换，把第 $n+1$ 行换到了第 1 行；接着进行“$r_{n+1}\leftrightarrow r_n, r_n\leftrightarrow r_{n-1},\cdots,r_3\leftrightarrow r_2$”这样的 $n-1$ 次互换，把新的第 $n+1$ 行换到了第 2 行；以此类推，最后通过 $n+(n-1)+(n-2)+\cdots+1=\frac{n(n+1)}{2}$ 次互换，而每互换一次，行列式都多一个负号，行列式变成

$$D_{n+1}=(-1)^{\frac{n(n+1)}{2}}\begin{vmatrix} 1 & 1 & \cdots & 1 \\ a & a-1 & \cdots & a-n \\ \vdots & \vdots & & \vdots \\ a^{n-1} & (a-1)^{n-1} & \cdots & (a-n)^{n-1} \\ a^n & (a-1)^n & \cdots & (a-n)^n \end{vmatrix}.$$

再对列进行类似的 $\frac{n(n+1)}{2}$ 次互换后得

$$D_{n+1}=(-1)^{\frac{n(n+1)}{2}}\cdot(-1)^{\frac{n(n+1)}{2}}\begin{vmatrix} 1 & \cdots & 1 & 1 \\ a-n & \cdots & a-1 & a \\ \vdots & & \vdots & \vdots \\ (a-n)^{n-1} & \cdots & (a-1)^{n-1} & a^{n-1} \\ (a-n)^n & \cdots & (a-1)^n & a^n \end{vmatrix}$$

$$=\begin{vmatrix} 1 & \cdots & 1 & 1 \\ a-n & \cdots & a-1 & a \\ \vdots & & \vdots & \vdots \\ (a-n)^{n-1} & \cdots & (a-1)^{n-1} & a^{n-1} \\ (a-n)^n & \cdots & (a-1)^n & a^n \end{vmatrix}.$$

这是一个范德蒙德行列式. 用 x_i 表示第 2 行第 i 列的元素，则根据元素满足的规律可得 $x_i=a-n-1+i$. 根据范德蒙德行列式的计算公式，得

$$\begin{aligned} D_{n+1}&=\prod_{1\leqslant j<i\leqslant n+1}(x_i-x_j)=\prod_{1\leqslant j<i\leqslant n+1}[(a-n-1+i)-(a-n-1+j)] \\ &=\prod_{1\leqslant j<i\leqslant n+1}(i-j). \end{aligned}$$

总习题一

1. 选择题：

(1) 行列式 $\begin{vmatrix} 1 & -1 & 1 & x-1 \\ 1 & -1 & x+1 & -1 \\ 1 & x-1 & 1 & -1 \\ x+1 & -1 & 1 & -1 \end{vmatrix}$ 的值为(　　)；

A. x^4　　B. $-x^4$　　C. x^4-1　　D. x^4+1

(2) 与行列式 $\begin{vmatrix} a_{11} & a_{12} & a_{13} \\ a_{21} & a_{22} & a_{23} \\ a_{31} & a_{32} & a_{33} \end{vmatrix}$ 等值的行列式为(　　)；

A. $\begin{vmatrix} a_{13} & a_{12} & a_{11} \\ a_{23} & a_{22} & a_{21} \\ a_{33} & a_{32} & a_{31} \end{vmatrix}$　　B. $\begin{vmatrix} a_{11} & a_{12} & a_{13} \\ a_{31} & a_{32} & a_{33} \\ a_{21} & a_{22} & a_{23} \end{vmatrix}$

C. $\begin{vmatrix} a_{11} & a_{13} & a_{12} \\ a_{21} & a_{23} & a_{22} \\ a_{31} & a_{33} & a_{32} \end{vmatrix}$　　D. $\begin{vmatrix} a_{13} & a_{11} & a_{12} \\ a_{23} & a_{21} & a_{22} \\ a_{33} & a_{31} & a_{32} \end{vmatrix}$

(3) 4 阶行列式 $\begin{vmatrix} a & 0 & 0 & b \\ 0 & a_1 & b_1 & 0 \\ 0 & c_1 & d_1 & 0 \\ c & 0 & 0 & d \end{vmatrix}$ 的值等于(　　)；

A. $aa_1dd_1-bb_1cc_1$　　B. $aa_1dd_1+bb_1cc_1$

C. $(ad-bc)(a_1d_1-b_1c_1)$　　D. $(aa_1-bb_1)(dd_1-cc_1)$

(4) 设方程组 $\begin{cases} x_1+x_2+x_3=0, \\ 2x_1+3x_2+kx_3=0, \\ x_1+2x_2+3x_3=0 \end{cases}$ 有非零解，则 $k=$(　　)；

A. 1　　B. 2　　C. 3　　D. 4

(5) 令 $f(x)=\begin{vmatrix} x-2 & x-1 & x-2 & x-3 \\ 2x-2 & 2x-1 & 2x-2 & 2x-3 \\ 3x-3 & 3x-2 & 4x-5 & 3x-5 \\ 4x & 4x-3 & 5x-7 & 4x-3 \end{vmatrix}$，则方程 $f(x)=0$ 的根的个数为(　　).

A. 1　　B. 2　　C. 3　　D. 4

2. 填空题：

(1) 行列式 $\begin{vmatrix} 0 & -b & c \\ b & 0 & -e \\ -c & e & 0 \end{vmatrix}=$________，$\begin{vmatrix} 4 & 6 & 5 \\ 1/2 & 3/4 & 5/6 \\ 0.8 & 1.2 & 1.5 \end{vmatrix}=$________；

(2) 设 $\begin{vmatrix} x & y & z \\ 1 & 1 & 1 \\ 3 & -1 & 2 \end{vmatrix}=2$，则 $\begin{vmatrix} x-2 & 1 & 3 \\ y-2 & 1 & -1 \\ z-2 & 1 & 2 \end{vmatrix}=$________；

(3) 设 $\begin{vmatrix} 1 & 2 & 3 \\ 0 & a & 1 \\ 0 & 4 & 2 \end{vmatrix}=0$，则 $a=$________；

(4) 对于行列式 $\begin{vmatrix} 1 & 2 & 3 & 4 \\ 0 & 3 & 3 & 3 \\ -1 & 2 & 4 & 0 \\ 4 & 2 & 3 & 1 \end{vmatrix}$，$A_{42}+A_{43}+A_{44}=$________；

(5) 行列式 $\begin{vmatrix} 3 & 2 & 0 & 0 \\ 1 & 4 & 0 & 0 \\ 0 & 0 & 4 & 2 \\ 0 & 0 & 3 & 1 \end{vmatrix}=$________，$\begin{vmatrix} 0 & 0 & 0 & 2 & 5 \\ 0 & 0 & 0 & 1 & 3 \\ 1 & 2 & 3 & 0 & 0 \\ 0 & 4 & 5 & 0 & 0 \\ 0 & 0 & 6 & 0 & 0 \end{vmatrix}=$________；

(6) 若方程组 $\begin{cases} 3x+ky-z=0, \\ 4y+z=0, \\ kx-5y-z=0 \end{cases}$ 有非零解，则 $k=$________.

3. 计算下列行列式：

(1) $\begin{vmatrix} 3 & 5 & -1 & 2 \\ 2 & -3 & 4 & 1 \\ 1 & 0 & 2 & -1 \\ -3 & 1 & -4 & 2 \end{vmatrix}$；

(2) $\begin{vmatrix} a+1 & 1 & 1 & 1 \\ -1 & a-1 & -1 & -1 \\ 1 & 1 & a+1 & 1 \\ -1 & -1 & -1 & a-1 \end{vmatrix}$ $(a\neq 0)$；

(3) $D_n=\begin{vmatrix} n & 2 & 3 & \cdots & n-1 & n \\ 2 & n-1 & 0 & \cdots & 0 & 0 \\ 3 & 0 & n-2 & \cdots & 0 & 0 \\ \vdots & \vdots & \vdots & & \vdots & \vdots \\ n-1 & 0 & 0 & \cdots & 2 & 0 \\ n & 0 & 0 & \cdots & 0 & 1 \end{vmatrix}$;

(4) $D_n=\begin{vmatrix} 2 & 1 & 0 & \cdots & 0 & 0 \\ 1 & 2 & 1 & \cdots & 0 & 0 \\ 0 & 1 & 2 & \cdots & 0 & 0 \\ \vdots & \vdots & \vdots & & \vdots & \vdots \\ 0 & 0 & 0 & \cdots & 2 & 1 \\ 0 & 0 & 0 & \cdots & 1 & 2 \end{vmatrix}$.

4. 证明：

$$D_n=\begin{vmatrix} 2\cos\theta & 1 & 0 & \cdots & 0 & 0 \\ 1 & 2\cos\theta & 1 & \cdots & 0 & 0 \\ 0 & 1 & 2\cos\theta & \cdots & 0 & 0 \\ \vdots & \vdots & \vdots & & \vdots & \vdots \\ 0 & 0 & 0 & \cdots & 2\cos\theta & 1 \\ 0 & 0 & 0 & \cdots & 1 & 2\cos\theta \end{vmatrix}=\frac{\sin(n+1)\theta}{\sin\theta}.$$

第二章 矩阵及其运算

上一章已经给出了矩阵的定义，并介绍了方阵的一种运算——行列式．这一章将介绍任意矩阵的运算及其满足的运算规律．

§2.1 矩阵的运算

定义 1 设矩阵 $\boldsymbol{A}=(a_{ij})_{m\times n}$，$\boldsymbol{B}=(b_{ij})_{s\times t}$．若它们满足 $m=s$，$n=t$，且 $a_{ij}=b_{ij}(i=1,2,\cdots,m;j=1,2,\cdots,n)$，则称 $\boldsymbol{A}$ 与 $\boldsymbol{B}$ 相等，记做 $\boldsymbol{A}=\boldsymbol{B}$．

从定义中可知，两个矩阵相等即具有相同的行数和列数且对应位置上的元素均相等．今后在矩阵方程运算中，要避免出现 $\boldsymbol{AB}=2\boldsymbol{A}\Rightarrow\boldsymbol{B}=2$ 这样的错误（在 $\boldsymbol{A}$ 可逆的情况下，应该得到的是 $\boldsymbol{B}=2\boldsymbol{E}$，其中矩阵乘积和可逆的知识将在后面介绍）．

一、矩阵的加法

定义 2 设矩阵 $\boldsymbol{A}=(a_{ij})_{m\times n}$，$\boldsymbol{B}=(b_{ij})_{m\times n}$，则矩阵 $\boldsymbol{A}$ 与 $\boldsymbol{B}$ 的和定义为

$$\boldsymbol{A}+\boldsymbol{B}=\begin{pmatrix} a_{11}+b_{11} & a_{12}+b_{12} & \cdots & a_{1n}+b_{1n} \\ a_{21}+b_{21} & a_{22}+b_{22} & \cdots & a_{2n}+b_{2n} \\ \vdots & \vdots & & \vdots \\ a_{m1}+b_{m1} & a_{m2}+b_{m2} & \cdots & a_{mn}+b_{mn} \end{pmatrix}.$$

从定义中可知，只有当两个矩阵具有相同的行数和列数（同型矩阵）时，才能进行加法运算，这时只要把两个矩阵对应位置上的元素依次相加即可．今后在进行矩阵方程的变换时，要避免出现 $\boldsymbol{AB}+2\boldsymbol{B}=(\boldsymbol{A}+2)\boldsymbol{B}$ 这样的错误（利用后面将介绍的矩阵乘法的分配律和单位矩阵的特性，应该有 $\boldsymbol{AB}+2\boldsymbol{B}=(\boldsymbol{A}+2\boldsymbol{E})\boldsymbol{B}$）．

易知，矩阵的加法满足以下运算规律（$\boldsymbol{A}$，$\boldsymbol{B}$，$\boldsymbol{C}$ 具有相同的行数和列数）：

(1) **交换律**：$\boldsymbol{A}+\boldsymbol{B}=\boldsymbol{B}+\boldsymbol{A}$；

(2) **结合律**：$(\boldsymbol{A}+\boldsymbol{B})+\boldsymbol{C}=\boldsymbol{A}+(\boldsymbol{B}+\boldsymbol{C})$．

设矩阵 $\boldsymbol{A}=(a_{ij})_{m\times n}$，则 $(-a_{ij})_{m\times n}$ 称为矩阵 $\boldsymbol{A}$ 的**负矩阵**，记做 $-\boldsymbol{A}$. 于是有

$$\boldsymbol{A}+(-\boldsymbol{A})=\boldsymbol{O}.$$

据此可定义矩阵的**减法**为

$$\boldsymbol{A}-\boldsymbol{B}=\boldsymbol{A}+(-\boldsymbol{B}).$$

二、数和矩阵的乘法

定义 3 设矩阵 $\boldsymbol{A}=(a_{ij})_{m\times n}$，$k\in\mathbb{R}$，则**数 k 和矩阵 $\boldsymbol{A}$ 的乘积**定义为

$$k\boldsymbol{A}=\begin{pmatrix} ka_{11} & ka_{12} & \cdots & ka_{1n} \\ ka_{21} & ka_{22} & \cdots & ka_{2n} \\ \vdots & \vdots & & \vdots \\ ka_{m1} & ka_{m2} & \cdots & ka_{mn} \end{pmatrix}.$$

注意数和矩阵的乘法与第一章§1.3 中行列式的性质 3 的区别. 在行列式的性质 3 中，一个数乘以一个行列式相当于用这个数乘以行列式的某一行或某一列. 而在数和矩阵的乘法中，一个数乘以一个矩阵相当于用这个数乘以矩阵中的每一个元素. 根据这一区别，若矩阵 $\boldsymbol{A}$ 为 n 阶方阵(方阵才有行列式)，则有重要结论

$$|k\boldsymbol{A}|=k^n|\boldsymbol{A}|.$$

易知，数和矩阵的乘法满足以下运算规律($\boldsymbol{A},\boldsymbol{B}$ 具有相同的行数和列数，$k,l\in\mathbb{R}$)：

(1) $k(\boldsymbol{A}+\boldsymbol{B})=k\boldsymbol{A}+k\boldsymbol{B}$；

(2) $(k+l)\boldsymbol{A}=k\boldsymbol{A}+l\boldsymbol{A}$.

一般将矩阵的加法与数和矩阵的乘法两种运算合起来称为矩阵的**线性运算**.

三、矩阵的乘法

设有两组关系式(线性变换)：

$$\begin{cases} z_1=a_{11}y_1+a_{12}y_2+a_{13}y_3, \\ z_2=a_{21}y_1+a_{22}y_2+a_{23}y_3; \end{cases} \tag{1}$$

$$\begin{cases} y_1=b_{11}x_1+b_{12}x_2, \\ y_2=b_{21}x_1+b_{22}x_2, \\ y_3=b_{31}x_1+b_{32}x_2. \end{cases} \tag{2}$$

将关系式(2)代入关系式(1)，可得 z_1,z_2 和 x_1,x_2 之间的一组关系式

$$\begin{cases} z_1=(a_{11}b_{11}+a_{12}b_{21}+a_{13}b_{31})x_1+(a_{11}b_{12}+a_{12}b_{22}+a_{13}b_{32})x_2, \\ z_2=(a_{21}b_{11}+a_{22}b_{21}+a_{23}b_{31})x_1+(a_{21}b_{12}+a_{22}b_{22}+a_{23}b_{32})x_2. \end{cases} \tag{3}$$

把关系式(3)对应的系数矩阵定义为关系式(1)和(2)对应的系数矩阵的乘积，即

$$\begin{pmatrix} a_{11} & a_{12} & a_{13} \\ a_{21} & a_{22} & a_{23} \end{pmatrix}\begin{pmatrix} b_{11} & b_{12} \\ b_{21} & b_{22} \\ b_{31} & b_{32} \end{pmatrix}=\begin{pmatrix} a_{11}b_{11}+a_{12}b_{21}+a_{13}b_{31} & a_{11}b_{12}+a_{12}b_{22}+a_{13}b_{32} \\ a_{21}b_{11}+a_{22}b_{21}+a_{23}b_{31} & a_{21}b_{12}+a_{22}b_{22}+a_{23}b_{32} \end{pmatrix}.$$

将上式三个矩阵依次表示为 $\boldsymbol{A},\boldsymbol{B},\boldsymbol{C}$，则有 $\boldsymbol{AB}=\boldsymbol{C}$. 观察这个等式，可得

(1) 矩阵 $\boldsymbol{A}$ 的列数等于矩阵 $\boldsymbol{B}$ 的行数；

(2) 矩阵 $\boldsymbol{C}$ 的行数等于矩阵 $\boldsymbol{A}$ 的行数，矩阵 $\boldsymbol{C}$ 的列数等于矩阵 $\boldsymbol{B}$ 的列数；

(3) 矩阵 $\boldsymbol{C}$ 第 1 行第 1 列的元素等于矩阵 $\boldsymbol{A}$ 第 1 行的元素和矩阵 $\boldsymbol{B}$ 第 1 列的元素的乘积之和，矩阵 $\boldsymbol{C}$ 第 1 行第 2 列的元素等于矩阵 $\boldsymbol{A}$ 第 1 行的元素和矩阵 $\boldsymbol{B}$ 第 2 列的元素的乘积之和，以此类推.

由此可引入一般矩阵乘法的定义.

定义 4 设矩阵 $\boldsymbol{A}=(a_{ij})_{m\times s}$，$\boldsymbol{B}=(b_{ij})_{s\times n}$，$\boldsymbol{A}$ 和 $\boldsymbol{B}$ 的**乘积**记做 $\boldsymbol{C}$，定义为 $\boldsymbol{C}=\boldsymbol{AB}=(c_{ij})_{m\times n}$，其中

$$c_{ij}=a_{i1}b_{1j}+a_{i2}b_{2j}+\cdots+a_{is}b_{sj}=\sum_{k=1}^{s}a_{ik}b_{kj}\quad(i=1,2,\cdots,m;j=1,2,\cdots,n).$$

对于矩阵的乘法有很多需要注意的地方，包括：

(1) 左边矩阵($\boldsymbol{A}$)的列数和右边矩阵($\boldsymbol{B}$)的行数必须相等，矩阵才能进行乘法运算；

(2) 结果矩阵($\boldsymbol{C}$)的行数等于左边矩阵的行数，列数等于右边矩阵的列数；

(3) 结果矩阵第 i 行第 j 列的元素等于左边矩阵第 i 行的元素和右边矩阵第 j 列的元素的乘积之和；

(4) 根据第(1)条可得矩阵乘法不满足交换律.

例 1 计算下列各矩阵的乘积：

(1) $\boldsymbol{A}=\begin{pmatrix} 1 & 2 & 1 \\ 0 & -1 & 2 \\ 2 & 0 & 3 \end{pmatrix}$，$\boldsymbol{B}=\begin{pmatrix} 1 & 2 \\ 2 & 3 \\ 0 & -1 \end{pmatrix}$；

(2) $\boldsymbol{A}=\begin{pmatrix} a_1 \\ a_2 \\ \vdots \\ a_n \end{pmatrix}$，$\boldsymbol{B}=(b_1,b_2,\cdots,b_n)$；

(3) $\boldsymbol{A}=\begin{pmatrix} 2 & 2 \\ -1 & -1 \end{pmatrix}$，$\boldsymbol{B}=\begin{pmatrix} 1 & -2 \\ -1 & 2 \end{pmatrix}$；

(4) $\boldsymbol{A}=\begin{pmatrix} 1 & 2 & 3 \\ 4 & 5 & 6 \end{pmatrix}$，$\boldsymbol{E}_2=\begin{pmatrix} 1 & 0 \\ 0 & 1 \end{pmatrix}$，$\boldsymbol{E}_3=\begin{pmatrix} 1 & 0 & 0 \\ 0 & 1 & 0 \\ 0 & 0 & 1 \end{pmatrix}$.

解 (1) $\boldsymbol{AB}=\begin{pmatrix}1&2&1\\0&-1&2\\2&0&3\end{pmatrix}\begin{pmatrix}1&2\\2&3\\0&-1\end{pmatrix}$

$$=\begin{pmatrix}1\times1+2\times2+1\times0 & 1\times2+2\times3+1\times(-1)\\0\times1+(-1)\times2+2\times0 & 0\times2+(-1)\times3+2\times(-1)\\2\times1+0\times2+3\times0 & 2\times2+0\times3+3\times(-1)\end{pmatrix}=\begin{pmatrix}5&7\\-2&-5\\2&1\end{pmatrix}.$$

(2) $\boldsymbol{AB}=\begin{pmatrix}a_1\\a_2\\\vdots\\a_n\end{pmatrix}(b_1,b_2,\cdots,b_n)=\begin{pmatrix}a_1b_1&a_1b_2&\cdots&a_1b_n\\a_2b_1&a_2b_2&\cdots&a_2b_n\\\vdots&\vdots&&\vdots\\a_nb_1&a_nb_2&\cdots&a_nb_n\end{pmatrix}$,

$$\boldsymbol{BA}=(b_1,b_2,\cdots,b_n)\begin{pmatrix}a_1\\a_2\\\vdots\\a_n\end{pmatrix}=b_1a_1+b_2a_2+\cdots+b_na_n.$$

(3) $\boldsymbol{AB}=\begin{pmatrix}2&2\\-1&-1\end{pmatrix}\begin{pmatrix}1&-2\\-1&2\end{pmatrix}=\begin{pmatrix}0&0\\0&0\end{pmatrix}$,

$$\boldsymbol{BA}=\begin{pmatrix}1&-2\\-1&2\end{pmatrix}\begin{pmatrix}2&2\\-1&-1\end{pmatrix}=\begin{pmatrix}4&4\\-4&-4\end{pmatrix}.$$

(4) $\boldsymbol{E}_2\boldsymbol{A}=\begin{pmatrix}1&0\\0&1\end{pmatrix}\begin{pmatrix}1&2&3\\4&5&6\end{pmatrix}=\begin{pmatrix}1&2&3\\4&5&6\end{pmatrix}=\boldsymbol{A}$,

$$\boldsymbol{AE}_3=\begin{pmatrix}1&2&3\\4&5&6\end{pmatrix}\begin{pmatrix}1&0&0\\0&1&0\\0&0&1\end{pmatrix}=\begin{pmatrix}1&2&3\\4&5&6\end{pmatrix}=\boldsymbol{A}.$$

说明 例1第(1)小题中,$\boldsymbol{AB}$ 有意义,但 $\boldsymbol{BA}$ 根本就没有意义;第(2)小题中,$\boldsymbol{AB}$ 和 $\boldsymbol{BA}$ 虽然都有意义,但是行数和列数不相同;第(3)小题中,$\boldsymbol{AB}$ 和 $\boldsymbol{BA}$ 虽然都有意义且具有相同的行数和列数,但是结果却不同.这些都说明了矩阵乘法不满足交换律.

既然矩阵乘法不满足交换律,因此一个矩阵乘在另外一个矩阵的左边或右边是不一样的.今后对于 $\boldsymbol{AB}$,我们称矩阵 $\boldsymbol{A}$ **左乘**于矩阵 $\boldsymbol{B}$,称矩阵 $\boldsymbol{B}$ **右乘**于矩阵 $\boldsymbol{A}$.既然左乘和右乘不一样,今后在矩阵方程的变换中就不能出现"$\boldsymbol{A}=\boldsymbol{C}\Rightarrow\boldsymbol{AB}=\boldsymbol{BC}$"这样的错误.

同时,第(3)小题还说明了两个非零矩阵相乘可以得到一个零矩阵,这一点一定要跟数的乘法运算进行区别,也就是说"$\boldsymbol{AB}=\boldsymbol{O}\Rightarrow\boldsymbol{A}=\boldsymbol{O}$ 或 $\boldsymbol{B}=\boldsymbol{O}$"是错的.

第(4)小题说明,矩阵乘法中的单位矩阵 $\boldsymbol{E}$ 和数乘法中的 1 类似. 在乘法有意义的情况下,单位矩阵左乘或右乘于任何一个矩阵,都不会改变这个矩阵.

特殊地,若矩阵 $\boldsymbol{A}$ 和 $\boldsymbol{B}$ 满足 $\boldsymbol{AB}=\boldsymbol{BA}$,则称 $\boldsymbol{A}$ 和 $\boldsymbol{B}$ 是**可交换**的. 此时,$\boldsymbol{A}$ 和 $\boldsymbol{B}$ 一定是同阶方阵.

矩阵的乘法虽然不满足交换律,但是满足以下运算规律(在可运算的前提下):

(1) **结合律**: $(\boldsymbol{AB})\boldsymbol{C}=\boldsymbol{A}(\boldsymbol{BC})$;

(2) **分配律**: $\boldsymbol{A}(\boldsymbol{B}+\boldsymbol{C})=\boldsymbol{AB}+\boldsymbol{AC}, (\boldsymbol{B}+\boldsymbol{C})\boldsymbol{A}=\boldsymbol{BA}+\boldsymbol{CA}$;

(3) $k(\boldsymbol{AB})=(k\boldsymbol{A})\boldsymbol{B}=\boldsymbol{A}(k\boldsymbol{B})\ (k\in\mathbb{R})$.

这些运算规律的证明较为复杂,基本思路是根据矩阵相等的定义,证明等式两边的矩阵具有相同的行数和列数,且对应位置上的元素均相等. 这里就其中一个进行简要证明,对于其余的,有兴趣的读者可以采用相同的思路自行证明.

证明 (1) 设 $\boldsymbol{A}=(a_{ij})_{m\times s}, \boldsymbol{B}=(b_{ij})_{s\times t}, \boldsymbol{C}=(c_{ij})_{t\times n}$,则根据矩阵乘法的定义,可知矩阵 $(\boldsymbol{AB})\boldsymbol{C}$ 和矩阵 $\boldsymbol{A}(\boldsymbol{BC})$ 均为 $m\times n$ 矩阵,且

$$[(\boldsymbol{AB})\boldsymbol{C}]_{ij}=\sum_{l=1}^{t}(\boldsymbol{AB})_{il}c_{lj}=\sum_{l=1}^{t}\left(\sum_{k=1}^{s}a_{ik}b_{kl}\right)c_{lj}=\sum_{l=1}^{t}\left(\sum_{k=1}^{s}a_{ik}b_{kl}c_{lj}\right),$$

$$[\boldsymbol{A}(\boldsymbol{BC})]_{ij}=\sum_{k=1}^{s}a_{ik}(\boldsymbol{BC})_{kj}=\sum_{k=1}^{s}a_{ik}\left(\sum_{l=1}^{t}b_{kl}c_{lj}\right)=\sum_{k=1}^{s}\left(\sum_{l=1}^{t}a_{ik}b_{kl}c_{lj}\right)=\sum_{l=1}^{t}\left(\sum_{k=1}^{s}a_{ik}b_{kl}c_{lj}\right),$$

从而有

$$[(\boldsymbol{AB})\boldsymbol{C}]_{ij}=[\boldsymbol{A}(\boldsymbol{BC})]_{ij}.$$

根据矩阵相等的定义,有

$$(\boldsymbol{AB})\boldsymbol{C}=\boldsymbol{A}(\boldsymbol{BC}).$$

特别需要注意的是,由于矩阵的乘法不满足交换律,所以在使用分配律的时候,有左分配律((2)中第一式)和右分配律((2)中第二式)之分,不能出现"$\boldsymbol{BA}+\boldsymbol{A}=\boldsymbol{A}(\boldsymbol{B}+\boldsymbol{E})$"这样的错误.

四、矩阵的幂

对于方阵,还可以定义矩阵的幂运算.

定义 5 设 $\boldsymbol{A}$ 为 n 阶方阵,定义 $\boldsymbol{A}$ 的幂

$$\boldsymbol{A}^m=\underbrace{\boldsymbol{AA}\cdots\boldsymbol{A}}_{m\text{个}}\quad(m\text{ 为正整数}).$$

显然,只有方阵才有幂运算,且 $\boldsymbol{E}^m=\boldsymbol{E}$. 规定: $\boldsymbol{A}^0=\boldsymbol{E}$.

根据矩阵乘法的结合律,矩阵的幂运算具有如下性质:

$$\boldsymbol{A}^k\boldsymbol{A}^l=\boldsymbol{A}^{k+l},\quad(\boldsymbol{A}^k)^l=\boldsymbol{A}^{kl}\quad(k,l\text{ 为正整数}).$$

因为矩阵的乘法不满足交换律，所以对 n 阶方阵 $\boldsymbol{A}$ 和 $\boldsymbol{B}$，有

$$(\boldsymbol{A}\pm\boldsymbol{B})^2\neq\boldsymbol{A}^2\pm2\boldsymbol{A}\boldsymbol{B}+\boldsymbol{B}^2,\quad(\boldsymbol{A}-\boldsymbol{B})(\boldsymbol{A}+\boldsymbol{B})\neq\boldsymbol{A}^2-\boldsymbol{B}^2,\quad(\boldsymbol{A}\boldsymbol{B})^k\neq\boldsymbol{A}^k\boldsymbol{B}^k.$$

当然，如果 $\boldsymbol{A}$ 和 $\boldsymbol{B}$ 是可交换的，以上结论对应的等式均成立. 根据单位矩阵的特殊性，结论

$$(\boldsymbol{A}\pm\boldsymbol{E})^2=\boldsymbol{A}^2\pm2\boldsymbol{A}+\boldsymbol{E},\quad(\boldsymbol{A}-\boldsymbol{E})(\boldsymbol{A}+\boldsymbol{E})=\boldsymbol{A}^2-\boldsymbol{E}$$

均成立. 又有

$\boldsymbol{A}^2=\boldsymbol{O}$ 不能推出 $\boldsymbol{A}=\boldsymbol{O}$，如 $\begin{pmatrix}1&1\\-1&-1\end{pmatrix}\begin{pmatrix}1&1\\-1&-1\end{pmatrix}=\begin{pmatrix}0&0\\0&0\end{pmatrix}$；

$\boldsymbol{A}^2=\boldsymbol{E}$ 不能推出 $\boldsymbol{A}=\boldsymbol{E}$ 或 $\boldsymbol{A}=-\boldsymbol{E}$，如 $\begin{pmatrix}1&0&0\\0&0&1\\0&1&0\end{pmatrix}\begin{pmatrix}1&0&0\\0&0&1\\0&1&0\end{pmatrix}=\begin{pmatrix}1&0&0\\0&1&0\\0&0&1\end{pmatrix}$.

这些都要注意和数的运算结论进行区别.

有了矩阵的幂运算的定义，就可以定义矩阵多项式及其因式分解式了. 若已知 x 的一元 m 次多项式

$$f(x)=a_0x^m+a_1x^{m-1}+\cdots+a_{m-1}x+a_m,$$

则对于给定 n 阶方阵 $\boldsymbol{A}$，有

$$f(\boldsymbol{A})=a_0\boldsymbol{A}^m+a_1\boldsymbol{A}^{m-1}+\cdots+a_{m-1}\boldsymbol{A}+a_m\boldsymbol{E}.$$

注意最后一项应含有 $\boldsymbol{E}$，否则不满足矩阵加法的前提条件. 显然 $f(\boldsymbol{A})$ 仍是一个 n 阶方阵.

再根据单位矩阵的特殊性，有

$$\boldsymbol{A}^2+2\boldsymbol{A}-3\boldsymbol{E}=(\boldsymbol{A}+3\boldsymbol{E})(\boldsymbol{A}-\boldsymbol{E})$$

这样的因式分解.

五、矩阵的转置

类似于第一章的转置行列式，我们可以引入转置矩阵的定义. 事实上，转置行列式就是转置矩阵的行列式，只不过其中的矩阵是特殊的方阵而已.

定义 6 设矩阵 $\boldsymbol{A}=(a_{ij})_{m\times n}$，将其行和列互换后得到的 $n\times m$ 矩阵称为 $\boldsymbol{A}$ 的**转置矩阵**，记做 $\boldsymbol{A}^{\mathrm{T}}$，即

$$\boldsymbol{A}=\begin{pmatrix}a_{11}&a_{12}&\cdots&a_{1n}\\a_{21}&a_{22}&\cdots&a_{2n}\\\vdots&\vdots&&\vdots\\a_{m1}&a_{m2}&\cdots&a_{mn}\end{pmatrix}\Rightarrow\boldsymbol{A}^{\mathrm{T}}=\begin{pmatrix}a_{11}&a_{21}&\cdots&a_{m1}\\a_{12}&a_{22}&\cdots&a_{m2}\\\vdots&\vdots&&\vdots\\a_{1n}&a_{2n}&\cdots&a_{mn}\end{pmatrix}.$$

例如，

$$\boldsymbol{A}=\begin{pmatrix}1&3&5\\2&4&6\end{pmatrix}\Rightarrow\boldsymbol{A}^{\mathrm{T}}=\begin{pmatrix}1&2\\3&4\\5&6\end{pmatrix}.$$

特别地，有

$$(a_1,a_2,\cdots,a_n)^{\mathrm{T}}=\begin{pmatrix}a_1\\a_2\\\vdots\\a_n\end{pmatrix}.$$

今后书写只有1列的矩阵(以后也称为列向量)时通常写成上式左边的形式.

在第一章§1.1中曾介绍过两种特殊的方阵——对称矩阵和反对称矩阵. 对于n阶对称矩阵$\boldsymbol{A}$，由于$a_{ij}=a_{ji}(i,j=1,2,\cdots,n)$，因此转置后的矩阵和原矩阵一样，即$\boldsymbol{A}^{\mathrm{T}}=\boldsymbol{A}$. 对于$n$阶反对称矩阵$\boldsymbol{A}$，由于$a_{ij}=-a_{ji}(i,j=1,2,\cdots,n)$，因此转置后的矩阵和原矩阵的所有元素都差了一个负号，即$\boldsymbol{A}^{\mathrm{T}}=-\boldsymbol{A}$. 综合，有

$$\boldsymbol{A}\text{ 为对称矩阵}\Leftrightarrow\boldsymbol{A}^{\mathrm{T}}=\boldsymbol{A};\quad \boldsymbol{A}\text{ 为反对称矩阵}\Leftrightarrow\boldsymbol{A}^{\mathrm{T}}=-\boldsymbol{A}.$$

矩阵的转置运算满足如下运算规律(在可运算的前提下)：

(1) $(\boldsymbol{A}^{\mathrm{T}})^{\mathrm{T}}=\boldsymbol{A}$;

(2) $(\boldsymbol{A}+\boldsymbol{B})^{\mathrm{T}}=\boldsymbol{A}^{\mathrm{T}}+\boldsymbol{B}^{\mathrm{T}}$;

(3) $(k\boldsymbol{A})^{\mathrm{T}}=k\boldsymbol{A}^{\mathrm{T}}\ (k\in\mathbb{R})$;

(4) $(\boldsymbol{AB})^{\mathrm{T}}=\boldsymbol{B}^{\mathrm{T}}\boldsymbol{A}^{\mathrm{T}}$.

前三个运算规律比较容易理解，也可以根据转置的定义进行验证. 现利用类似于前面证明矩阵乘法的结合律的方法对运算规律(4)进行简要证明.

证明 设$\boldsymbol{A}=(a_{ij})_{m\times s}$，$\boldsymbol{B}=(b_{ij})_{s\times n}$，则$\boldsymbol{AB}$为$m\times n$矩阵，$(\boldsymbol{AB})^{\mathrm{T}}$为$n\times m$矩阵，$\boldsymbol{B}^{\mathrm{T}}$为$n\times s$矩阵，$\boldsymbol{A}^{\mathrm{T}}$为$s\times m$矩阵，$\boldsymbol{B}^{\mathrm{T}}\boldsymbol{A}^{\mathrm{T}}$为$n\times m$矩阵. 所以$(\boldsymbol{AB})^{\mathrm{T}}$和$\boldsymbol{B}^{\mathrm{T}}\boldsymbol{A}^{\mathrm{T}}$具有相同的行数和列数. 根据矩阵乘法的定义和转置矩阵的定义，可得

$$[(\boldsymbol{AB})^{\mathrm{T}}]_{ij}=(\boldsymbol{AB})_{ji}=\sum_{k=1}^{s}a_{jk}b_{ki},$$

$$(\boldsymbol{B}^{\mathrm{T}}\boldsymbol{A}^{\mathrm{T}})_{ij}=\sum_{k=1}^{s}(\boldsymbol{B}^{\mathrm{T}})_{ik}(\boldsymbol{A}^{\mathrm{T}})_{kj}=\sum_{k=1}^{s}b_{ki}a_{jk}=[(\boldsymbol{AB})^{\mathrm{T}}]_{ij},$$

所以

$$(\boldsymbol{AB})^{\mathrm{T}}=\boldsymbol{B}^{\mathrm{T}}\boldsymbol{A}^{\mathrm{T}}.$$

运算规律(4)还可以推广到3个或3个以上矩阵乘积的情形，即

$$(\boldsymbol{A}_1\boldsymbol{A}_2\cdots\boldsymbol{A}_n)^{\mathrm{T}}=\boldsymbol{A}_n^{\mathrm{T}}\cdots\boldsymbol{A}_2^{\mathrm{T}}\boldsymbol{A}_1^{\mathrm{T}}.$$

例2 已知$\boldsymbol{A},\boldsymbol{B}$均为$n$阶矩阵，$\boldsymbol{A}$为对称矩阵，证明：$\boldsymbol{B}^{\mathrm{T}}\boldsymbol{AB}$为对称矩阵.

分析 根据对称矩阵的充分必要条件，欲证$\boldsymbol{B}^{\mathrm{T}}\boldsymbol{AB}$为对称矩阵，只需证

$$(\boldsymbol{B}^{\mathrm{T}}\boldsymbol{AB})^{\mathrm{T}}=\boldsymbol{B}^{\mathrm{T}}\boldsymbol{AB}.$$

证明 因为$\boldsymbol{A}$为对称矩阵，所以$\boldsymbol{A}^{\mathrm{T}}=\boldsymbol{A}$. 根据转置的运算规律，可得

$$(\boldsymbol{B}^{\mathrm{T}}\boldsymbol{A}\boldsymbol{B})^{\mathrm{T}} = \boldsymbol{B}^{\mathrm{T}}\boldsymbol{A}^{\mathrm{T}}(\boldsymbol{B}^{\mathrm{T}})^{\mathrm{T}} = \boldsymbol{B}^{\mathrm{T}}\boldsymbol{A}\boldsymbol{B},$$

所以 $\boldsymbol{B}^{\mathrm{T}}\boldsymbol{A}\boldsymbol{B}$ 为对称矩阵.

例 3 设矩阵 $\boldsymbol{X}=(x_1,x_2,\cdots,x_n)^{\mathrm{T}}$,满足 $\boldsymbol{X}^{\mathrm{T}}\boldsymbol{X}=1$,$\boldsymbol{H}=\boldsymbol{E}-2\boldsymbol{X}\boldsymbol{X}^{\mathrm{T}}$($\boldsymbol{E}$ 为 n 阶单位矩阵),证明:$\boldsymbol{H}$ 为对称矩阵,且 $\boldsymbol{H}\boldsymbol{H}^{\mathrm{T}}=\boldsymbol{E}$.

分析 矩阵 $\boldsymbol{X}$ 为 $n\times1$ 矩阵(注意 $\boldsymbol{X}$ 的这种写法),$\boldsymbol{X}^{\mathrm{T}}$ 为 $1\times n$ 矩阵,则 $\boldsymbol{X}^{\mathrm{T}}\boldsymbol{X}$ 为 1×1 矩阵,即一个数,$\boldsymbol{X}\boldsymbol{X}^{\mathrm{T}}$ 为 $n\times n$ 矩阵. 欲证 $\boldsymbol{H}$ 为对称矩阵,只需证 $\boldsymbol{H}^{\mathrm{T}}=\boldsymbol{H}$.

证明 因为

$$\begin{aligned}\boldsymbol{H}^{\mathrm{T}} &= (\boldsymbol{E}-2\boldsymbol{X}\boldsymbol{X}^{\mathrm{T}})^{\mathrm{T}} = \boldsymbol{E}^{\mathrm{T}}-(2\boldsymbol{X}\boldsymbol{X}^{\mathrm{T}})^{\mathrm{T}} = \boldsymbol{E}-2(\boldsymbol{X}\boldsymbol{X}^{\mathrm{T}})^{\mathrm{T}}\\ &= \boldsymbol{E}-2(\boldsymbol{X}^{\mathrm{T}})^{\mathrm{T}}\boldsymbol{X}^{\mathrm{T}} = \boldsymbol{E}-2\boldsymbol{X}\boldsymbol{X}^{\mathrm{T}} = \boldsymbol{H},\end{aligned}$$

所以 $\boldsymbol{H}$ 为对称矩阵,且有

$$\begin{aligned}\boldsymbol{H}\boldsymbol{H}^{\mathrm{T}} &= (\boldsymbol{E}-2\boldsymbol{X}\boldsymbol{X}^{\mathrm{T}})(\boldsymbol{E}-2\boldsymbol{X}\boldsymbol{X}^{\mathrm{T}}) = \boldsymbol{E}-2\boldsymbol{X}\boldsymbol{X}^{\mathrm{T}}-2\boldsymbol{X}\boldsymbol{X}^{\mathrm{T}}+4(\boldsymbol{X}\boldsymbol{X}^{\mathrm{T}})(\boldsymbol{X}\boldsymbol{X}^{\mathrm{T}})\\ &= \boldsymbol{E}-4\boldsymbol{X}\boldsymbol{X}^{\mathrm{T}}+4\boldsymbol{X}(\boldsymbol{X}^{\mathrm{T}}\boldsymbol{X})\boldsymbol{X}^{\mathrm{T}} = \boldsymbol{E}-4\boldsymbol{X}\boldsymbol{X}^{\mathrm{T}}+4\boldsymbol{X}\boldsymbol{X}^{\mathrm{T}} = \boldsymbol{E}.\end{aligned}$$

例 4 已知 $\boldsymbol{X}=\left(\frac{1}{2},0,\cdots,0,\frac{1}{2}\right)_{1\times n}$,求 $(\boldsymbol{X}^{\mathrm{T}}\boldsymbol{X})^{100}$.

分析 矩阵 $\boldsymbol{X}$ 为 $1\times n$ 矩阵,$\boldsymbol{X}^{\mathrm{T}}$ 为 $n\times1$ 矩阵,则 $\boldsymbol{X}^{\mathrm{T}}\boldsymbol{X}$ 为 $n\times n$ 矩阵,$\boldsymbol{X}\boldsymbol{X}^{\mathrm{T}}$ 为一个数.

解 由于

$$\boldsymbol{X}\boldsymbol{X}^{\mathrm{T}} = \left(\frac{1}{2},0,\cdots,0,\frac{1}{2}\right)\begin{pmatrix}\frac{1}{2}\\0\\\vdots\\0\\\frac{1}{2}\end{pmatrix} = \frac{1}{4}+0+\cdots+0+\frac{1}{4} = \frac{1}{2},$$

$$\boldsymbol{X}^{\mathrm{T}}\boldsymbol{X} = \begin{pmatrix}\frac{1}{2}\\0\\\vdots\\0\\\frac{1}{2}\end{pmatrix}\left(\frac{1}{2},0,\cdots,0,\frac{1}{2}\right) = \begin{pmatrix}\frac{1}{4}&0&\cdots&0&\frac{1}{4}\\0&0&\cdots&0&0\\\vdots&\vdots&&\vdots&\vdots\\0&0&\cdots&0&0\\\frac{1}{4}&0&\cdots&0&\frac{1}{4}\end{pmatrix}_{n\times n},$$

所以

$$\begin{aligned}(\boldsymbol{X}^{\mathrm{T}}\boldsymbol{X})^{100} &= \underbrace{(\boldsymbol{X}^{\mathrm{T}}\boldsymbol{X})\ (\boldsymbol{X}^{\mathrm{T}}\boldsymbol{X})\ \cdots\ (\boldsymbol{X}^{\mathrm{T}}\boldsymbol{X})}_{100\text{个}}\\ &= \boldsymbol{X}^{\mathrm{T}}\underbrace{(\boldsymbol{X}\boldsymbol{X}^{\mathrm{T}})\ (\boldsymbol{X}\boldsymbol{X}^{\mathrm{T}})\ \cdots\ (\boldsymbol{X}\boldsymbol{X}^{\mathrm{T}})}_{99\text{个}}\boldsymbol{X}\end{aligned}$$

$$=\left(\frac{1}{2}\right)^{99}\boldsymbol{X}^{\mathrm{T}}\boldsymbol{X}=\left(\frac{1}{2}\right)^{99}\begin{pmatrix}\frac{1}{4} & 0 & \cdots & 0 & \frac{1}{4}\\ 0 & 0 & \cdots & 0 & 0\\ \vdots & \vdots & & \vdots & \vdots\\ 0 & 0 & \cdots & 0 & 0\\ \frac{1}{4} & 0 & \cdots & 0 & \frac{1}{4}\end{pmatrix}_{n\times n}.$$

本节最后给出一个关于方阵乘积的行列式的一个重要结论，即

定理 若 $\boldsymbol{A},\boldsymbol{B}$ 均为 n 阶方阵，则 $|\boldsymbol{AB}|=|\boldsymbol{A}||\boldsymbol{B}|$.

证明 以 2 阶方阵为例，对于任意阶方阵都可用一样的方法构造和证明.

设 $\boldsymbol{A}=\begin{pmatrix}a_{11} & a_{12}\\ a_{21} & a_{22}\end{pmatrix}$，$\boldsymbol{B}=\begin{pmatrix}b_{11} & b_{12}\\ b_{21} & b_{22}\end{pmatrix}$，构造如下 4 阶行列式：

$$\begin{vmatrix}a_{11} & a_{12} & 0 & 0\\ a_{21} & a_{22} & 0 & 0\\ -1 & 0 & b_{11} & b_{12}\\ 0 & -1 & b_{21} & b_{22}\end{vmatrix}=\begin{vmatrix}\boldsymbol{A} & \boldsymbol{O}\\ -\boldsymbol{E} & \boldsymbol{B}\end{vmatrix}.$$

根据上一章拉普拉斯定理的结论，有 $\begin{vmatrix}\boldsymbol{A} & \boldsymbol{O}\\ -\boldsymbol{E} & \boldsymbol{B}\end{vmatrix}=|\boldsymbol{A}||\boldsymbol{B}|$. 又

$$\begin{vmatrix}a_{11} & a_{12} & 0 & 0\\ a_{21} & a_{22} & 0 & 0\\ -1 & 0 & b_{11} & b_{12}\\ 0 & -1 & b_{21} & b_{22}\end{vmatrix}\xlongequal[\substack{r_2+a_{21}r_3\\ r_2+a_{22}r_4}]{\substack{r_1+a_{11}r_3\\ r_1+a_{12}r_4}}\begin{vmatrix}0 & 0 & a_{11}b_{11}+a_{12}b_{21} & a_{11}b_{12}+a_{12}b_{22}\\ 0 & 0 & a_{21}b_{11}+a_{22}b_{21} & a_{21}b_{12}+a_{22}b_{22}\\ -1 & 0 & b_{11} & b_{12}\\ 0 & -1 & b_{21} & b_{22}\end{vmatrix},$$

根据拉普拉斯定理的结论，上式等于

$$(-1)^{2\times 2}\begin{vmatrix}a_{11}b_{11}+a_{12}b_{21} & a_{11}b_{12}+a_{12}b_{22}\\ a_{21}b_{11}+a_{22}b_{21} & a_{21}b_{12}+a_{22}b_{22}\end{vmatrix}\begin{vmatrix}-1 & 0\\ 0 & -1\end{vmatrix}=|\boldsymbol{AB}|.$$

所以 $|\boldsymbol{AB}|=|\boldsymbol{A}||\boldsymbol{B}|$.

当 $\boldsymbol{A},\boldsymbol{B}$ 均为 n 阶方阵时，虽然矩阵乘法不满足交换律，$\boldsymbol{AB}$ 和 $\boldsymbol{BA}$ 不一定相等，但是

$$|\boldsymbol{AB}|=|\boldsymbol{A}||\boldsymbol{B}|=|\boldsymbol{BA}|.$$

这个结论可以推广到多个 n 阶方阵乘积的情况，即

$$|\boldsymbol{A}_1\boldsymbol{A}_2\cdots\boldsymbol{A}_m|=|\boldsymbol{A}_1||\boldsymbol{A}_2|\cdots|\boldsymbol{A}_m|\quad(\boldsymbol{A}_1,\boldsymbol{A}_2,\cdots,\boldsymbol{A}_m\text{ 均为 }n\text{ 阶方阵}).$$

特别地，有

$$|\boldsymbol{A}^n|=|\boldsymbol{A}|^n\quad(\boldsymbol{A}\text{ 为 }n\text{ 阶方阵}).$$

习 题 2.1

1. 计算下列各矩阵的乘积：

(1) $\begin{pmatrix}1 & 2 & 1\\2 & -1 & 3\\4 & 0 & 5\end{pmatrix}\begin{pmatrix}2 & -1\\0 & 1\\1 & 2\end{pmatrix}$；　　(2) $(1,2,3)\begin{pmatrix}2\\1\\2\end{pmatrix}$；

(3) $\begin{pmatrix}2\\1\\2\end{pmatrix}(3,4)$；　　(4) $(x_1, x_2, x_3)\begin{pmatrix}1 & 2 & -3\\2 & 4 & 1\\-3 & 1 & -2\end{pmatrix}\begin{pmatrix}x_1\\x_2\\x_3\end{pmatrix}$.

2. 已知 $\boldsymbol{A}=\begin{pmatrix}1 & 2 & -3\\2 & 4 & 1\\-3 & 1 & -2\end{pmatrix}$，$\boldsymbol{B}=\begin{pmatrix}1 & 1 & -1\\2 & 0 & 1\\0 & 1 & -2\end{pmatrix}$，求 $2\boldsymbol{AB}-3\boldsymbol{BA}$ 和 $\boldsymbol{AB}^{\mathrm{T}}$.

3. 证明：

$$\begin{pmatrix}\lambda_1 & 0 & 0\\0 & \lambda_2 & 0\\0 & 0 & \lambda_3\end{pmatrix}^n=\begin{pmatrix}\lambda_1^n & 0 & 0\\0 & \lambda_2^n & 0\\0 & 0 & \lambda_3^n\end{pmatrix}\quad(n\text{ 为正整数}).$$

4. 设 $\boldsymbol{A},\boldsymbol{B}$ 均为 n 阶对称矩阵，证明：$\boldsymbol{AB}$ 为对称矩阵的充分必要条件是 $\boldsymbol{AB}=\boldsymbol{BA}$.

5. 已知 $\boldsymbol{X}=\left(\frac{1}{2},0,\cdots,0,\frac{1}{2}\right)_{1\times n}$，$\boldsymbol{A}=\boldsymbol{E}-\boldsymbol{X}^{\mathrm{T}}\boldsymbol{X}$，$\boldsymbol{B}=\boldsymbol{E}+2\boldsymbol{X}^{\mathrm{T}}\boldsymbol{X}$，求 $\boldsymbol{AB}$.

§2.2 可 逆 矩 阵

对于一元一次方程 $ax=b$，当 $a\neq 0$ 时，方程两边同乘以 $\frac{1}{a}$，可得 $x=\frac{b}{a}$. 其中，作为 a 的倒数 $\frac{1}{a}$，满足

$$a\cdot\frac{1}{a}=\frac{1}{a}\cdot a=1.$$

然而，如果有已知矩阵 $\boldsymbol{A},\boldsymbol{C}$ 和未知矩阵 $\boldsymbol{X}$，对于矩阵方程 $\boldsymbol{AX}=\boldsymbol{C}$，有没有类似于上面的一元一次方程的解法呢？换句话说，存不存在一个矩阵 $\boldsymbol{B}$，使得 $\boldsymbol{AB}=\boldsymbol{BA}=\boldsymbol{E}$ 呢？如果存在，则两边同时左乘一个矩阵 $\boldsymbol{B}$，可得 $\boldsymbol{BAX}=\boldsymbol{EX}=\boldsymbol{X}=\boldsymbol{BC}$，即解出 $\boldsymbol{X}$. 这就是这一节我们要讨论的问题.

一、可逆矩阵的定义

定义 1 对于矩阵 $\boldsymbol{A}$,若存在矩阵 $\boldsymbol{B}$,使得

$$\boldsymbol{AB}=\boldsymbol{BA}=\boldsymbol{E},$$

则称矩阵 $\boldsymbol{A}$ 是**可逆矩阵**(或**非奇异矩阵**),或称矩阵 $\boldsymbol{A}$ **可逆**,并称矩阵 $\boldsymbol{B}$ 为 $\boldsymbol{A}$ 的**逆矩阵**,记做 $\boldsymbol{A}^{-1}=\boldsymbol{B}$;否则,称矩阵 $\boldsymbol{A}$ 是**不可逆矩阵**,或称矩阵 $\boldsymbol{A}$ **不可逆**.

注意 $\boldsymbol{A}^{-1}$表示逆矩阵,是一个整体符号,不是 $\boldsymbol{A}$ 的-1次方,不能写成 $\dfrac{1}{\boldsymbol{A}}$ 或 $\dfrac{\boldsymbol{E}}{\boldsymbol{A}}$.

显然单位矩阵是可逆矩阵;而零矩阵是不可逆矩阵,因为不存在一个矩阵跟零矩阵的乘积能够等于单位矩阵.

从定义中可以观察出以下几点:

(1) 可逆矩阵一定是一个方阵,因为 $\boldsymbol{A}$ 和 $\boldsymbol{B}$ 是可交换的.

(2) $\boldsymbol{A}$ 和 $\boldsymbol{B}$ 互为逆矩阵. 对矩阵 $\boldsymbol{B}$ 而言,同样存在矩阵 $\boldsymbol{A}$ 满足定义的条件.

(3) 一个矩阵的逆矩阵是唯一的.

事实上,假设矩阵 $\boldsymbol{B}_1,\boldsymbol{B}_2$ 均为矩阵 $\boldsymbol{A}$ 的逆矩阵,则有

$$\boldsymbol{AB}_1=\boldsymbol{B}_1\boldsymbol{A}=\boldsymbol{E},\quad \boldsymbol{AB}_2=\boldsymbol{B}_2\boldsymbol{A}=\boldsymbol{E},$$

从而

$$\boldsymbol{B}_2=\boldsymbol{B}_2\boldsymbol{E}=\boldsymbol{B}_2(\boldsymbol{AB}_1)=(\boldsymbol{B}_2\boldsymbol{A})\boldsymbol{B}_1=\boldsymbol{EB}_1=\boldsymbol{B}_1.$$

这说明矩阵 $\boldsymbol{A}$ 的逆矩阵唯一.

根据可逆矩阵的定义可以判断一个矩阵是不是另一个矩阵的逆矩阵,但是若要判断一个矩阵 $\boldsymbol{A}$ 是不是可逆的,则要判断能否找到矩阵 $\boldsymbol{B}$,其满足条件 $\boldsymbol{AB}=\boldsymbol{BA}=\boldsymbol{E}$,这一般来说是比较困难、不好实现的. 那么,该如何根据方阵 $\boldsymbol{A}$ 本身来判断它是否可逆呢? 为回答这一问题,我们需要分析一下可逆矩阵的充分必要条件. 在此之前,我们先给出一个分析过程中需要用到的概念——伴随矩阵.

二、伴随矩阵的定义

定义 2 设矩阵 $\boldsymbol{A}=(a_{ij})_{n\times n}$,则行列式$|\boldsymbol{A}|$各元素的代数余子式 A_{ij} 所组成的矩阵

$$\begin{pmatrix} A_{11} & A_{21} & \cdots & A_{n1} \\ A_{12} & A_{22} & \cdots & A_{n2} \\ \vdots & \vdots & & \vdots \\ A_{1n} & A_{2n} & \cdots & A_{nn} \end{pmatrix}$$

称为矩阵 $\boldsymbol{A}$ 的**伴随矩阵**,记做 $\boldsymbol{A}^*$.

注意 (1) 伴随矩阵中的所有元素都是代数余子式,而非余子式;

(2) 矩阵 $\boldsymbol{A}$ 第 1 行元素的代数余子式在伴随矩阵 $\boldsymbol{A}^*$ 中的第 1 列,第 2 行元素的代数余子式在伴随矩阵 $\boldsymbol{A}^*$ 中的第 2 列,以此类推.

例 1 求矩阵 $\boldsymbol{A}=\begin{pmatrix}1&2&3\\2&2&1\\3&4&3\end{pmatrix}$ 的伴随矩阵.

解 因为

$$A_{11}=(-1)^{1+1}\begin{vmatrix}2&1\\4&3\end{vmatrix}=2,\quad A_{12}=(-1)^{1+2}\begin{vmatrix}2&1\\3&3\end{vmatrix}=-3,\quad A_{13}=(-1)^{1+3}\begin{vmatrix}2&2\\3&4\end{vmatrix}=2,$$

$$A_{21}=(-1)^{2+1}\begin{vmatrix}2&3\\4&3\end{vmatrix}=6,\quad A_{22}=(-1)^{2+2}\begin{vmatrix}1&3\\3&3\end{vmatrix}=-6,\quad A_{23}=(-1)^{2+3}\begin{vmatrix}1&2\\3&4\end{vmatrix}=2,$$

$$A_{31}=(-1)^{3+1}\begin{vmatrix}2&3\\2&1\end{vmatrix}=-4,\quad A_{32}=(-1)^{3+2}\begin{vmatrix}1&3\\2&1\end{vmatrix}=5,\quad A_{33}=(-1)^{3+3}\begin{vmatrix}1&2\\2&2\end{vmatrix}=-2,$$

所以

$$\boldsymbol{A}^*=\begin{pmatrix}2&6&-4\\-3&-6&5\\2&2&-2\end{pmatrix}.$$

有了伴随矩阵的概念,我们就可以来分析矩阵可逆的充分必要条件了.

三、矩阵可逆的充分必要条件

定理 1(必要条件) 若矩阵 $\boldsymbol{A}$ 可逆,则 $|\boldsymbol{A}|\neq 0$.

证明 因为矩阵 $\boldsymbol{A}$ 可逆,所以 $\boldsymbol{A}\boldsymbol{A}^{-1}=\boldsymbol{E}$. 等式两边同取行列式,有

$$|\boldsymbol{A}\boldsymbol{A}^{-1}|=|\boldsymbol{A}|\,|\boldsymbol{A}^{-1}|=|\boldsymbol{E}|=1,$$

从而 $|\boldsymbol{A}|\neq 0$.

定理 2(充分条件) 若 $|\boldsymbol{A}|\neq 0$,则矩阵 $\boldsymbol{A}$ 可逆.

证明 根据上一章 §1.3 行列式的性质 6,对于 n 阶方阵 $\boldsymbol{A}$,有

$$\sum_{j=1}^{n}a_{ij}A_{kj}=\begin{cases}|\boldsymbol{A}|, & i=k,\\ 0, & i\neq k,\end{cases}\qquad \sum_{i=1}^{n}a_{ij}A_{il}=\begin{cases}|\boldsymbol{A}|, & j=l,\\ 0, & j\neq l,\end{cases}$$

则

$$\boldsymbol{A}\boldsymbol{A}^*=\begin{pmatrix}a_{11}&a_{12}&\cdots&a_{1n}\\a_{21}&a_{22}&\cdots&a_{2n}\\\vdots&\vdots&&\vdots\\a_{n1}&a_{n2}&\cdots&a_{nn}\end{pmatrix}\begin{pmatrix}A_{11}&A_{21}&\cdots&A_{n1}\\A_{12}&A_{22}&\cdots&A_{n2}\\\vdots&\vdots&&\vdots\\A_{1n}&A_{2n}&\cdots&A_{nn}\end{pmatrix}=\begin{pmatrix}|\boldsymbol{A}|&0&\cdots&0\\0&|\boldsymbol{A}|&\cdots&0\\\vdots&\vdots&&\vdots\\0&0&\cdots&|\boldsymbol{A}|\end{pmatrix}=|\boldsymbol{A}|\boldsymbol{E}.$$

$$A^*A=\begin{pmatrix}A_{11}&A_{21}&\cdots&A_{n1}\\A_{12}&A_{22}&\cdots&A_{n2}\\\vdots&\vdots&&\vdots\\A_{1n}&A_{2n}&\cdots&A_{nn}\end{pmatrix}\begin{pmatrix}a_{11}&a_{12}&\cdots&a_{1n}\\a_{21}&a_{22}&\cdots&a_{2n}\\\vdots&\vdots&&\vdots\\a_{n1}&a_{n2}&\cdots&a_{nn}\end{pmatrix}=\begin{pmatrix}|A|&0&\cdots&0\\0&|A|&\cdots&0\\\vdots&\vdots&&\vdots\\0&0&\cdots&|A|\end{pmatrix}=|A|E,$$

即

$$AA^*=A^*A=|A|E.$$

当$|A|\neq 0$时，则有

$$A\left(\frac{1}{|A|}A^*\right)=\left(\frac{1}{|A|}A^*\right)A=E.$$

根据定义1可知，A为可逆矩阵，且A的逆矩阵为$\frac{1}{|A|}A^*$.

综上，我们可得矩阵A可逆的充分必要条件是$|A|\neq 0$，且

$$A^{-1}=\frac{1}{|A|}A^*.$$

这给我们提供了一个判断矩阵是否可逆的方法.

根据矩阵可逆的充分必要条件，可以对矩阵可逆的定义进行简化，得到以下推论，也是一个更常用的结论：

推论 设A,B均为n阶方阵. 若$AB=E$，则A,B均可逆，且$A^{-1}=B, B^{-1}=A$.

证明 因为$AB=E$，所以$|AB|=|A||B|=|E|=1$，推出$|A|\neq 0$，且$|B|\neq 0$. 根据矩阵可逆的充分必要条件，可得A,B均可逆. 又有

$$B=EB=(A^{-1}A)B=A^{-1}(AB)=A^{-1}E=A^{-1},$$
$$A=AE=A(BB^{-1})=(AB)B^{-1}=EB^{-1}=B^{-1}.$$

推论得证.

例2 设方阵A满足$A^2-3A+2E=O$，求A^{-1}.

解 由于

$$A^2-3A+2E=O\Rightarrow A(A-3E)=-2E\Rightarrow A\left[-\frac{1}{2}(A-3E)\right]=E,$$

根据上述推论，可得A可逆，且

$$A^{-1}=-\frac{1}{2}(A-3E).$$

例3 设A,B,C均为n阶方阵，且$ABC=E$，则以下错误的是(　　).

A. A可逆，$A^{-1}=BC$　　　　B. C可逆，$C^{-1}=AB$

C. B可逆，$B^{-1}=AC$　　　　D. B可逆，$B^{-1}=CA$

解 因为$ABC=A(BC)=(AB)C=E$，根据上述推论，可得A可逆，且$A^{-1}=BC$；C可逆，

且 $\boldsymbol{C}^{-1}=\boldsymbol{AB}$.

又因为 $\boldsymbol{A}^{-1}=\boldsymbol{BC}$,所以 $(\boldsymbol{BC})\boldsymbol{A}=\boldsymbol{A}(\boldsymbol{BC})=\boldsymbol{E}$,即 $\boldsymbol{BCA}=\boldsymbol{B}(\boldsymbol{CA})=\boldsymbol{E}$. 根据上述推论,可得 $\boldsymbol{B}$ 可逆,且 $\boldsymbol{B}^{-1}=\boldsymbol{CA}$.

所以应该选 C.

同时,在分析矩阵可逆的充分必要条件的过程中,我们给出了第一种求矩阵的逆矩阵的方法——伴随矩阵法.

四、伴随矩阵法求逆矩阵

上面推导过程中给出的结论 $\boldsymbol{A}^{-1}=\dfrac{1}{|\boldsymbol{A}|}\boldsymbol{A}^{*}$,就是求逆矩阵的一种方法,一般称为**伴随矩阵法**.

例 4 求例 1 所给矩阵的逆矩阵.

解 因为 $|\boldsymbol{A}|=\begin{vmatrix}1&2&3\\2&2&1\\3&4&3\end{vmatrix}=2\neq 0$,所以 $\boldsymbol{A}$ 可逆. 根据例 1 的结论,有

$$\boldsymbol{A}^{-1}=\frac{1}{|\boldsymbol{A}|}\boldsymbol{A}^{*}=\frac{1}{2}\begin{pmatrix}2&6&-4\\-3&-6&5\\2&2&-2\end{pmatrix}=\begin{pmatrix}1&3&-2\\-\frac{3}{2}&-3&\frac{5}{2}\\1&1&-1\end{pmatrix}.$$

从伴随矩阵的构造我们可以看出,用伴随矩阵求逆矩阵这一方法计算量还是比较大的,对一个 n 阶矩阵而言,要计算 n^2 个 $n-1$ 阶行列式和一个 n 阶行列式. 因此,这一方法并不常用. 但伴随矩阵法求 2 阶矩阵的逆矩阵却非常方便,具体如下:

对于 2 阶矩阵 $\boldsymbol{A}=\begin{pmatrix}a&b\\c&d\end{pmatrix}$,其伴随矩阵 $\boldsymbol{A}^{*}=\begin{pmatrix}d&-b\\-c&a\end{pmatrix}$,当 $|\boldsymbol{A}|=ad-bc\neq 0$ 时,有

$$\boldsymbol{A}^{-1}=\frac{1}{ad-bc}\begin{pmatrix}d&-b\\-c&a\end{pmatrix}.$$

上式可简单记忆为:主对角线元素互换,副对角线元素取相反数,再乘以行列式的倒数.

至此,有了判断矩阵可逆和求逆矩阵的方法,我们就可以解决本节开始时提出的矩阵方程的求解问题了.

五、矩阵方程的求解

对于矩阵方程 $\boldsymbol{AX}=\boldsymbol{C}$,若 $\boldsymbol{A}$ 可逆,则方程两边同时左乘 $\boldsymbol{A}^{-1}$,得

$$\boldsymbol{A}^{-1}\boldsymbol{AX}=\boldsymbol{A}^{-1}\boldsymbol{C},\quad 即\quad \boldsymbol{X}=\boldsymbol{A}^{-1}\boldsymbol{C}.$$

对于矩阵方程 $\boldsymbol{XA}=\boldsymbol{C}$,若 $\boldsymbol{A}$ 可逆,则方程两边同时右乘 $\boldsymbol{A}^{-1}$,得

$$\boldsymbol{XAA}^{-1}=\boldsymbol{CA}^{-1},\quad 即\quad \boldsymbol{X}=\boldsymbol{CA}^{-1}.$$

对于矩阵方程 $\boldsymbol{AXB}=\boldsymbol{C}$,若 $\boldsymbol{A},\boldsymbol{B}$ 均可逆,则方程两边同时左乘 $\boldsymbol{A}^{-1}$,右乘 $\boldsymbol{B}^{-1}$,得

$$\boldsymbol{A}^{-1}\boldsymbol{AXBB}^{-1}=\boldsymbol{A}^{-1}\boldsymbol{CB}^{-1},\quad 即\quad \boldsymbol{X}=\boldsymbol{A}^{-1}\boldsymbol{CB}^{-1}.$$

注意 因为矩阵乘法不满足交换律,因此在求解矩阵方程的时候,必须根据需要两边同时左乘或同时右乘,不能忽略矩阵间的顺序.

例 5 求解矩阵方程 $\begin{pmatrix}3&5\\1&2\end{pmatrix}\boldsymbol{X}=\begin{pmatrix}4&-1&2\\3&0&-1\end{pmatrix}$.

解 因为 $\begin{vmatrix}3&5\\1&2\end{vmatrix}=1\neq0$,所以 $\begin{pmatrix}3&5\\1&2\end{pmatrix}$ 可逆. 根据前面所讲的伴随矩阵法求 2 阶矩阵的逆矩阵的方法,可得

$$\begin{pmatrix}3&5\\1&2\end{pmatrix}^{-1}=\frac{1}{1}\begin{pmatrix}2&-5\\-1&3\end{pmatrix}=\begin{pmatrix}2&-5\\-1&3\end{pmatrix},$$

则

$$\boldsymbol{X}=\begin{pmatrix}3&5\\1&2\end{pmatrix}^{-1}\begin{pmatrix}4&-1&2\\3&0&-1\end{pmatrix}=\begin{pmatrix}2&-5\\-1&3\end{pmatrix}\begin{pmatrix}4&-1&2\\3&0&-1\end{pmatrix}=\begin{pmatrix}-7&-2&9\\5&1&-5\end{pmatrix}.$$

对于更复杂的矩阵方程,也可以类似地求解. 例如,已知矩阵 $\boldsymbol{A}$,且 $\boldsymbol{AB}-\boldsymbol{A}=2\boldsymbol{B}$,求矩阵 $\boldsymbol{B}$,这时就有

$$\boldsymbol{AB}-\boldsymbol{A}=2\boldsymbol{B}\Rightarrow(\boldsymbol{A}-2\boldsymbol{E})\boldsymbol{B}=\boldsymbol{A}\Rightarrow\boldsymbol{B}=(\boldsymbol{A}-2\boldsymbol{E})^{-1}\boldsymbol{A}\quad(在\ \boldsymbol{A}-2\boldsymbol{E}\ 可逆时).$$

六、可逆矩阵和伴随矩阵的性质

1. 可逆矩阵的性质

设 $\boldsymbol{A},\boldsymbol{B}$ 均为 n 阶可逆矩阵,$k\in\mathbb{R}$,且 $k\neq0$,则有

(1) $|\boldsymbol{A}^{-1}|=\dfrac{1}{|\boldsymbol{A}|}$;

(2) $\boldsymbol{A}^{-1}$ 可逆,且 $(\boldsymbol{A}^{-1})^{-1}=\boldsymbol{A}$;

(3) $\boldsymbol{AB}$ 可逆,且 $(\boldsymbol{AB})^{-1}=\boldsymbol{B}^{-1}\boldsymbol{A}^{-1}$;

(4) $k\boldsymbol{A}$ 可逆,且 $(k\boldsymbol{A})^{-1}=\dfrac{1}{k}\boldsymbol{A}^{-1}$;

(5) $\boldsymbol{A}^{\mathrm{T}}$ 可逆,且 $(\boldsymbol{A}^{\mathrm{T}})^{-1}=(\boldsymbol{A}^{-1})^{\mathrm{T}}$.

证明 根据前面的推论,有

(1) 因为 $\boldsymbol{AA}^{-1}=\boldsymbol{E}$,所以 $|\boldsymbol{AA}^{-1}|=|\boldsymbol{A}||\boldsymbol{A}^{-1}|=|\boldsymbol{E}|=1$,从而 $|\boldsymbol{A}^{-1}|=\dfrac{1}{|\boldsymbol{A}|}$.

(2) 因为 $\boldsymbol{AA}^{-1}=\boldsymbol{E}$,所以 $\boldsymbol{A}^{-1}$ 可逆,且 $(\boldsymbol{A}^{-1})^{-1}=\boldsymbol{A}$.

(3) 因为$(\boldsymbol{AB})(\boldsymbol{B}^{-1}\boldsymbol{A}^{-1})=\boldsymbol{A}(\boldsymbol{BB}^{-1})\boldsymbol{A}^{-1}=\boldsymbol{AEA}^{-1}=\boldsymbol{E}$,所以$\boldsymbol{AB}$可逆,且

$$(\boldsymbol{AB})^{-1}=\boldsymbol{B}^{-1}\boldsymbol{A}^{-1}.$$

(4) 因为$(k\boldsymbol{A})\left(\frac{1}{k}\boldsymbol{A}^{-1}\right)=k\cdot\frac{1}{k}\boldsymbol{AA}^{-1}=\boldsymbol{E}$,所以$k\boldsymbol{A}$可逆,且$(k\boldsymbol{A})^{-1}=\frac{1}{k}\boldsymbol{A}^{-1}$.

(5) 因为$\boldsymbol{A}^{\mathrm{T}}(\boldsymbol{A}^{-1})^{\mathrm{T}}=(\boldsymbol{A}^{-1}\boldsymbol{A})^{\mathrm{T}}=\boldsymbol{E}^{\mathrm{T}}=\boldsymbol{E}$,所以$\boldsymbol{A}^{\mathrm{T}}$可逆,且$(\boldsymbol{A}^{\mathrm{T}})^{-1}=(\boldsymbol{A}^{-1})^{\mathrm{T}}$.

性质(3)可以推广到多个n阶方阵乘积的情况,如若$\boldsymbol{A},\boldsymbol{B},\boldsymbol{C}$为三个$n$阶可逆矩阵,则有

$$(\boldsymbol{ABC})^{-1}=(\boldsymbol{BC})^{-1}\boldsymbol{A}^{-1}=\boldsymbol{C}^{-1}\boldsymbol{B}^{-1}\boldsymbol{A}^{-1}.$$

同时,根据性质(3)可以推出

$$(\boldsymbol{A}^{k})^{-1}=(\boldsymbol{A}^{-1})^{k}\quad(\boldsymbol{A}\text{为方阵},k\text{为正整数}).$$

2. 伴随矩阵的性质

设$\boldsymbol{A},\boldsymbol{B}$均为$n$阶可逆矩阵,$k\in\mathbb{R}$,且$k\neq0$,则有

(1) $|\boldsymbol{A}^{*}|=|\boldsymbol{A}|^{n-1}$;

(2) $(\boldsymbol{AB})^{*}=\boldsymbol{B}^{*}\boldsymbol{A}^{*}$;

(3) $(k\boldsymbol{A})^{*}=k^{n-1}\boldsymbol{A}^{*}$;

(4) $(\boldsymbol{A}^{\mathrm{T}})^{*}=(\boldsymbol{A}^{*})^{\mathrm{T}}$;

(5) $(\boldsymbol{A}^{*})^{-1}=(\boldsymbol{A}^{-1})^{*}=\frac{1}{|\boldsymbol{A}|}\boldsymbol{A}$.

证明 因为$\boldsymbol{A}^{-1}=\frac{1}{|\boldsymbol{A}|}\boldsymbol{A}^{*}$,$\boldsymbol{A}^{*}=|\boldsymbol{A}|\boldsymbol{A}^{-1}$,$|k\boldsymbol{A}|=k^{n}|\boldsymbol{A}|$,$|\boldsymbol{AB}|=|\boldsymbol{A}||\boldsymbol{B}|$,$|\boldsymbol{A}^{\mathrm{T}}|=|\boldsymbol{A}|$,

所以

(1) $|\boldsymbol{A}^{*}|=||\boldsymbol{A}|\boldsymbol{A}^{-1}|=|\boldsymbol{A}|^{n}|\boldsymbol{A}^{-1}|=|\boldsymbol{A}|^{n}\frac{1}{|\boldsymbol{A}|}=|\boldsymbol{A}|^{n-1}$;

(2) $(\boldsymbol{AB})^{*}=|\boldsymbol{AB}|(\boldsymbol{AB})^{-1}=|\boldsymbol{A}||\boldsymbol{B}|\boldsymbol{B}^{-1}\boldsymbol{A}^{-1}=(|\boldsymbol{B}|\boldsymbol{B}^{-1})(|\boldsymbol{A}|\boldsymbol{A}^{-1})=\boldsymbol{B}^{*}\boldsymbol{A}^{*}$;

(3) $(k\boldsymbol{A})^{*}=|k\boldsymbol{A}|(k\boldsymbol{A})^{-1}=k^{n}|\boldsymbol{A}|\frac{1}{k}\boldsymbol{A}^{-1}=k^{n-1}|\boldsymbol{A}|\boldsymbol{A}^{-1}=k^{n-1}\boldsymbol{A}^{*}$;

(4) $(\boldsymbol{A}^{*})^{\mathrm{T}}=(|\boldsymbol{A}|\boldsymbol{A}^{-1})^{\mathrm{T}}=|\boldsymbol{A}|(\boldsymbol{A}^{-1})^{\mathrm{T}}=|\boldsymbol{A}^{\mathrm{T}}|(\boldsymbol{A}^{\mathrm{T}})^{-1}=(\boldsymbol{A}^{\mathrm{T}})^{*}$;

(5) $(\boldsymbol{A}^{-1})^{*}=|\boldsymbol{A}^{-1}|(\boldsymbol{A}^{-1})^{-1}=\frac{1}{|\boldsymbol{A}|}\boldsymbol{A}=(\boldsymbol{A}^{*})^{-1}$.

例 6 设$\boldsymbol{A}$为3阶方阵,$|\boldsymbol{A}|=\frac{1}{2}$,求$|(2\boldsymbol{A})^{-1}-5\boldsymbol{A}^{*}|$.

解 *方法 1*

$$\begin{aligned}|(2\boldsymbol{A})^{-1}-5\boldsymbol{A}^{*}|&=\left|\frac{1}{2}\boldsymbol{A}^{-1}-5\cdot\frac{1}{2}\boldsymbol{A}^{-1}\right| &&\left((k\boldsymbol{A})^{-1}=\frac{1}{k}\boldsymbol{A}^{-1},\boldsymbol{A}^{*}=|\boldsymbol{A}|\boldsymbol{A}^{-1}\right)\\&=|-2\boldsymbol{A}^{-1}|=(-2)^{3}|\boldsymbol{A}^{-1}| &&(|k\boldsymbol{A}|=k^{n}|\boldsymbol{A}|)\\&=-8\cdot2=-16. &&\left(|\boldsymbol{A}^{-1}|=\frac{1}{|\boldsymbol{A}|}\right)\end{aligned}$$

方法 2 $|(2\boldsymbol{A})^{-1}-5\boldsymbol{A}^*|=\left|\frac{1}{2}\boldsymbol{A}^{-1}-5\boldsymbol{A}^*\right|$ $\left((k\boldsymbol{A})^{-1}=\frac{1}{k}\boldsymbol{A}^{-1}\right)$

$=\left|\frac{1}{2}\cdot 2\boldsymbol{A}^*-5\boldsymbol{A}^*\right|$ $\left(\boldsymbol{A}^{-1}=\frac{1}{|\boldsymbol{A}|}\boldsymbol{A}^*\right)$

$=|-4\boldsymbol{A}^*|=(-4)^3|\boldsymbol{A}^*|$ $(|k\boldsymbol{A}|=k^n|\boldsymbol{A}|)$

$=(-4)^3\cdot\left(\frac{1}{2}\right)^{3-1}=-16.$ $(|\boldsymbol{A}^*|=|\boldsymbol{A}|^{n-1})$

习 题 2.2

1. 求下列矩阵的逆矩阵：

(1) $\begin{pmatrix}1&3\\2&4\end{pmatrix}$； (2) $\begin{pmatrix}1&2&-1\\3&4&-2\\6&-4&1\end{pmatrix}$； (3) $\begin{pmatrix}2&0&0\\0&4&0\\0&0&5\end{pmatrix}$.

2. 设方阵 $\boldsymbol{A}$ 满足 $\boldsymbol{A}^2-\boldsymbol{A}-2\boldsymbol{E}=\boldsymbol{O}$，证明 $\boldsymbol{A}$ 和 $\boldsymbol{A}+2\boldsymbol{E}$ 均可逆，并求 $\boldsymbol{A}^{-1}$ 和 $(\boldsymbol{A}+2\boldsymbol{E})^{-1}$.

3. 求解下列矩阵方程：

(1) $\begin{pmatrix}2&3\\1&4\end{pmatrix}\boldsymbol{X}=\begin{pmatrix}2&1&3\\1&2&-1\end{pmatrix}$； (2) $\boldsymbol{X}\begin{pmatrix}2&1&-1\\2&1&0\\1&-1&1\end{pmatrix}=\begin{pmatrix}1&1&3\\3&2&-1\end{pmatrix}$；

(3) $\begin{pmatrix}2&1\\4&3\end{pmatrix}\boldsymbol{X}\begin{pmatrix}1&-2\\-1&3\end{pmatrix}=\begin{pmatrix}1&-2\\0&2\end{pmatrix}$.

4. 已知 $\boldsymbol{A}=\begin{pmatrix}1&0&1\\0&2&0\\1&0&1\end{pmatrix}$，且 $\boldsymbol{AX}+\boldsymbol{E}=\boldsymbol{A}^2+\boldsymbol{X}$，求 $\boldsymbol{X}$.

5. 已知 $\boldsymbol{A}=\begin{pmatrix}0&3&3\\1&1&0\\-1&2&3\end{pmatrix}$，且 $\boldsymbol{AB}=\boldsymbol{A}+2\boldsymbol{B}$，求 $\boldsymbol{B}$.

6. 设 $\boldsymbol{A}$ 为 3 阶方阵，$|\boldsymbol{A}|=2$，求 $\left|\left(\frac{1}{3}\boldsymbol{A}\right)^{-1}\right|$，$|2\boldsymbol{A}^*|$ 和 $|2\boldsymbol{A}^{-1}+(3\boldsymbol{A})^*|$.

7. 已知 $\boldsymbol{A}=\begin{pmatrix}1&2&3\\2&2&1\\3&4&3\end{pmatrix}$，求 $(\boldsymbol{A}^{-1})^*$.

§2.3 矩阵的分块

在§1.5 由拉普拉斯定理推出的结论的表示中和§2.1 结论 $|\boldsymbol{AB}|=|\boldsymbol{A}||\boldsymbol{B}|$ 的推导过程

中,我们已经多次使用了矩阵分块的做法,只是没有明显提出这一概念而已.这一节将专门介绍矩阵的分块和分块矩阵的运算.

一、分块矩阵的概念

将矩阵 $\boldsymbol{A}$ 用若干条横线和竖线分成若干个小矩阵,每一个小矩阵称为矩阵 $\boldsymbol{A}$ 的**子块**或**子矩阵**,这样的做法叫做矩阵的**分块**,以子块形式表示的矩阵称为**分块矩阵**.

例如,在矩阵 $\boldsymbol{A}=(a_{ij})_{6\times 5}$ 中用 2 条横线将行分成 3 组,用 1 条竖线将列分成 2 组,从而将矩阵 $\boldsymbol{A}$ 分成如下 6 块:

$$\left(\begin{array}{cc:ccc} a_{11} & a_{12} & a_{13} & a_{14} & a_{15} \\ a_{21} & a_{22} & a_{23} & a_{24} & a_{25} \\ \hdashline a_{31} & a_{32} & a_{33} & a_{34} & a_{35} \\ \hdashline a_{41} & a_{42} & a_{43} & a_{44} & a_{45} \\ a_{51} & a_{52} & a_{53} & a_{54} & a_{55} \\ a_{61} & a_{62} & a_{63} & a_{64} & a_{65} \end{array}\right).$$

若记

$$\boldsymbol{A}_{11}=\begin{pmatrix} a_{11} & a_{12} \\ a_{21} & a_{22} \end{pmatrix},\quad \boldsymbol{A}_{12}=\begin{pmatrix} a_{13} & a_{14} & a_{15} \\ a_{23} & a_{24} & a_{25} \end{pmatrix},\quad \boldsymbol{A}_{21}=(a_{31},a_{32}),$$

$$\boldsymbol{A}_{22}=(a_{33},a_{34},a_{35}),\quad \boldsymbol{A}_{31}=\begin{pmatrix} a_{41} & a_{42} \\ a_{51} & a_{52} \\ a_{61} & a_{62} \end{pmatrix},\quad \boldsymbol{A}_{32}=\begin{pmatrix} a_{43} & a_{44} & a_{45} \\ a_{53} & a_{54} & a_{55} \\ a_{63} & a_{64} & a_{65} \end{pmatrix},$$

则矩阵 $\boldsymbol{A}$ 可记为

$$\boldsymbol{A}=\begin{pmatrix} \boldsymbol{A}_{11} & \boldsymbol{A}_{12} \\ \boldsymbol{A}_{21} & \boldsymbol{A}_{22} \\ \boldsymbol{A}_{31} & \boldsymbol{A}_{32} \end{pmatrix}.$$

这样的矩阵就是分块矩阵,其中 $\boldsymbol{A}_{11},\boldsymbol{A}_{12},\boldsymbol{A}_{21},\boldsymbol{A}_{22},\boldsymbol{A}_{31},\boldsymbol{A}_{32}$ 为 $\boldsymbol{A}$ 的子块.分块过程中不要求均匀分组,也不要求行和列的分组方式一样.

分块矩阵一般用于把高阶矩阵的运算化为低阶矩阵的运算,或表示一些结构特殊的矩阵以达到表示简洁且强调结构的目的.

二、分块矩阵的运算

分块矩阵的运算规则和普通矩阵的运算规则类似.

1. 分块矩阵的加法

设矩阵 $\boldsymbol{A}=(a_{ij})_{m\times n}$,$\boldsymbol{B}=(b_{ij})_{m\times n}$. 若对 $\boldsymbol{A}$ 和 $\boldsymbol{B}$ 采用相同的分块方式,则有

$$\boldsymbol{A}=\begin{pmatrix}\boldsymbol{A}_{11} & \cdots & \boldsymbol{A}_{1r}\\ \vdots & & \vdots\\ \boldsymbol{A}_{s1} & \cdots & \boldsymbol{A}_{sr}\end{pmatrix},\quad \boldsymbol{B}=\begin{pmatrix}\boldsymbol{B}_{11} & \cdots & \boldsymbol{B}_{1r}\\ \vdots & & \vdots\\ \boldsymbol{B}_{s1} & \cdots & \boldsymbol{B}_{sr}\end{pmatrix},$$

其中所谓的相同分块方式指矩阵 $\boldsymbol{A}$ 的行分成几组,每组几行,列分成几组,每组几列,矩阵 $\boldsymbol{B}$ 也要一样. 那么

$$\boldsymbol{A}+\boldsymbol{B}=\begin{pmatrix}\boldsymbol{A}_{11}+\boldsymbol{B}_{11} & \cdots & \boldsymbol{A}_{1r}+\boldsymbol{B}_{1r}\\ \vdots & & \vdots\\ \boldsymbol{A}_{s1}+\boldsymbol{B}_{s1} & \cdots & \boldsymbol{A}_{sr}+\boldsymbol{B}_{sr}\end{pmatrix}.$$

2. 数和分块矩阵的乘法

若对矩阵 $\boldsymbol{A}=(a_{ij})_{m\times n}$ 进行如下分块:

$$\boldsymbol{A}=\begin{pmatrix}\boldsymbol{A}_{11} & \cdots & \boldsymbol{A}_{1r}\\ \vdots & & \vdots\\ \boldsymbol{A}_{s1} & \cdots & \boldsymbol{A}_{sr}\end{pmatrix},$$

$k\in\mathbb{R}$,则

$$k\boldsymbol{A}=\begin{pmatrix}k\boldsymbol{A}_{11} & \cdots & k\boldsymbol{A}_{1r}\\ \vdots & & \vdots\\ k\boldsymbol{A}_{s1} & \cdots & k\boldsymbol{A}_{sr}\end{pmatrix}.$$

3. 分块矩阵的乘法

设矩阵 $\boldsymbol{A}=(a_{ij})_{m\times s}$,$\boldsymbol{B}=(b_{ij})_{s\times n}$,$\boldsymbol{A}$ 和 $\boldsymbol{B}$ 要能够进行分块矩阵的乘法,则矩阵 $\boldsymbol{A}$ 的列的分块方式要和矩阵 $\boldsymbol{B}$ 的行的分块方式一样,即

$$\boldsymbol{A}=\begin{pmatrix}\boldsymbol{A}_{11} & \cdots & \boldsymbol{A}_{1r}\\ \vdots & & \vdots\\ \boldsymbol{A}_{s1} & \cdots & \boldsymbol{A}_{sr}\end{pmatrix},\quad \boldsymbol{B}=\begin{pmatrix}\boldsymbol{B}_{11} & \cdots & \boldsymbol{B}_{1t}\\ \vdots & & \vdots\\ \boldsymbol{B}_{r1} & \cdots & \boldsymbol{B}_{rt}\end{pmatrix},$$

这时,有

$$\boldsymbol{AB}=\boldsymbol{C}=\begin{pmatrix}\boldsymbol{C}_{11} & \cdots & \boldsymbol{C}_{1t}\\ \vdots & & \vdots\\ \boldsymbol{C}_{s1} & \cdots & \boldsymbol{C}_{st}\end{pmatrix},$$

其中矩阵 $\boldsymbol{C}$ 的行的分块方式和矩阵 $\boldsymbol{A}$ 一样,矩阵 $\boldsymbol{C}$ 的列的分块方式和矩阵 $\boldsymbol{B}$ 一样,而且

$$\boldsymbol{C}_{ij}=\boldsymbol{A}_{i1}\boldsymbol{B}_{1j}+\boldsymbol{A}_{i2}\boldsymbol{B}_{2j}+\cdots+\boldsymbol{A}_{ir}\boldsymbol{B}_{rj}\quad(i=1,2,\cdots,s;j=1,2,\cdots,t).$$

例 1 设矩阵

$$A=\begin{pmatrix}1&2&1&0\\0&1&0&1\\0&0&2&1\\0&0&0&3\end{pmatrix},\quad B=\begin{pmatrix}1&0&3&1\\0&1&2&-1\\0&0&-2&3\\0&0&0&-3\end{pmatrix},$$

求 $\boldsymbol{AB}$.

解 根据矩阵的结构，把矩阵 $\boldsymbol{A},\boldsymbol{B}$ 分别分块成

$$A=\left(\begin{array}{cc:cc}1&2&1&0\\0&1&0&1\\\hdashline 0&0&2&1\\0&0&0&3\end{array}\right)=\begin{pmatrix}A_1&E\\O&A_2\end{pmatrix},\quad B=\left(\begin{array}{cc:cc}1&0&3&1\\0&1&2&-1\\\hdashline 0&0&-2&3\\0&0&0&-3\end{array}\right)=\begin{pmatrix}E&B_1\\O&B_2\end{pmatrix},$$

则

$$AB=\begin{pmatrix}A_1&E\\O&A_2\end{pmatrix}\begin{pmatrix}E&B_1\\O&B_2\end{pmatrix}=\begin{pmatrix}A_1&A_1B_1+B_2\\O&A_2B_2\end{pmatrix}.$$

而

$$A_1B_1+B_2=\begin{pmatrix}1&2\\0&1\end{pmatrix}\begin{pmatrix}3&1\\2&-1\end{pmatrix}+\begin{pmatrix}-2&3\\0&-3\end{pmatrix}=\begin{pmatrix}7&-1\\2&-1\end{pmatrix}+\begin{pmatrix}-2&3\\0&-3\end{pmatrix}=\begin{pmatrix}5&2\\2&-4\end{pmatrix},$$

$$A_2B_2=\begin{pmatrix}2&1\\0&3\end{pmatrix}\begin{pmatrix}-2&3\\0&-3\end{pmatrix}=\begin{pmatrix}-4&3\\0&-9\end{pmatrix},$$

于是

$$AB=\begin{pmatrix}1&2&5&2\\0&1&2&-4\\0&0&-4&3\\0&0&0&-9\end{pmatrix}.$$

4. 分块矩阵的转置

若对矩阵 $\boldsymbol{A}=(a_{ij})_{m\times n}$ 进行如下分块：

$$A=\begin{pmatrix}A_{11}&\cdots&A_{1r}\\\vdots&&\vdots\\A_{s1}&\cdots&A_{sr}\end{pmatrix},$$

则

$$A^{\mathrm T}=\begin{pmatrix}A_{11}^{\mathrm T}&\cdots&A_{s1}^{\mathrm T}\\\vdots&&\vdots\\A_{1r}^{\mathrm T}&\cdots&A_{sr}^{\mathrm T}\end{pmatrix},$$

其中除了块和块之间要转置,每一块内还要分别转置.

在矩阵的分块中,形如

$$\begin{pmatrix} \boldsymbol{A}_{11} & \boldsymbol{O} & \cdots & \boldsymbol{O} \\ \boldsymbol{O} & \boldsymbol{A}_{22} & \cdots & \boldsymbol{O} \\ \vdots & \vdots & & \vdots \\ \boldsymbol{O} & \boldsymbol{O} & \cdots & \boldsymbol{A}_{ss} \end{pmatrix}$$

的分块矩阵称为**分块对角矩阵**,其中 $\boldsymbol{A}_{11},\boldsymbol{A}_{22},\cdots,\boldsymbol{A}_{ss}$ 均为方阵. 注意,分块对角矩阵一般不是对角矩阵. 形如

$$\begin{pmatrix} \boldsymbol{A}_{11} & \boldsymbol{A}_{12} & \cdots & \boldsymbol{A}_{1s} \\ \boldsymbol{O} & \boldsymbol{A}_{22} & \cdots & \boldsymbol{A}_{2s} \\ \vdots & \vdots & & \vdots \\ \boldsymbol{O} & \boldsymbol{O} & \cdots & \boldsymbol{A}_{ss} \end{pmatrix} \quad \text{和} \quad \begin{pmatrix} \boldsymbol{A}_{11} & \boldsymbol{O} & \cdots & \boldsymbol{O} \\ \boldsymbol{A}_{21} & \boldsymbol{A}_{22} & \cdots & \boldsymbol{O} \\ \vdots & \vdots & & \vdots \\ \boldsymbol{A}_{s1} & \boldsymbol{A}_{s2} & \cdots & \boldsymbol{A}_{ss} \end{pmatrix}$$

的分块矩阵分别称为**分块上三角矩阵**和**分块下三角矩阵**,其中 $\boldsymbol{A}_{11},\boldsymbol{A}_{22},\cdots,\boldsymbol{A}_{ss}$ 均为方阵.

5. 分块矩阵的逆矩阵

定理 设分块对角矩阵 $\boldsymbol{D}=\begin{pmatrix} \boldsymbol{A} & \boldsymbol{O} \\ \boldsymbol{O} & \boldsymbol{B} \end{pmatrix}$,其中 $\boldsymbol{A}$ 为 n 阶可逆矩阵,$\boldsymbol{B}$ 为 m 阶可逆矩阵,则 $\boldsymbol{D}$ 可逆,且

$$\boldsymbol{D}^{-1}=\begin{pmatrix} \boldsymbol{A}^{-1} & \boldsymbol{O} \\ \boldsymbol{O} & \boldsymbol{B}^{-1} \end{pmatrix}.$$

证明 根据上一章拉普拉斯定理的结论,可得

$$|\boldsymbol{D}|=\begin{vmatrix} \boldsymbol{A} & \boldsymbol{O} \\ \boldsymbol{O} & \boldsymbol{B} \end{vmatrix}=|\boldsymbol{A}||\boldsymbol{B}|.$$

因为 $\boldsymbol{A},\boldsymbol{B}$ 均为可逆矩阵,所以 $|\boldsymbol{A}|\neq 0$,$|\boldsymbol{B}|\neq 0$,从而 $|\boldsymbol{D}|\neq 0$,即 $\boldsymbol{D}$ 可逆. 设

$$\boldsymbol{D}^{-1}=\begin{pmatrix} \boldsymbol{X}_1 & \boldsymbol{X}_2 \\ \boldsymbol{X}_3 & \boldsymbol{X}_4 \end{pmatrix},$$

则

$$\boldsymbol{E}=\boldsymbol{D}\boldsymbol{D}^{-1}=\begin{pmatrix} \boldsymbol{A} & \boldsymbol{O} \\ \boldsymbol{O} & \boldsymbol{B} \end{pmatrix}\begin{pmatrix} \boldsymbol{X}_1 & \boldsymbol{X}_2 \\ \boldsymbol{X}_3 & \boldsymbol{X}_4 \end{pmatrix}=\begin{pmatrix} \boldsymbol{A}\boldsymbol{X}_1 & \boldsymbol{A}\boldsymbol{X}_2 \\ \boldsymbol{B}\boldsymbol{X}_3 & \boldsymbol{B}\boldsymbol{X}_4 \end{pmatrix},$$

即

$$\begin{pmatrix} \boldsymbol{A}\boldsymbol{X}_1 & \boldsymbol{A}\boldsymbol{X}_3 \\ \boldsymbol{B}\boldsymbol{X}_1 & \boldsymbol{B}\boldsymbol{X}_4 \end{pmatrix}=\begin{pmatrix} \boldsymbol{E} & \boldsymbol{O} \\ \boldsymbol{O} & \boldsymbol{E} \end{pmatrix},$$

所以
$$\boldsymbol{AX}_1=\boldsymbol{E},\quad \boldsymbol{AX}_2=\boldsymbol{O},\quad \boldsymbol{BX}_3=\boldsymbol{O},\quad \boldsymbol{BX}_4=\boldsymbol{E}.$$
又因为 $\boldsymbol{A},\boldsymbol{B}$ 均为可逆矩阵，所以
$$\boldsymbol{X}_1=\boldsymbol{A}^{-1},\quad \boldsymbol{X}_2=\boldsymbol{O},\quad \boldsymbol{X}_3=\boldsymbol{O},\quad \boldsymbol{X}_4=\boldsymbol{B}^{-1},$$
从而
$$\boldsymbol{D}^{-1}=\begin{pmatrix}\boldsymbol{A}^{-1} & \boldsymbol{O}\\ \boldsymbol{O} & \boldsymbol{B}^{-1}\end{pmatrix}.$$

上述结论可以推广为（其中 $\boldsymbol{A}_{11},\boldsymbol{A}_{22},\cdots,\boldsymbol{A}_{ss}$ 均可逆）
$$\begin{pmatrix}\boldsymbol{A}_{11} & \boldsymbol{O} & \cdots & \boldsymbol{O}\\ \boldsymbol{O} & \boldsymbol{A}_{22} & \cdots & \boldsymbol{O}\\ \vdots & \vdots & & \vdots\\ \boldsymbol{O} & \boldsymbol{O} & \cdots & \boldsymbol{A}_{ss}\end{pmatrix}^{-1}=\begin{pmatrix}\boldsymbol{A}_{11}^{-1} & \boldsymbol{O} & \cdots & \boldsymbol{O}\\ \boldsymbol{O} & \boldsymbol{A}_{22}^{-1} & \cdots & \boldsymbol{O}\\ \vdots & \vdots & & \vdots\\ \boldsymbol{O} & \boldsymbol{O} & \cdots & \boldsymbol{A}_{ss}^{-1}\end{pmatrix}.$$

利用相同的方法还可以得到（其中 $\boldsymbol{A},\boldsymbol{B}$ 均为可逆矩阵）
$$\begin{pmatrix}\boldsymbol{O} & \boldsymbol{A}\\ \boldsymbol{B} & \boldsymbol{O}\end{pmatrix}^{-1}=\begin{pmatrix}\boldsymbol{O} & \boldsymbol{B}^{-1}\\ \boldsymbol{A}^{-1} & \boldsymbol{O}\end{pmatrix},\quad \begin{pmatrix}\boldsymbol{A} & \boldsymbol{O}\\ \boldsymbol{C} & \boldsymbol{B}\end{pmatrix}^{-1}=\begin{pmatrix}\boldsymbol{A}^{-1} & \boldsymbol{O}\\ -\boldsymbol{B}^{-1}\boldsymbol{C}\boldsymbol{A}^{-1} & \boldsymbol{B}^{-1}\end{pmatrix},$$
$$\begin{pmatrix}\boldsymbol{A} & \boldsymbol{C}\\ \boldsymbol{O} & \boldsymbol{B}\end{pmatrix}^{-1}=\begin{pmatrix}\boldsymbol{A}^{-1} & -\boldsymbol{A}^{-1}\boldsymbol{C}\boldsymbol{B}^{-1}\\ \boldsymbol{O} & \boldsymbol{B}^{-1}\end{pmatrix}.$$

读者还可以自行求出下面两个逆矩阵：
$$\begin{pmatrix}\boldsymbol{O} & \boldsymbol{A}\\ \boldsymbol{B} & \boldsymbol{C}\end{pmatrix}^{-1}\quad 和\quad \begin{pmatrix}\boldsymbol{C} & \boldsymbol{A}\\ \boldsymbol{B} & \boldsymbol{O}\end{pmatrix}^{-1}$$

例 2 设矩阵 $\boldsymbol{A}=\begin{pmatrix}2 & 0 & 0\\ 0 & 2 & 3\\ 0 & 1 & 4\end{pmatrix}$，求 $\boldsymbol{A}^{-1}$.

解 将 $\boldsymbol{A}$ 分块为
$$\boldsymbol{A}=\left(\begin{array}{c:cc}2 & 0 & 0\\ \hdashline 0 & 2 & 3\\ 0 & 1 & 4\end{array}\right)=\begin{pmatrix}\boldsymbol{A}_1 & \boldsymbol{O}\\ \boldsymbol{O} & \boldsymbol{A}_2\end{pmatrix},$$
而
$$\boldsymbol{A}_1^{-1}=\left(\frac{1}{2}\right),\quad \boldsymbol{A}_2^{-1}=\frac{1}{5}\begin{pmatrix}4 & -3\\ -1 & 2\end{pmatrix},$$
所以

$$\boldsymbol{A}^{-1}=\begin{pmatrix}\boldsymbol{A}_1^{-1} & \boldsymbol{O}\\ \boldsymbol{O} & \boldsymbol{A}_2^{-1}\end{pmatrix}=\begin{pmatrix}1/2 & 0 & 0\\ 0 & 4/5 & -3/5\\ 0 & -1/5 & 2/5\end{pmatrix}.$$

6. 分块矩阵的行列式

上一章介绍拉普拉斯定理的时候,得到结论

$$\begin{vmatrix}\boldsymbol{A} & \boldsymbol{O}\\ \boldsymbol{C} & \boldsymbol{B}\end{vmatrix}=\begin{vmatrix}\boldsymbol{A} & \boldsymbol{C}\\ \boldsymbol{O} & \boldsymbol{B}\end{vmatrix}=\begin{vmatrix}\boldsymbol{A} & \boldsymbol{O}\\ \boldsymbol{O} & \boldsymbol{B}\end{vmatrix}=|\boldsymbol{A}|\,|\boldsymbol{B}|\quad(\boldsymbol{A},\boldsymbol{B}\text{ 均为方阵}).$$

将上述结论推广一下,可得(其中 $\boldsymbol{A}_{11},\boldsymbol{A}_{22},\cdots,\boldsymbol{A}_{ss}$ 均为方阵):

$$\begin{vmatrix}\boldsymbol{A}_{11} & \boldsymbol{O} & \cdots & \boldsymbol{O}\\ \boldsymbol{O} & \boldsymbol{A}_{22} & \cdots & \boldsymbol{O}\\ \vdots & \vdots & & \vdots\\ \boldsymbol{O} & \boldsymbol{O} & \cdots & \boldsymbol{A}_{ss}\end{vmatrix}=\begin{vmatrix}\boldsymbol{A}_{11} & \boldsymbol{A}_{12} & \cdots & \boldsymbol{A}_{1s}\\ \boldsymbol{O} & \boldsymbol{A}_{22} & \cdots & \boldsymbol{A}_{2s}\\ \vdots & \vdots & & \vdots\\ \boldsymbol{O} & \boldsymbol{O} & \cdots & \boldsymbol{A}_{ss}\end{vmatrix}=\begin{vmatrix}\boldsymbol{A}_{11} & \boldsymbol{O} & \cdots & \boldsymbol{O}\\ \boldsymbol{A}_{21} & \boldsymbol{A}_{22} & \cdots & \boldsymbol{O}\\ \vdots & \vdots & & \vdots\\ \boldsymbol{A}_{s1} & \boldsymbol{A}_{s2} & \cdots & \boldsymbol{A}_{ss}\end{vmatrix}$$

$$=|\boldsymbol{A}_{11}|\,|\boldsymbol{A}_{22}|\cdots|\boldsymbol{A}_{ss}|.$$

三、矩阵按行(列)分块

对矩阵进行分块时,有两种比较重要且常用的分块方式:按行分块和按列分块.

设矩阵 $\boldsymbol{A}=(a_{ij})_{m\times n}$. 若对矩阵 $\boldsymbol{A}$ 按行分块,则有

$$\boldsymbol{A}=\begin{pmatrix}\boldsymbol{\alpha}_1\\ \boldsymbol{\alpha}_2\\ \vdots\\ \boldsymbol{\alpha}_m\end{pmatrix},\quad\text{其中}\quad \boldsymbol{\alpha}_i=(a_{i1},a_{i2},\cdots,a_{in}),\ i=1,2,\cdots,m;$$

若对矩阵 $\boldsymbol{A}$ 按列分块,则有

$$\boldsymbol{A}=(\boldsymbol{\beta}_1,\boldsymbol{\beta}_2,\cdots,\boldsymbol{\beta}_n),\quad\text{其中}\quad \boldsymbol{\beta}_j=\begin{pmatrix}a_{1j}\\ a_{2j}\\ \vdots\\ a_{mj}\end{pmatrix},\ j=1,2,\cdots,n.$$

对于矩阵 $\boldsymbol{A}=(a_{ij})_{m\times s},\boldsymbol{B}=(b_{ij})_{s\times n}$,设 $\boldsymbol{AB}=\boldsymbol{C}=(c_{ij})_{m\times n}$,把矩阵 $\boldsymbol{A}$ 按行分块,把矩阵 $\boldsymbol{B}$ 按列分块,则有

$$\boldsymbol{AB}=\begin{pmatrix}\boldsymbol{\alpha}_1\\ \boldsymbol{\alpha}_2\\ \vdots\\ \boldsymbol{\alpha}_m\end{pmatrix}(\boldsymbol{\beta}_1,\boldsymbol{\beta}_2,\cdots,\boldsymbol{\beta}_n)=(c_{ij})_{m\times n}=\begin{pmatrix}\boldsymbol{\alpha}_1\boldsymbol{\beta}_1 & \boldsymbol{\alpha}_1\boldsymbol{\beta}_2 & \cdots & \boldsymbol{\alpha}_1\boldsymbol{\beta}_n\\ \boldsymbol{\alpha}_2\boldsymbol{\beta}_1 & \boldsymbol{\alpha}_2\boldsymbol{\beta}_2 & \cdots & \boldsymbol{\alpha}_2\boldsymbol{\beta}_n\\ \vdots & \vdots & & \vdots\\ \boldsymbol{\alpha}_m\boldsymbol{\beta}_1 & \boldsymbol{\alpha}_m\boldsymbol{\beta}_2 & \cdots & \boldsymbol{\alpha}_m\boldsymbol{\beta}_n\end{pmatrix},$$

其中

$$c_{ij}=\boldsymbol{\alpha}_i\boldsymbol{\beta}_j=(a_{i1},a_{i2},\cdots,a_{is})\begin{pmatrix}b_{1j}\\b_{2j}\\\vdots\\b_{sj}\end{pmatrix}=a_{i1}b_{1j}+a_{i2}b_{2j}+\cdots+a_{is}b_{sj},$$

刚好符合矩阵乘法的定义,即可以把子块看做元素进行运算.

对于线性方程组

$$\begin{cases}a_{11}x_1+a_{12}x_2+\cdots+a_{1n}x_n=b_1,\\a_{21}x_1+a_{22}x_2+\cdots+a_{2n}x_n=b_2,\\\cdots\cdots\cdots\cdots\cdots\cdots\cdots\cdots\\a_{m1}x_1+a_{m2}x_2+\cdots+a_{mn}x_n=b_m,\end{cases}$$

记

$$\boldsymbol{A}=\begin{pmatrix}a_{11}&a_{12}&\cdots&a_{1n}\\a_{21}&a_{22}&\cdots&a_{2n}\\\vdots&\vdots&&\vdots\\a_{m1}&a_{m2}&\cdots&a_{mn}\end{pmatrix},\quad \boldsymbol{X}=\begin{pmatrix}x_1\\x_2\\\vdots\\x_n\end{pmatrix},\quad \boldsymbol{\beta}=\begin{pmatrix}b_1\\b_2\\\vdots\\b_m\end{pmatrix},$$

则方程组可表示为(后续章节通常采用的表示形式)

$$\boldsymbol{AX}=\boldsymbol{\beta}.$$

若把系数矩阵 $\boldsymbol{A}$ 按列分块成

$$\boldsymbol{A}=(\boldsymbol{\alpha}_1,\boldsymbol{\alpha}_2,\cdots,\boldsymbol{\alpha}_n),$$

则方程组又可表示为

$$(\boldsymbol{\alpha}_1,\boldsymbol{\alpha}_2,\cdots,\boldsymbol{\alpha}_n)\begin{pmatrix}x_1\\x_2\\\vdots\\x_n\end{pmatrix}=x_1\boldsymbol{\alpha}_1+x_2\boldsymbol{\alpha}_2+\cdots+x_n\boldsymbol{\alpha}_n=\boldsymbol{\beta}.$$

下面我们证明第一章介绍的克拉默法则.

克拉默法则 对于含 n 个方程的 n 元线性方程组

$$\begin{cases}a_{11}x_1+a_{12}x_2+\cdots+a_{1n}x_n=b_1,\\a_{21}x_1+a_{22}x_2+\cdots+a_{2n}x_n=b_2,\\\cdots\cdots\cdots\cdots\cdots\cdots\cdots\cdots\\a_{n1}x_1+a_{n2}x_2+\cdots+a_{nn}x_n=b_n,\end{cases}$$

当系数行列式 $D\neq0$ 时,方程组存在唯一解

$$x_j = \frac{D_j}{D} \quad (j = 1,2,\cdots,n),$$

其中 D_j 为用常数项 $b_1,b_2,\cdots,b_n$ 替换系数行列式 D 的第 j 列所得.

证明 根据上面所讲方程组的矩阵表示,上述方程组可表示为

$$\boldsymbol{AX} = \boldsymbol{\beta}. \tag{1}$$

D_j 和 D 只有第 j 列的元素不一样,所以把 D_j 按第 j 列展开得

$$D_j = b_1 A_{1j} + b_2 A_{2j} + \cdots + b_n A_{nj} \quad (j = 1,2,\cdots,n).$$

因为 $|\boldsymbol{A}| = D \neq 0$,所以 $\boldsymbol{A}$ 可逆. 方程组(1)两边同时左乘 $\boldsymbol{A}^{-1} = \frac{1}{|\boldsymbol{A}|}\boldsymbol{A}^*$,得

$$\boldsymbol{X} = \boldsymbol{A}^{-1}\boldsymbol{\beta} = \frac{1}{|\boldsymbol{A}|}\boldsymbol{A}^*\boldsymbol{\beta} = \frac{1}{D}\begin{pmatrix} A_{11} & A_{21} & \cdots & A_{n1} \\ A_{12} & A_{22} & \cdots & A_{n2} \\ \vdots & \vdots & & \vdots \\ A_{1n} & A_{2n} & \cdots & A_{nn} \end{pmatrix}\begin{pmatrix} b_1 \\ b_2 \\ \vdots \\ b_n \end{pmatrix}$$

$$= \frac{1}{D}\begin{pmatrix} b_1 A_{11} + b_2 A_{21} + \cdots + b_n A_{n1} \\ b_1 A_{12} + b_2 A_{22} + \cdots + b_n A_{n2} \\ \vdots \\ b_1 A_{1n} + b_2 A_{2n} + \cdots + b_n A_{nn} \end{pmatrix} = \begin{pmatrix} \frac{D_1}{D} \\ \frac{D_2}{D} \\ \vdots \\ \frac{D_n}{D} \end{pmatrix},$$

即

$$x_j = \frac{D_j}{D} \quad (j = 1,2,\cdots,n).$$

例 3 设 $\boldsymbol{A}$ 为 3 阶方阵,将其按列分块为 $\boldsymbol{A} = (\boldsymbol{A}_1,\boldsymbol{A}_2,\boldsymbol{A}_3)$,且已知 $|\boldsymbol{A}| = 2$,矩阵 $\boldsymbol{B} = (\boldsymbol{A}_1 + \boldsymbol{A}_2, \boldsymbol{A}_2 - 2\boldsymbol{A}_3, 3\boldsymbol{A}_3 - \boldsymbol{A}_1)$,求 $|\boldsymbol{B}|$.

解 $|\boldsymbol{B}| = |\boldsymbol{A}_1 + \boldsymbol{A}_2, \boldsymbol{A}_2 - 2\boldsymbol{A}_3, 3\boldsymbol{A}_3 - \boldsymbol{A}_1|$

$= |\boldsymbol{A}_1, \boldsymbol{A}_2 - 2\boldsymbol{A}_3, 3\boldsymbol{A}_3 - \boldsymbol{A}_1| + |\boldsymbol{A}_2, \boldsymbol{A}_2 - 2\boldsymbol{A}_3, 3\boldsymbol{A}_3 - \boldsymbol{A}_1|$ (行列式性质 4)

$= |\boldsymbol{A}_1, \boldsymbol{A}_2 - 2\boldsymbol{A}_3, 3\boldsymbol{A}_3| + |\boldsymbol{A}_2, -2\boldsymbol{A}_3, 3\boldsymbol{A}_3 - \boldsymbol{A}_1|$ (行列式性质 5)

$= 3|\boldsymbol{A}_1, \boldsymbol{A}_2 - 2\boldsymbol{A}_3, \boldsymbol{A}_3| - 2|\boldsymbol{A}_2, \boldsymbol{A}_3, 3\boldsymbol{A}_3 - \boldsymbol{A}_1|$ (行列式性质 3)

$= 3|\boldsymbol{A}_1, \boldsymbol{A}_2, \boldsymbol{A}_3| - 2|\boldsymbol{A}_2, \boldsymbol{A}_3, -\boldsymbol{A}_1|$ (行列式性质 5)

$= 3|\boldsymbol{A}_1, \boldsymbol{A}_2, \boldsymbol{A}_3| + 2|\boldsymbol{A}_2, \boldsymbol{A}_3, \boldsymbol{A}_1|$ (行列式性质 3)

$= 3|\boldsymbol{A}_1, \boldsymbol{A}_2, \boldsymbol{A}_3| + 2|\boldsymbol{A}_1, \boldsymbol{A}_2, \boldsymbol{A}_3|$ (行列式性质 2)

$= 3 \times 2 + 2 \times 2 = 10.$

习 题 2.3

1. 已知矩阵

$$A=\begin{pmatrix}1&0&0&0\\0&1&0&0\\-1&2&1&0\\1&1&0&1\end{pmatrix},\quad B=\begin{pmatrix}1&0&1&0\\-1&2&0&1\\1&0&4&1\\-1&-1&2&0\end{pmatrix},$$

求 $\boldsymbol{AB}$.

2. 已知矩阵

$$A=\begin{pmatrix}3&4&0&0\\4&-3&0&0\\0&0&2&0\\0&0&2&2\end{pmatrix},$$

求 $|\boldsymbol{A}|,|\boldsymbol{A}^8|,\boldsymbol{A}^4,\boldsymbol{A}^{-1}$.

3. 设 3 阶方阵 $\boldsymbol{A}$ 按列分块为 $\boldsymbol{A}=(\boldsymbol{A}_1,\boldsymbol{A}_2,\boldsymbol{A}_3)$，且 $|\boldsymbol{A}|=2$，求 $|\boldsymbol{A}_3-2\boldsymbol{A}_1,3\boldsymbol{A}_2,\boldsymbol{A}_1|$ 和 $|3\boldsymbol{A}_1,\boldsymbol{A}_3,\boldsymbol{A}_2|$.

4. 设 3 阶方阵 $\boldsymbol{A}$ 和 $\boldsymbol{B}$ 分别按行分块为

$$\boldsymbol{A}=\begin{pmatrix}\boldsymbol{A}_1\\\boldsymbol{A}_2\\\boldsymbol{A}_3\end{pmatrix},\quad \boldsymbol{B}=\begin{pmatrix}\boldsymbol{B}_1\\2\boldsymbol{A}_2\\3\boldsymbol{A}_3\end{pmatrix},$$

且 $|\boldsymbol{A}|=2,|\boldsymbol{B}|=3$，求 $|\boldsymbol{A}-\boldsymbol{B}|$.

5. 设 $\boldsymbol{A}$ 为 n 阶可逆矩阵，$\boldsymbol{B}$ 为 m 阶可逆矩阵，求：

(1) $\begin{pmatrix}\boldsymbol{O}&\boldsymbol{A}\\\boldsymbol{B}&\boldsymbol{O}\end{pmatrix}^{-1}$； (2) $\begin{pmatrix}\boldsymbol{A}&\boldsymbol{O}\\\boldsymbol{C}&\boldsymbol{B}\end{pmatrix}^{-1}$.

6. 求下列矩阵的逆矩阵：

(1) $\begin{pmatrix}0&0&2&3\\0&0&3&4\\3&4&0&0\\2&3&0&0\end{pmatrix}$； (2) $\begin{pmatrix}2&3&0&0\\-1&1&0&0\\3&1&2&-1\\2&-1&1&2\end{pmatrix}$.

§2.4 综 合 例 题

例 1 设 $\boldsymbol{A}$ 为 3 阶非零矩阵，且 $a_{ij}=A_{ij}\,(i,j=1,2,3)$，其中 A_{ij} 为元素 a_{ij} 的代数余子式，

求$|\boldsymbol{A}|$.

解 因为$a_{ij}=A_{ij}$,所以

$$\boldsymbol{A}^* = \begin{pmatrix} A_{11} & A_{21} & A_{31} \\ A_{12} & A_{22} & A_{32} \\ A_{13} & A_{23} & A_{33} \end{pmatrix} = \begin{pmatrix} a_{11} & a_{21} & a_{31} \\ a_{12} & a_{22} & a_{32} \\ a_{13} & a_{23} & a_{33} \end{pmatrix} = \boldsymbol{A}^{\mathrm{T}},$$

从而$|\boldsymbol{A}^*|=|\boldsymbol{A}^{\mathrm{T}}|$.根据伴随矩阵的性质,可得

$$|\boldsymbol{A}^*|=|\boldsymbol{A}|^{3-1}=|\boldsymbol{A}|^2.$$

又根据行列式性质,可得

$$|\boldsymbol{A}^{\mathrm{T}}|=|\boldsymbol{A}|,$$

所以

$$|\boldsymbol{A}|^2=|\boldsymbol{A}|,$$

可解得

$$|\boldsymbol{A}|=0 \quad 或 \quad |\boldsymbol{A}|=1.$$

将行列式$|\boldsymbol{A}|$按第1行展开,可得

$$|\boldsymbol{A}| = a_{11}A_{11}+a_{12}A_{12}+a_{13}A_{13} = a_{11}^2+a_{12}^2+a_{13}^2.$$

同理,按第2行和第3行展开,可得

$$|\boldsymbol{A}| = a_{21}^2+a_{22}^2+a_{23}^2 = a_{31}^2+a_{32}^2+a_{33}^2.$$

因为$\boldsymbol{A}$为3阶非零矩阵,所以9个元素不可能同时为0,所以$|\boldsymbol{A}|\neq0$.

综上,$|\boldsymbol{A}|=1$.

例2 设n阶方阵$\boldsymbol{A}$满足$\boldsymbol{A}^k=\boldsymbol{O}$ (k为正整数),证明:

$$(\boldsymbol{E}-\boldsymbol{A})^{-1}=\boldsymbol{E}+\boldsymbol{A}+\boldsymbol{A}^2+\cdots+\boldsymbol{A}^{k-1}.$$

证明 因为$\boldsymbol{A}^k=\boldsymbol{O}$,且$\boldsymbol{E}^k=\boldsymbol{E}$,所以

$$\boldsymbol{E}=\boldsymbol{E}^k-\boldsymbol{A}^k.$$

而$\boldsymbol{E}$和$\boldsymbol{A}$可交换,所以

$$\begin{aligned}\boldsymbol{E}^k-\boldsymbol{A}^k &= (\boldsymbol{E}-\boldsymbol{A})(\boldsymbol{E}^{k-1}+\boldsymbol{E}^{k-2}\boldsymbol{A}+\boldsymbol{E}^{k-3}\boldsymbol{A}^2+\cdots+\boldsymbol{E}\boldsymbol{A}^{k-2}+\boldsymbol{A}^{k-1}) \\ &= (\boldsymbol{E}-\boldsymbol{A})(\boldsymbol{E}+\boldsymbol{A}+\boldsymbol{A}^2+\cdots+\boldsymbol{A}^{k-2}+\boldsymbol{A}^{k-1})=\boldsymbol{E}.\end{aligned}$$

根据§2.2中的推论,可得$\boldsymbol{E}-\boldsymbol{A}$可逆,且

$$(\boldsymbol{E}-\boldsymbol{A})^{-1}=\boldsymbol{E}+\boldsymbol{A}+\boldsymbol{A}^2+\cdots+\boldsymbol{A}^{k-1}.$$

例3 设$\boldsymbol{A}$为n阶方阵,并且满足$\boldsymbol{A}\boldsymbol{A}^{\mathrm{T}}=\boldsymbol{E}$,证明:

(1) 若$|\boldsymbol{A}|=-1$,则$|\boldsymbol{E}+\boldsymbol{A}|=0$;

(2) 若$|\boldsymbol{A}|=1$,且n为奇数,则$|\boldsymbol{E}-\boldsymbol{A}|=0$.

证明 (1) 因为

$$\begin{aligned}|\boldsymbol{E}+\boldsymbol{A}| &= |\boldsymbol{A}\boldsymbol{A}^{\mathrm{T}}+\boldsymbol{A}| && (\boldsymbol{A}\boldsymbol{A}^{\mathrm{T}}=\boldsymbol{E}) \\ &= |\boldsymbol{A}(\boldsymbol{A}^{\mathrm{T}}+\boldsymbol{E})| && (分配律)\end{aligned}$$

$$\begin{aligned}
&=|A||A^{T}+E| && (|AB|=|A||B|)\\
&=|A||A^{T}+E^{T}| && (E^{T}=E)\\
&=|A||(A+E)^{T}| && ((A+B)^{T}=A^{T}+B^{T})\\
&=-|A+E|=-|E+A|, && (|A|=-1,|A^{T}|=|A|)
\end{aligned}$$

所以$|E+A|=0$.

(2) 类似地,当$|A|=1$,且n为奇数时,有

$$\begin{aligned}
|E-A|&=|AA^{T}-A|=|A(A^{T}-E)|=|A(A-E)^{T}|=|A||(A-E)^{T}|\\
&=|A-E|=|(-1)(E-A)|=(-1)^{n}|E-A|=-|E-A|,
\end{aligned}$$

所以$|E-A|=0$.

例 4 若a,b,c,d为不同时为零的常数,证明:齐次线性方程组

$$\begin{cases}
ax_1+bx_2+cx_3+dx_4=0,\\
bx_1-ax_2+dx_3-cx_4=0,\\
cx_1-dx_2-ax_3+bx_4=0,\\
dx_1+cx_2-bx_3-ax_4=0
\end{cases}$$

只有零解.

证明 方程组的系数行列式为

$$D=\begin{vmatrix} a & b & c & d\\ b & -a & d & -c\\ c & -d & -a & b\\ d & c & -b & -a\end{vmatrix},$$

$$DD^{T}=\begin{vmatrix} a & b & c & d\\ b & -a & d & -c\\ c & -d & -a & b\\ d & c & -b & -a\end{vmatrix}\begin{vmatrix} a & b & c & d\\ b & -a & -d & c\\ c & d & -a & -b\\ d & -c & b & -a\end{vmatrix}.$$

因为$|A||B|=|AB|$,所以

$$\begin{aligned}
DD^{T}&=\left|\begin{pmatrix} a & b & c & d\\ b & -a & d & -c\\ c & -d & -a & b\\ d & c & -b & -a\end{pmatrix}\begin{pmatrix} a & b & c & d\\ b & -a & -d & c\\ c & d & -a & -b\\ d & -c & b & -a\end{pmatrix}\right|\\
&=\begin{vmatrix} a^2+b^2+c^2+d^2 & 0 & 0 & 0\\ 0 & a^2+b^2+c^2+d^2 & 0 & 0\\ 0 & 0 & a^2+b^2+c^2+d^2 & 0\\ 0 & 0 & 0 & a^2+b^2+c^2+d^2\end{vmatrix}\\
&=(a^2+b^2+c^2+d^2)^4.
\end{aligned}$$

因为 a,b,c,d 为不同时为 0，所以 $DD^{\mathrm{T}}\neq 0$. 又根据行列式的性质 1，有 $D=D^{\mathrm{T}}$，所以

$$DD^{\mathrm{T}}=D^2\neq 0\Rightarrow D\neq 0.$$

根据克拉默法则，方程组只有零解.

例 5 设 $\boldsymbol{A}$ 为 n 阶可逆的对称矩阵，$\boldsymbol{B}$ 为 n 阶可逆的反对称矩阵，证明：

$$(\boldsymbol{AB})^{-1}\text{ 是反对称矩阵}\Leftrightarrow \boldsymbol{A}^{-1}\boldsymbol{B}^{-1}=\boldsymbol{B}^{-1}\boldsymbol{A}^{-1}.$$

证明 必要性 因为 $(\boldsymbol{AB})^{-1}$ 是反对称矩阵，根据反对称矩阵的充分必要条件，有

$$[(\boldsymbol{AB})^{-1}]^{\mathrm{T}}=-(\boldsymbol{AB})^{-1}=-\boldsymbol{B}^{-1}\boldsymbol{A}^{-1}.$$

又因为 $\boldsymbol{A}$ 为对称矩阵，$\boldsymbol{B}$ 为反对称矩阵，所以 $\boldsymbol{A}^{\mathrm{T}}=\boldsymbol{A}$，$\boldsymbol{B}^{\mathrm{T}}=-\boldsymbol{B}$，从而有

$$[(\boldsymbol{AB})^{-1}]^{\mathrm{T}}=[(\boldsymbol{AB})^{\mathrm{T}}]^{-1}=(\boldsymbol{B}^{\mathrm{T}}\boldsymbol{A}^{\mathrm{T}})^{-1}=(-\boldsymbol{BA})^{-1}=-\boldsymbol{A}^{-1}\boldsymbol{B}^{-1}.$$

因此 $\boldsymbol{A}^{-1}\boldsymbol{B}^{-1}=\boldsymbol{B}^{-1}\boldsymbol{A}^{-1}$.

充分性 因为 $\boldsymbol{A}^{-1}\boldsymbol{B}^{-1}=\boldsymbol{B}^{-1}\boldsymbol{A}^{-1}$，$\boldsymbol{A}^{\mathrm{T}}=\boldsymbol{A}$，$\boldsymbol{B}^{\mathrm{T}}=-\boldsymbol{B}$，所以

$$\begin{aligned}[(\boldsymbol{AB})^{-1}]^{\mathrm{T}}&=(\boldsymbol{B}^{-1}\boldsymbol{A}^{-1})^{\mathrm{T}}=(\boldsymbol{A}^{-1}\boldsymbol{B}^{-1})^{\mathrm{T}}=[(\boldsymbol{BA})^{-1}]^{\mathrm{T}}=[(\boldsymbol{BA})^{\mathrm{T}}]^{-1}\\&=(\boldsymbol{A}^{\mathrm{T}}\boldsymbol{B}^{\mathrm{T}})^{-1}=(-\boldsymbol{AB})^{-1}=-(\boldsymbol{AB})^{-1}.\end{aligned}$$

因此 $(\boldsymbol{AB})^{-1}$ 是反对称矩阵.

例 6 设 $\boldsymbol{A}$ 为 $n(n\geqslant 2)$ 阶可逆矩阵，$\boldsymbol{A}^*$ 是矩阵 $\boldsymbol{A}$ 的伴随矩阵，则有(　　).

A. $(\boldsymbol{A}^*)^*=|\boldsymbol{A}|^{n-1}\boldsymbol{A}$　　B. $(\boldsymbol{A}^*)^*=|\boldsymbol{A}|^{n+1}\boldsymbol{A}$

C. $(\boldsymbol{A}^*)^*=|\boldsymbol{A}|^{n-2}\boldsymbol{A}$　　D. $(\boldsymbol{A}^*)^*=|\boldsymbol{A}|^{n+2}\boldsymbol{A}$

解 因为 $\boldsymbol{A}^{-1}=\dfrac{1}{|\boldsymbol{A}|}\boldsymbol{A}^*$，所以 $\boldsymbol{A}^*=|\boldsymbol{A}|\boldsymbol{A}^{-1}$，因而

$$(\boldsymbol{A}^*)^*=|\boldsymbol{A}^*|(\boldsymbol{A}^*)^{-1}=\|\boldsymbol{A}|\boldsymbol{A}^{-1}|(|\boldsymbol{A}|\boldsymbol{A}^{-1})^{-1}.$$

又因为 $|k\boldsymbol{A}|=k^n|\boldsymbol{A}|$，$|\boldsymbol{A}^{-1}|=\dfrac{1}{|\boldsymbol{A}|}$，$(k\boldsymbol{A})^{-1}=\dfrac{1}{k}\boldsymbol{A}^{-1}$，$(\boldsymbol{A}^{-1})^{-1}=\boldsymbol{A}$，所以

$$(\boldsymbol{A}^*)^*=|\boldsymbol{A}|^n|\boldsymbol{A}^{-1}|\frac{1}{|\boldsymbol{A}|}(\boldsymbol{A}^{-1})^{-1}=|\boldsymbol{A}|^n\frac{1}{|\boldsymbol{A}|}\cdot\frac{1}{|\boldsymbol{A}|}\boldsymbol{A}=|\boldsymbol{A}|^{n-2}\boldsymbol{A},$$

从而选 C.

例 7 设矩阵 $\boldsymbol{A}=\begin{pmatrix}1&0&1\\0&2&0\\1&0&1\end{pmatrix}$，整数 $n\geqslant 2$，则 $\boldsymbol{A}^n-2\boldsymbol{A}^{n-1}=$__________.

解 因为 $\boldsymbol{A}^n-2\boldsymbol{A}^{n-1}=\boldsymbol{A}^{n-1}(\boldsymbol{A}-2\boldsymbol{E})=\boldsymbol{A}^{n-2}[\boldsymbol{A}(\boldsymbol{A}-2\boldsymbol{E})]$，而

$$\boldsymbol{A}-2\boldsymbol{E}=\begin{pmatrix}-1&0&1\\0&0&0\\1&0&-1\end{pmatrix},$$

$$A(A-2E)=\begin{pmatrix}1&0&1\\0&2&0\\1&0&1\end{pmatrix}\begin{pmatrix}-1&0&1\\0&0&0\\1&0&-1\end{pmatrix}=\begin{pmatrix}0&0&0\\0&0&0\\0&0&0\end{pmatrix},$$

所以

$$A^n-2A^{n-1}=A^{n-2}[A(A-2E)]=O.$$

例 8 已知矩阵

$$A=\begin{pmatrix}1&0&0&0\\-2&3&0&0\\0&-4&5&0\\0&0&-6&7\end{pmatrix},$$

矩阵 $B=(E+A)^{-1}(E-A)$，求 $(E+B)^{-1}$.

分析 为求 $(E+B)^{-1}$，只要构造出 $(E+B)(?)=E$ 或 $(?)(E+B)=E$，则 $(E+B)^{-1}=(?)$.

解 因为 $B=(E+A)^{-1}(E-A)$，两边同时左乘 $E+A$，可得

$$(E+A)B=E-A,\quad 即\quad AB+B+A=E,$$

则

$$(E+A)(E+B)-E=E,\quad 即\quad (E+A)(E+B)=2E.$$

从而有

$$\left[\frac{1}{2}(E+A)\right](E+B)=E,$$

所以

$$(E+B)^{-1}=\frac{1}{2}(E+A)=\frac{1}{2}\begin{pmatrix}2&0&0&0\\-2&4&0&0\\0&-4&6&0\\0&0&-6&8\end{pmatrix}=\begin{pmatrix}1&0&0&0\\-1&2&0&0\\0&-2&3&0\\0&0&-3&4\end{pmatrix}.$$

总 习 题 二

1. 选择题：

(1) 设 A,B 均为 n 阶可逆矩阵，则必有(　　)；

A. $(A+B)^{-1}=A^{-1}+B^{-1}$　　　　B. $(A+B)^{T}=A^{T}+B^{T}$

C. $(AB)^{k}=A^{k}B^{k}$　　　　D. $(AB)^{-1}=A^{-1}B^{-1}$

(2) 设 A 为 n 阶方阵，则以下等式成立的是(　　)；

A. $|k\boldsymbol{A}|=k|\boldsymbol{A}|$　　B. $|\boldsymbol{A}^{-1}|=|\boldsymbol{A}|^{-1}$　　C. $|\boldsymbol{A}^{\mathrm{T}}|=\dfrac{1}{|\boldsymbol{A}|}$　　D. $|\boldsymbol{A}^*|=|\boldsymbol{A}|^n$

(3) 设 $\boldsymbol{A},\boldsymbol{B},\boldsymbol{C}$ 均为 n 阶方阵，且 $\boldsymbol{ABC}=\boldsymbol{E}$，则以下成立的是(　　)；

A. $\boldsymbol{B}^{-1}=\boldsymbol{AC}$　　B. $(\boldsymbol{CB})^{-1}=\boldsymbol{A}$　　C. $\boldsymbol{B}$ 不可逆　　D. $(\boldsymbol{AB})^{-1}=\boldsymbol{C}$

(4) 设 $\boldsymbol{A},\boldsymbol{B}$ 均为 n 阶方阵，则以下等式成立的是(　　)；

A. $(\boldsymbol{A}+\boldsymbol{B})^2=\boldsymbol{A}^2+2\boldsymbol{AB}+\boldsymbol{B}^2$　　B. $\boldsymbol{A}^2-\boldsymbol{B}^2=(\boldsymbol{A}+\boldsymbol{B})(\boldsymbol{A}-\boldsymbol{B})$

C. $\boldsymbol{A}^2-\boldsymbol{E}^2=(\boldsymbol{A}+\boldsymbol{E})(\boldsymbol{A}-\boldsymbol{E})$　　D. $(\boldsymbol{AB})^2=\boldsymbol{A}^2\boldsymbol{B}^2$

(5) 设 $\boldsymbol{A},\boldsymbol{B}$ 均为 n 阶对称矩阵，则以下矩阵不是对称矩阵的是(　　)；

A. $\boldsymbol{BAB}$　　B. $\boldsymbol{AB}$　　C. $\boldsymbol{A}+\boldsymbol{B}$　　D. $\boldsymbol{A}+\boldsymbol{A}^{\mathrm{T}}$

(6) 设 $\boldsymbol{A},\boldsymbol{B}$ 为 n 阶矩阵，则以下正确的是(　　)；

A. $\boldsymbol{AB}=\boldsymbol{O}\Rightarrow\boldsymbol{A}=\boldsymbol{O}$ 或 $\boldsymbol{B}=\boldsymbol{O}$　　B. $\boldsymbol{A}^2=\boldsymbol{E}\Rightarrow\boldsymbol{A}=\boldsymbol{E}$ 或 $\boldsymbol{A}=-\boldsymbol{E}$

C. $\boldsymbol{A}^2=\boldsymbol{A}\Rightarrow\boldsymbol{A}=\boldsymbol{E}$ 或 $\boldsymbol{A}=\boldsymbol{O}$　　D. $\boldsymbol{AB}=\boldsymbol{O}\Rightarrow|\boldsymbol{A}|=0$ 或 $|\boldsymbol{B}|=0$

(7) 已知 $\boldsymbol{A},\boldsymbol{B},\boldsymbol{C}$ 均为 n 阶方阵，且 $\boldsymbol{B}=\boldsymbol{E}+\boldsymbol{AB}$，$\boldsymbol{C}=\boldsymbol{A}+\boldsymbol{CA}$，则 $\boldsymbol{B}-\boldsymbol{C}$ 为(　　)；

A. $\boldsymbol{E}$　　B. $-\boldsymbol{E}$　　C. $\boldsymbol{A}$　　D. $-\boldsymbol{A}$

(8) 设 3 阶非零矩阵 $\boldsymbol{A}$ 满足 $\boldsymbol{A}^3=\boldsymbol{O}$，则以下正确的是(　　).

A. $\boldsymbol{E}-\boldsymbol{A}$ 不可逆，$\boldsymbol{E}+\boldsymbol{A}$ 不可逆　　B. $\boldsymbol{E}-\boldsymbol{A}$ 可逆，$\boldsymbol{E}+\boldsymbol{A}$ 不可逆

C. $\boldsymbol{E}-\boldsymbol{A}$ 不可逆，$\boldsymbol{E}+\boldsymbol{A}$ 可逆　　D. $\boldsymbol{E}-\boldsymbol{A}$ 可逆，$\boldsymbol{E}+\boldsymbol{A}$ 可逆

2. 填空题：

(1) 设 $\boldsymbol{A}$ 为 3 阶方阵，$|\boldsymbol{A}|=2$，则 $|\boldsymbol{A}^*|=$________，$|3\boldsymbol{A}|=$________；

(2) 设 n 阶方阵 $\boldsymbol{A}$ 满足 $2\boldsymbol{A}^2-3\boldsymbol{A}-3\boldsymbol{E}=\boldsymbol{O}$，则 $\boldsymbol{A}^{-1}=$________，$(\boldsymbol{A}-2\boldsymbol{E})^{-1}=$________；

(3) 已知矩阵 $\boldsymbol{A}=\begin{pmatrix}2&4&0&0\\1&3&0&0\\0&0&2&5\\0&0&3&4\end{pmatrix}$，则 $|\boldsymbol{A}^8|=$________，$\boldsymbol{A}^{-1}=$________；

(4) 已知 $\boldsymbol{A}$ 为 n 阶可逆矩阵，$\boldsymbol{B}$ 为 m 阶可逆矩阵，则 $\begin{pmatrix}\boldsymbol{O}&\boldsymbol{A}\\\boldsymbol{B}&\boldsymbol{O}\end{pmatrix}^{-1}=$________；

(5) 设矩阵 $\boldsymbol{A}=\begin{pmatrix}\lambda_1&0&0&0\\0&\lambda_2&0&0\\0&0&\lambda_3&0\\0&0&0&\lambda_4\end{pmatrix}$ $(\lambda_i\neq0,i=1,2,3,4)$，则 $\boldsymbol{A}^{-1}=$________；

(6) 设 $\boldsymbol{\alpha}$ 为 3×1 矩阵，$\boldsymbol{\alpha}\boldsymbol{\alpha}^{\mathrm{T}}=\begin{pmatrix}1&-1&1\\-1&1&-1\\1&-1&1\end{pmatrix}$，则 $\boldsymbol{\alpha}^{\mathrm{T}}\boldsymbol{\alpha}=$________；

(7) 设 $\boldsymbol{A},\boldsymbol{B}$ 均为 3 阶方阵，且 $\boldsymbol{AB}=2\boldsymbol{A}+\boldsymbol{B}$，$\boldsymbol{B}=\begin{pmatrix}2&0&2\\0&4&0\\2&0&2\end{pmatrix}$，则 $(\boldsymbol{A}-\boldsymbol{E})^{-1}=$ ________.

3. 设 $\boldsymbol{A},\boldsymbol{B}$ 均为 3 阶方阵，且已知 $|\boldsymbol{A}|=2$，$|\boldsymbol{B}|=-3$，分别求 $|2\boldsymbol{A}^*\boldsymbol{B}^{-1}|$ 和 $||2\boldsymbol{A}^*|\boldsymbol{B}^{-1}|$.

4. 设矩阵 $\boldsymbol{A}=\mathrm{diag}(1,-2,1)$，且 $\boldsymbol{A}^*\boldsymbol{BA}+4\boldsymbol{E}=2\boldsymbol{BA}$，求矩阵 $\boldsymbol{B}$.

5. 设 $\boldsymbol{A}$ 为 n 阶方阵，并满足 $\boldsymbol{AA}^{\mathrm{T}}=\boldsymbol{E}$，证明：若 $|\boldsymbol{A}|<0$，则 $|\boldsymbol{A}+\boldsymbol{E}|=0$.

6. 设 n 阶方阵 $\boldsymbol{A}=(a_{ij})_{n\times n}$ 满足 $\boldsymbol{AA}^{\mathrm{T}}=\boldsymbol{E}$，且 $|\boldsymbol{A}|=1$，A_{ij} 为元素 a_{ij} 对应的代数余子式，证明：$a_{ij}=A_{ij}\,(i,j=1,2,\cdots,n)$.

7. 设 $\boldsymbol{A},\boldsymbol{B}$ 均为 n 阶方阵，且满足 $\boldsymbol{B}=2\boldsymbol{A}-\boldsymbol{E}$，证明：$\boldsymbol{A}^2=\boldsymbol{A}\Leftrightarrow\boldsymbol{B}^2=\boldsymbol{E}$.

8. 已知 $\boldsymbol{A},\boldsymbol{B}$ 均为 3 阶方阵，且满足 $2\boldsymbol{A}^{-1}\boldsymbol{B}=\boldsymbol{B}-4\boldsymbol{E}$.

(1) 证明：矩阵 $\boldsymbol{A}-2\boldsymbol{E}$ 可逆；

(2) 若 $\boldsymbol{B}=\begin{pmatrix}1&-2&0\\1&2&0\\0&0&2\end{pmatrix}$，求矩阵 $\boldsymbol{A}$.

9. 已知矩阵

$$\boldsymbol{A}=\begin{pmatrix}1&0&0\\1&1&0\\1&1&1\end{pmatrix},\quad \boldsymbol{B}=\begin{pmatrix}0&1&1\\1&0&1\\1&1&0\end{pmatrix},$$

矩阵 $\boldsymbol{X}$ 满足 $\boldsymbol{AXA}+\boldsymbol{BXB}=\boldsymbol{AXB}+\boldsymbol{BXA}+\boldsymbol{E}$，求 $\boldsymbol{X}$.

第三章 矩阵的初等变换与线性方程组

> 本章首先由消元法求解线性方程组的例子引入矩阵的初等变换和初等矩阵的概念，进而建立矩阵的秩的概念，并讨论矩阵的秩的性质；然后利用矩阵的秩讨论线性方程组解的三种情况，介绍如何利用矩阵的初等变换求解线性方程组.

§3.1 矩阵的初等变换

矩阵的初等变换在求线性方程组的解、求矩阵的秩、求逆矩阵及其他的矩阵理论中都起到相当重要的作用.

一、线性方程组的消元法与初等行变换

为了引入矩阵的初等变换的概念，我们先来看一个例子.

引例 求解线性方程组

$$\begin{cases} x_1+x_2+x_3+4x_4=-3, \\ x_1-x_2+2x_3-x_4=-1, \\ 2x_1+x_2+3x_3+5x_4=-5, \\ 3x_1+x_2+5x_3+6x_4=-7. \end{cases} \tag{1}$$

解 将第 1 个方程的(−1)倍、(−2)倍、(−3)倍分别加到第 2，3，4 个方程上，将这三个方程中的 x_1 消去，得到

$$\begin{cases} x_1+x_2+x_3+4x_4=-3, \\ -2x_2+x_3-5x_4=2, \\ -x_2+x_3-3x_4=1, \\ -2x_2+2x_3-6x_4=2; \end{cases}$$

将第 3 个方程与第 2 个方程对换位置，得到

$$\begin{cases} x_1 + x_2 + x_3 + 4x_4 = -3, \\ -x_2 + x_3 - 3x_4 = 1, \\ -2x_2 + x_3 - 5x_4 = 2, \\ -2x_2 + 2x_3 - 6x_4 = 2; \end{cases}$$

将第 2 个方程的(−2)倍分别加到第 3 个方程和第 4 个方程上，得到

$$\begin{cases} x_1 + x_2 + x_3 + 4x_4 = -3, \\ -x_2 + x_3 - 3x_4 = 1, \\ -x_3 + x_4 = 0, \\ 0 = 0; \end{cases} \tag{2}$$

将第 3 个方程分别加到第 1 个方程和第 2 个方程上，得到

$$\begin{cases} x_1 + x_2 + 5x_4 = -3, \\ -x_2 - 2x_4 = 1, \\ -x_3 + x_4 = 0, \\ 0 = 0; \end{cases}$$

将第 2 个方程加到第 1 个方程上，同时第 2 个方程和第 3 个方程两边都分别乘以(−1)，得到

$$\begin{cases} x_1 + 3x_4 = -2, \\ x_2 + 2x_4 = -1, \\ x_3 - x_4 = 0, \\ 0 = 0. \end{cases} \tag{3}$$

形如(2)，(3)的方程组称为**阶梯形方程组**. 形如(3)的方程组称为**行最简阶梯形方程组**. 方程组(3)是含有 4 个未知数，3 个有效方程的方程组，有 1 个自由未知数. 由于方程组(3)呈阶梯形，可把每个台阶的第一个未知数，即 x_1, x_2, x_3 取为非自由未知数，剩下的一个未知数 x_4 取为自由未知数. 把非自由未知数 x_1, x_2, x_3 写在方程的左边，得到

$$\begin{cases} x_1 = -3x_4 - 2, \\ x_2 = -2x_4 - 1, \\ x_3 = x_4. \end{cases}$$

上式可写成 $n \times 1$ 矩阵(列向量)的形式，即

$$x=\begin{pmatrix}x_1\\x_2\\x_3\\x_4\end{pmatrix}=\begin{pmatrix}-3x_4-2\\-2x_4-1\\x_4\\x_4\end{pmatrix}.$$

由于自由未知数 x_4 可任意取值，令 $x_4=c$，从而原方程组的解为

$$x=\begin{pmatrix}-3c-2\\-2c-1\\c\\c\end{pmatrix}=c\begin{pmatrix}-3\\-2\\1\\1\end{pmatrix}+\begin{pmatrix}-2\\-1\\0\\0\end{pmatrix},\quad c\text{可取任意实数}. \tag{4}$$

在引例的求解中，我们对方程组进行了多次以下三种变换：

(1) 交换两个方程的位置；

(2) 用非零的数乘以一个方程的两边；

(3) 将一个方程的非零倍数加到另一个方程上.

由于方程组的这三种变换都是可逆的，因此变换前后的方程组是同解的，也就是这三种变换是同解变换. 引例中求得的方程组的解(4)式是求解过程中每一个方程组的解. 其实，线性方程组的三种同解变换对应着方程组增广矩阵的三种初等行变换.

二、初等变换与初等矩阵

定义 1 对矩阵施行的以下三种变换称为矩阵的**初等行变换**(或**初等列变换**)：

(1) 交换矩阵 $\boldsymbol{A}$ 的某两行(或列)；

(2) 以非零的数 k 乘以矩阵 $\boldsymbol{A}$ 的某一行(或列)；

(3) 矩阵 $\boldsymbol{A}$ 的某一行(或列)的非零倍数加到另一行(或列)上去.

一般将矩阵的初等行变换和初等列变换统称为**初等变换**. 初等变换是可逆的，初等变换的逆变换是与其类型相同的初等变换.

如果对矩阵 $\boldsymbol{A}$ 进行初等变换后化为矩阵 $\boldsymbol{B}$，上述三种变换和它们对应的逆变换可分别表示如下(以初等行变换为例)：

(1) 交换矩阵 $\boldsymbol{A}$ 的第 i 行与第 j 行，记做 $\boldsymbol{A}\xrightarrow{r_i\leftrightarrow r_j}\boldsymbol{B}$，它的逆变换为交换矩阵 $\boldsymbol{B}$ 的第 i 行与第 j 行，记做 $\boldsymbol{B}\xrightarrow{r_i\leftrightarrow r_j}\boldsymbol{A}$；

(2) 以非零的数 k 乘以矩阵 $\boldsymbol{A}$ 的第 i 行，记做 $\boldsymbol{A}\xrightarrow{r_i\times k}\boldsymbol{B}$，它的逆变换为以非零的数 $\dfrac{1}{k}$ 乘以矩阵 $\boldsymbol{B}$ 的第 i 行，记做 $\boldsymbol{B}\xrightarrow{r_i\times\frac{1}{k}}\boldsymbol{A}$；

(3) 矩阵 $\boldsymbol{A}$ 的第 j 行的非零 k 倍加到第 i 行上去，记做 $\boldsymbol{A}\xrightarrow{r_i+kr_j}\boldsymbol{B}$，它的逆变换为矩阵 $\boldsymbol{B}$ 的第 j 行的非零 $(-k)$ 倍加到第 i 行上去，记做 $\boldsymbol{B}\xrightarrow{r_i-kr_j}\boldsymbol{A}$.

初等列变换表示法与初等行变换一致，只不过把符号“r”用符号“c”替代.

回顾引例的求解过程，我们会发现：求解方程组的变换过程实质上是对方程组中未知数的系数和常数项进行的. 可以利用矩阵的乘积把方程组(1)写成 $\boldsymbol{Ax}=\boldsymbol{b}$ 的形式，其中

$$\boldsymbol{A}=\begin{pmatrix}1&1&1&4\\1&-1&2&-1\\2&1&3&5\\3&1&5&6\end{pmatrix},\quad \boldsymbol{x}=\begin{pmatrix}x_1\\x_2\\x_3\\x_4\end{pmatrix},\quad \boldsymbol{b}=\begin{pmatrix}-3\\-1\\-5\\-7\end{pmatrix}.$$

矩阵 $\boldsymbol{A}$ 称为方程组(1)的**系数矩阵**. 记 $\boldsymbol{B}=(\boldsymbol{A},\boldsymbol{b})$，即

$$\boldsymbol{B}=(\boldsymbol{A},\boldsymbol{b})=\begin{pmatrix}1&1&1&4&-3\\1&-1&2&-1&-1\\2&1&3&5&-5\\3&1&5&6&-7\end{pmatrix},$$

称其为方程组(1)的**增广矩阵**.

上面求解线性方程组的过程就等同于对增广矩阵 $\boldsymbol{B}$ 进行初等行变换，变换步骤与引例中消元法的步骤一致：

$$\boldsymbol{B}=(\boldsymbol{A},\boldsymbol{b})=\begin{pmatrix}1&1&1&4&-3\\1&-1&2&-1&-1\\2&1&3&5&-5\\3&1&5&6&-7\end{pmatrix}\xrightarrow[r_4-3r_1]{\substack{r_2-r_1\\r_3-2r_1}}\begin{pmatrix}1&1&1&4&-3\\0&-2&1&-5&2\\0&-1&1&-3&1\\0&-2&2&-6&2\end{pmatrix}$$

$$\xrightarrow{r_2\leftrightarrow r_3}\begin{pmatrix}1&1&1&4&-3\\0&-1&1&-3&1\\0&-2&1&-5&2\\0&-2&2&-6&2\end{pmatrix}\xrightarrow[r_4-2r_2]{r_3-2r_2}\begin{pmatrix}1&1&1&4&-3\\0&-1&1&-3&1\\0&0&-1&1&0\\0&0&0&0&0\end{pmatrix}\triangleq\boldsymbol{B}_1$$

$$\xrightarrow[r_2+r_3]{r_1+r_3}\begin{pmatrix}1&1&0&5&-3\\0&-1&0&-2&1\\0&0&-1&1&0\\0&0&0&0&0\end{pmatrix}\xrightarrow[\substack{r_2\times(-1)\\r_3\times(-1)}]{r_1+r_2}\begin{pmatrix}1&0&0&3&-2\\0&1&0&2&-1\\0&0&1&-1&0\\0&0&0&0&0\end{pmatrix}\triangleq\boldsymbol{B}_2.$$

形如 $\boldsymbol{B}_1$ 和 $\boldsymbol{B}_2$ 的矩阵称为**行阶梯形矩阵**，它与行阶梯形方程组(2)和(3)的系数是对应的. 行阶梯形矩阵的特点是：可画一条阶梯线，在阶梯线下方的元素均为零，每个台阶只有

一行,阶梯线右边的元素是非零行的首个非零元素.

形如 $\boldsymbol{B}_2$ 的矩阵还称为**行最简形矩阵**,它与行最简阶梯形方程组(3)的系数是对应的.行最简形矩阵的特点是:它是一个阶梯形矩阵,且非零行的首个非零元素为1,这些1所在列的其他元素都为0.

由行最简形矩阵 $\boldsymbol{B}_2$,我们很容易就可以得到其对应的同解方程组为

$$\begin{cases} x_1 + \quad 3x_4 = -2, \\ \quad x_2 + \quad 2x_4 = -1, \\ \quad\quad x_3 - x_4 = 0, \\ \quad\quad\quad 0 = 0. \end{cases}$$

取 $x_4 = c$ 为自由未知数,可得

$$\boldsymbol{x} = \begin{pmatrix} x_1 \\ x_2 \\ x_3 \\ x_4 \end{pmatrix} = \begin{pmatrix} -3x_4 - 2 \\ -2x_4 - 1 \\ x_4 \\ x_4 \end{pmatrix} = \begin{pmatrix} -3c-2 \\ -2c-1 \\ c \\ c \end{pmatrix} = c\begin{pmatrix} -3 \\ -2 \\ 1 \\ 1 \end{pmatrix} + \begin{pmatrix} -2 \\ -1 \\ 0 \\ 0 \end{pmatrix}.$$

由上述分析可知,有了增广矩阵的行最简形矩阵就可直接写出线性方程组的解.因此,利用初等行变换把矩阵化成行最简形矩阵是非常重要的一种运算.对初学者而言,特别要注意的是:由于线性方程组的同解变换对应着增广矩阵的初等行变换,但不与初等变换的列变换相对应,因此不能对增广矩阵施行初等列变换来求解线性方程组.

定义 2 如果矩阵 $\boldsymbol{A}$ 经过有限次初等变换化为 $\boldsymbol{B}$,则称 $\boldsymbol{A}$ 与 $\boldsymbol{B}$ **等价**,记做 $\boldsymbol{A} \sim \boldsymbol{B}$;如果矩阵 $\boldsymbol{A}$ 经过有限次初等行变换化为 $\boldsymbol{B}$,则称 $\boldsymbol{A}$ 与 $\boldsymbol{B}$ **行等价**,记做 $\boldsymbol{A} \overset{r}{\sim} \boldsymbol{B}$;如果矩阵 $\boldsymbol{A}$ 经过有限次初等列变换化为 $\boldsymbol{B}$,则称 $\boldsymbol{A}$ 与 $\boldsymbol{B}$ **列等价**,记做 $\boldsymbol{A} \overset{c}{\sim} \boldsymbol{B}$.

矩阵之间的等价具有以下三个性质:

(1) **反身性**:$\boldsymbol{A} \sim \boldsymbol{A}$. 显然,$\boldsymbol{A}$ 经过两次互逆的初等变换可变回 $\boldsymbol{A}$.

(2) **对称性**:若 $\boldsymbol{A} \sim \boldsymbol{B}$,则 $\boldsymbol{B} \sim \boldsymbol{A}$. 事实上,由于初等变换的可逆性,$\boldsymbol{A}$ 可以经过初等变换变为 $\boldsymbol{B}$,$\boldsymbol{B}$ 也可经过初等变换的逆变换变回 $\boldsymbol{A}$.

(3) **传递性**:若 $\boldsymbol{A} \sim \boldsymbol{B}$,$\boldsymbol{B} \sim \boldsymbol{C}$,则 $\boldsymbol{A} \sim \boldsymbol{C}$. 事实上,$\boldsymbol{A}$ 经过初等变换变为 $\boldsymbol{B}$,$\boldsymbol{B}$ 经过初等变换变为 $\boldsymbol{C}$,也就是 $\boldsymbol{A}$ 经过初等变换变为 $\boldsymbol{C}$.

方程组(1)的增广矩阵 $\boldsymbol{B}$ 经过多次初等行变换化为行最简形矩阵,在这变换过程中的各个矩阵都是等价的.那么,是否还有结构更简单的等价矩阵呢?

对上述行最简形矩阵 $\boldsymbol{B}_2$ 再进行初等列变换,可得

$$\boldsymbol{B}_2=\begin{pmatrix}1&0&0&3&-2\\0&1&0&2&-1\\0&0&1&-1&0\\0&0&0&0&0\end{pmatrix}\xrightarrow[c_5+2c_1+c_2]{c_4-3c_1-2c_2+c_3}\begin{pmatrix}1&0&0&0&0\\0&1&0&0&0\\0&0&1&0&0\\0&0&0&0&0\end{pmatrix}=\begin{pmatrix}\boldsymbol{E}_3&\boldsymbol{O}\\\boldsymbol{O}&\boldsymbol{O}\end{pmatrix}_{4\times5}\triangleq\boldsymbol{F}_{4\times5}.$$

矩阵 $\boldsymbol{F}_{4\times5}$ 称为矩阵 $\boldsymbol{B}$ 的标准形,它的左上角为一个 3 阶单位阵,其他的元素均为 0.

定义 3 形如 $\boldsymbol{F}_{m\times n}=\begin{pmatrix}\boldsymbol{E}_r&\boldsymbol{O}\\\boldsymbol{O}&\boldsymbol{O}\end{pmatrix}_{m\times n}$ 的分块矩阵,称为矩阵的**标准形**,其中 $1\leqslant r\leqslant\min\{m,n\}$.

可以证明,对于任意一个矩阵 $\boldsymbol{A}_{m\times n}$,总是可以经过初等变换化为一个标准形

$$\boldsymbol{F}_{m\times n}=\begin{pmatrix}\boldsymbol{E}_r&\boldsymbol{O}\\\boldsymbol{O}&\boldsymbol{O}\end{pmatrix}_{m\times n},$$

即任意一个矩阵 $\boldsymbol{A}_{m\times n}$ 都等价于某个标准形 $\boldsymbol{F}_{m\times n}$. 标准形 $\boldsymbol{F}_{m\times n}$ 是所有等价矩阵中形式结构最简单的一个.

例 1 利用初等变换将矩阵 $\boldsymbol{A}=\begin{pmatrix}2&-4&5&3\\3&-6&4&2\\4&-8&17&11\end{pmatrix}$ 化为行最简形矩阵和标准形.

解 对 $\boldsymbol{A}$ 施行初等行变换:

$$\boldsymbol{A}=\begin{pmatrix}2&-4&5&3\\3&-6&4&2\\4&-8&17&11\end{pmatrix}\xrightarrow{r_2-r_1}\begin{pmatrix}2&-4&5&3\\1&-2&-1&-1\\4&-8&17&11\end{pmatrix}\xrightarrow{r_2\leftrightarrow r_1}\begin{pmatrix}1&-2&-1&-1\\2&-4&5&3\\4&-8&17&11\end{pmatrix}$$

$$\xrightarrow[r_3-4r_1]{r_2-2r_1}\begin{pmatrix}1&-2&-1&-1\\0&0&7&5\\0&0&21&15\end{pmatrix}\xrightarrow[r_2\times\frac{1}{7}]{r_3-3r_2}\begin{pmatrix}1&-2&-1&-1\\0&0&1&5/7\\0&0&0&0\end{pmatrix}$$

$$\xrightarrow{r_1+r_2}\begin{pmatrix}1&-2&0&-2/7\\0&0&1&5/7\\0&0&0&0\end{pmatrix}\triangleq\boldsymbol{B}_1.$$

矩阵 $\boldsymbol{B}_1$ 即为行最简形矩阵. 进一步,对 $\boldsymbol{B}_1$ 施行初等列变换:

$$\boldsymbol{B}_1=\begin{pmatrix}1&-2&0&-2/7\\0&0&1&5/7\\0&0&0&0\end{pmatrix}\xrightarrow{c_2\leftrightarrow c_3}\begin{pmatrix}1&0&-2&-2/7\\0&1&0&5/7\\0&0&0&0\end{pmatrix}$$

$$\xrightarrow[c_4+\frac{2}{7}c_1-\frac{5}{7}c_2]{c_3+2c_1}\begin{pmatrix}1&0&0&0\\0&1&0&0\\0&0&0&0\end{pmatrix}=\begin{pmatrix}\boldsymbol{E}_2&\boldsymbol{O}\\\boldsymbol{O}&\boldsymbol{O}\end{pmatrix}\triangleq\boldsymbol{B}_2.$$

$\boldsymbol{B}_2$ 即为 $\boldsymbol{A}$ 的标准形.

实际上，可以看出，只要确定了行阶梯形矩阵中非零行的行数为 2，就可知标准形中左上角为 2 阶单位矩阵 $\boldsymbol{E}_2$，也就可以确定标准形为

$$\boldsymbol{F}_{3\times4}=\begin{pmatrix}\boldsymbol{E}_2 & \boldsymbol{O}\\ \boldsymbol{O} & \boldsymbol{O}\end{pmatrix}_{3\times4}.$$

定义 4 对单位矩阵 $\boldsymbol{E}$ 进行一次初等变换后得到的矩阵称为**初等矩阵**.

不难看出，对单位矩阵施行一次第一种或者第二种初等变换(不论是行变换还是列变换)后得到的初等矩阵是一样的；而对单位矩阵施行第三种初等变换，行变换与列变换的结果是不同的，但是行变换 r_i+kr_j 的结果正好与列变换 c_j+kc_i 的结果一样. 所以，三种初等变换对应着三种初等矩阵：

(1) 对调单位矩阵 $\boldsymbol{E}$ 的第 i,j 两行(或列)所得到的初等矩阵，记做 $\boldsymbol{E}(i,j)$；

(2) 以数 $k(\neq0)$乘以单位矩阵 $\boldsymbol{E}$ 的第 i 行(或列)所得到的初等矩阵，记做 $\boldsymbol{E}(i(k))$；

(3) 以数 $k(\neq0)$乘以单位矩阵 $\boldsymbol{E}$ 的第 j 行加到第 i 行上，或以数 k 乘以单位矩阵 $\boldsymbol{E}$ 的第 i 列加到第 j 列上所得到的初等矩阵，记做 $\boldsymbol{E}(ij(k))$.

以 3 阶初等矩阵为例，如

$$\begin{pmatrix}1&0&0\\0&1&0\\0&0&1\end{pmatrix}\xrightarrow{r_1\leftrightarrow r_2}\begin{pmatrix}0&1&0\\1&0&0\\0&0&1\end{pmatrix}=\boldsymbol{E}(1,2),$$

$$\begin{pmatrix}1&0&0\\0&1&0\\0&0&1\end{pmatrix}\xrightarrow{c_1\leftrightarrow c_2}\begin{pmatrix}0&1&0\\1&0&0\\0&0&1\end{pmatrix}=\boldsymbol{E}(1,2);$$

$$\begin{pmatrix}1&0&0\\0&1&0\\0&0&1\end{pmatrix}\xrightarrow{r_2\times3}\begin{pmatrix}1&0&0\\0&3&0\\0&0&1\end{pmatrix}=\boldsymbol{E}(2(3)),$$

$$\begin{pmatrix}1&0&0\\0&1&0\\0&0&1\end{pmatrix}\xrightarrow{c_2\times3}\begin{pmatrix}1&0&0\\0&3&0\\0&0&1\end{pmatrix}=\boldsymbol{E}(2(3));$$

$$\begin{pmatrix}1&0&0\\0&1&0\\0&0&1\end{pmatrix}\xrightarrow{r_3-3r_2}\begin{pmatrix}1&0&0\\0&1&0\\0&-3&1\end{pmatrix}=\boldsymbol{E}(32(-3)),$$

$$\begin{pmatrix}1&0&0\\0&1&0\\0&0&1\end{pmatrix}\xrightarrow{c_2-3c_3}\begin{pmatrix}1&0&0\\0&1&0\\0&-3&1\end{pmatrix}=\boldsymbol{E}(32(-3)),$$

$$\begin{pmatrix}1&0&0\\0&1&0\\0&0&1\end{pmatrix}\xrightarrow{c_3-3c_2}\begin{pmatrix}1&0&0\\0&1&-3\\0&0&1\end{pmatrix}=\boldsymbol{E}(23(-3)).$$

性质 初等矩阵均可逆，且逆矩阵仍为同种类型的初等矩阵.

其实容易验证三种初等矩阵具有以下性质：

$$\boldsymbol{E}(i,j)^{-1}=\boldsymbol{E}(i,j),\quad \boldsymbol{E}(i(k))^{-1}=\boldsymbol{E}\left(i\left(\frac{1}{k}\right)\right);\quad \boldsymbol{E}(ij(k))^{-1}=\boldsymbol{E}(ij(-k)).$$

例如，有

$$\boldsymbol{E}(1,2)^{-1}=\begin{pmatrix}0&1&0\\1&0&0\\0&0&1\end{pmatrix}^{-1}=\begin{pmatrix}0&1&0\\1&0&0\\0&0&1\end{pmatrix}=\boldsymbol{E}(1,2);$$

$$\boldsymbol{E}(2(3))^{-1}=\begin{pmatrix}1&0&0\\0&3&0\\0&0&1\end{pmatrix}^{-1}=\begin{pmatrix}1&0&0\\0&\frac{1}{3}&0\\0&0&1\end{pmatrix}=\boldsymbol{E}\left(2\left(\frac{1}{3}\right)\right);$$

$$\boldsymbol{E}(32(-3))^{-1}=\begin{pmatrix}1&0&0\\0&1&0\\0&-3&1\end{pmatrix}^{-1}=\begin{pmatrix}1&0&0\\0&1&0\\0&3&1\end{pmatrix}=\boldsymbol{E}(32(3)).$$

定理 1 设矩阵 $\boldsymbol{A}=(a_{ij})_{m\times n}$，对 $\boldsymbol{A}$ 进行一次初等行变换，相当于用一个相应的 m 阶初等矩阵左乘 $\boldsymbol{A}$；对 $\boldsymbol{A}$ 进行一次初等列变换，相当于用一个相应的 n 阶初等矩阵右乘 $\boldsymbol{A}$.

定理的证明从略.

例如，设矩阵 $\boldsymbol{A}=\begin{pmatrix}1&2&3\\4&5&6\end{pmatrix}$，那么

$$\boldsymbol{A}\xrightarrow{r_1\leftrightarrow r_2}\begin{pmatrix}4&5&6\\1&2&3\end{pmatrix},\quad 相当于\quad \boldsymbol{E}(1,2)\boldsymbol{A}=\begin{pmatrix}0&1\\1&0\end{pmatrix}\begin{pmatrix}1&2&3\\4&5&6\end{pmatrix}=\begin{pmatrix}4&5&6\\1&2&3\end{pmatrix};$$

$$\boldsymbol{A}\xrightarrow{c_3\times\frac{1}{3}}\begin{pmatrix}1&2&1\\4&5&2\end{pmatrix},\quad 相当于\quad \boldsymbol{A}\boldsymbol{E}\left(3\left(\frac{1}{3}\right)\right)=\begin{pmatrix}1&2&3\\4&5&6\end{pmatrix}\begin{pmatrix}1&0&0\\0&1&0\\0&0&1/3\end{pmatrix}=\begin{pmatrix}1&2&1\\4&5&2\end{pmatrix};$$

$$\boldsymbol{A}\xrightarrow{r_2-2r_1}\begin{pmatrix}1&2&3\\2&1&0\end{pmatrix},\quad 相当于\quad \boldsymbol{E}(21(-2))\boldsymbol{A}=\begin{pmatrix}1&0\\-2&1\end{pmatrix}\begin{pmatrix}1&2&3\\4&5&6\end{pmatrix}=\begin{pmatrix}1&2&3\\2&1&0\end{pmatrix}.$$

下面再给出几个由定理 1 得到的结论.

推论 1 设矩阵 $\boldsymbol{A}=(a_{ij})_{m\times n}$，必存在 m 阶初等矩阵 $\boldsymbol{P}_1,\cdots,\boldsymbol{P}_s$ 和 n 阶初等矩阵 $\boldsymbol{Q}_1,\cdots,\boldsymbol{Q}_t$，使得

$$P_s\cdots P_1AQ_1\cdots Q_t=\begin{pmatrix}E_r & O\\ O & O\end{pmatrix}.$$

证明 由于对于任意一个矩阵 $A_{m\times n}$ 总是可以经过一系列初等变换化为一个标准形 $\begin{pmatrix}E_r & O\\ O & O\end{pmatrix}_{m\times n}$. 假设经过 s 次初等行变换和 t 次初等列变换变为标准形. 对 A 施行 s 次初等行变换相当于用 s 个相应的初等矩阵 $P_1,\cdots,P_s$ 左乘 A，对 A 施行 t 次初等列变换相当于用 t 个相应的初等矩阵 $Q_1,\cdots,Q_t$ 右乘 A，最后得到标准形 $\begin{pmatrix}E_r & O\\ O & O\end{pmatrix}_{m\times n}$， 也就相当于

$$P_s\cdots P_1AQ_1\cdots Q_t=\begin{pmatrix}E_r & O\\ O & O\end{pmatrix}.$$

推论 2 可逆矩阵一定可以表示为有限个初等矩阵的乘积.

证明 假设 A 为 n 阶可逆矩阵，由推论 1 知，必存在有限个初等矩阵 $P_1,\cdots,P_s$ 和 $P_{s+1},\cdots,P_l$，使得 $P_s\cdots P_1AP_{s+1}\cdots P_l=F$（$F$ 为标准形). 由于矩阵 A 与初等矩阵均可逆，故有 $F=E$. 于是

$$A=P_1^{-1}\cdots P_s^{-1}EP_l^{-1}\cdots P_{s+1}^{-1}=P_1^{-1}\cdots P_s^{-1}P_l^{-1}\cdots P_{s+1}^{-1}.$$

由于初等矩阵的逆矩阵仍为相应类型的初等矩阵，即 $P_1^{-1},\cdots,P_s^{-1}$ 和 $P_{s+1}^{-1},\cdots,P_l^{-1}$ 均为初等矩阵，可知推论 2 成立.

由推论 2 的证明易知，若 A 为 n 阶可逆矩阵，则 A 一定可以经过有限次初等变换化为单位矩阵 E.

推论 3 方阵 A 可逆的充分必要条件是 $A\overset{r}{\sim}E$.

证明 由推论 2 可知，可逆矩阵 A 一定可以表示为有限个初等矩阵的乘积，即存在初等矩阵 $P_1,\cdots,P_l$，使得 $A=P_1\cdots P_l$，亦即

$$A=P_1\cdots P_lE.$$

此式即表示 E 经过有限次初等行变换变为 A，即 $E\overset{r}{\sim}A$. 由等价的反身性，有 $A\overset{r}{\sim}E$.

定理 2 设 A 与 B 均为 $m\times n$ 矩阵，那么

(1) $A\overset{r}{\sim}B$ 的充分必要条件是存在 m 阶可逆矩阵 P，使得 $PA=B$；

(2) $A\overset{c}{\sim}B$ 的充分必要条件是存在 n 阶可逆矩阵 P，使得 $AP=B$；

(3) $A\sim B$ 充分必要条件是存在 m 阶可逆矩阵 P 和 n 阶可逆矩阵 Q，使得 $PAQ=B$.

证明 (1) 假设矩阵 A 经过有限次初等行变换化为 B，即存在 m 阶初等矩阵 $P_1,\cdots,P_s$，使得

$$P_s\cdots P_1A=B.$$

令 $P_s\cdots P_1=P$，这里 P 为 m 阶可逆矩阵，则有 $PA=B$.

同理可证(2)，(3).

三、初等变换的应用

1. 利用初等行变换求逆矩阵

定理 3 对于方阵 $\boldsymbol{A}$，若 $(\boldsymbol{A},\boldsymbol{E})\overset{r}{\sim}(\boldsymbol{E},\boldsymbol{X})$，则方阵 $\boldsymbol{A}$ 可逆，且 $\boldsymbol{X}=\boldsymbol{A}^{-1}$.

证明 若 $(\boldsymbol{A},\boldsymbol{E})\overset{r}{\sim}(\boldsymbol{E},\boldsymbol{X})$，由定理 2 知，存在可逆矩阵 $\boldsymbol{P}$，使得 $\boldsymbol{P}(\boldsymbol{A},\boldsymbol{E})=(\boldsymbol{E},\boldsymbol{X})$，于是有

$$\boldsymbol{PA}=\boldsymbol{E},\quad \boldsymbol{PE}=\boldsymbol{X},$$

可得 $\boldsymbol{P}=\boldsymbol{A}^{-1}$，而 $\boldsymbol{X}=\boldsymbol{P}=\boldsymbol{A}^{-1}$.

因此，对于可逆矩阵 $\boldsymbol{A}$，有

$$(\boldsymbol{A},\boldsymbol{E})\overset{r}{\sim}(\boldsymbol{E},\boldsymbol{A}^{-1}).$$

此式可理解为对 $n\times 2n$ 阶矩阵 $(\boldsymbol{A},\boldsymbol{E})$ 施行有限次初等行变换可变为 $(\boldsymbol{E},\boldsymbol{A}^{-1})$，即

$$(\boldsymbol{A},\boldsymbol{E})\xrightarrow{\text{初等行变换}}(\boldsymbol{E},\boldsymbol{A}^{-1}).$$

这表明，在求 $\boldsymbol{A}^{-1}$ 时，只要在方阵 $\boldsymbol{A}$ 的右边添加一个同阶单位阵 $\boldsymbol{E}$，对 $(\boldsymbol{A},\boldsymbol{E})$ 施行初等行变换，当 $\boldsymbol{A}\xrightarrow{\text{初等行变换}}\boldsymbol{E}$ 时，$\boldsymbol{E}\xrightarrow{\text{初等行变换}}\boldsymbol{A}^{-1}$. 这就是求逆矩阵的**初等行变换法**.

2. 利用初等行变换求解矩阵方程

进一步，也可以用初等行变换求解形如 $\boldsymbol{AX}=\boldsymbol{B}$（其中矩阵 $\boldsymbol{A}$ 可逆）的矩阵方程.

定理 4 对于方阵 $\boldsymbol{A}$，若 $(\boldsymbol{A},\boldsymbol{B})\overset{r}{\sim}(\boldsymbol{E},\boldsymbol{X})$，则方阵 $\boldsymbol{A}$ 可逆，且 $\boldsymbol{X}=\boldsymbol{A}^{-1}\boldsymbol{B}$.

证明 若 $(\boldsymbol{A},\boldsymbol{B})\overset{r}{\sim}(\boldsymbol{E},\boldsymbol{X})$，由定理 2 知，存在可逆阵 $\boldsymbol{P}$，使得 $\boldsymbol{P}(\boldsymbol{A},\boldsymbol{B})=(\boldsymbol{E},\boldsymbol{X})$，于是有

$$\boldsymbol{PA}=\boldsymbol{E},\quad \boldsymbol{PB}=\boldsymbol{X},$$

可得 $\boldsymbol{P}=\boldsymbol{A}^{-1}$，而 $\boldsymbol{X}=\boldsymbol{PB}=\boldsymbol{A}^{-1}\boldsymbol{B}$.

因此，对于可逆矩阵 $\boldsymbol{A}$，有

$$(\boldsymbol{A},\boldsymbol{B})\overset{r}{\sim}(\boldsymbol{E},\boldsymbol{A}^{-1}\boldsymbol{B}).$$

此式可理解为对矩阵 $(\boldsymbol{A},\boldsymbol{B})$ 施行有限次初等行变换变为 $(\boldsymbol{E},\boldsymbol{A}^{-1}\boldsymbol{B})$，也就是

$$(\boldsymbol{A},\boldsymbol{B})\xrightarrow{\text{初等行变换}}(\boldsymbol{E},\boldsymbol{A}^{-1}\boldsymbol{B}),$$

即对 $(\boldsymbol{A},\boldsymbol{B})$ 施行有限次初等行变换，当 $\boldsymbol{A}\xrightarrow{\text{初等行变换}}\boldsymbol{E}$ 时，$\boldsymbol{B}\xrightarrow{\text{初等行变换}}\boldsymbol{A}^{-1}\boldsymbol{B}$. 而 $\boldsymbol{A}^{-1}\boldsymbol{B}$ 即为方程 $\boldsymbol{AX}=\boldsymbol{B}$ 的解.

对于含有 n 个未知数，n 个方程的线性方程组 $\boldsymbol{Ax}=\boldsymbol{b}$ 而言，如果增广矩阵 $(\boldsymbol{A},\boldsymbol{b})\overset{r}{\sim}(\boldsymbol{E},\boldsymbol{x})$，则系数矩阵 $\boldsymbol{A}$ 可逆，且 $\boldsymbol{x}=\boldsymbol{A}^{-1}\boldsymbol{b}$ 为该方程组的唯一解.

类似地，对于形如 $\boldsymbol{XA}=\boldsymbol{B}$（$\boldsymbol{A}$ 可逆）的矩阵方程，可以通过初等列变换求解（建议读者自行推导）：

$$\begin{pmatrix}\boldsymbol{A}\\ \boldsymbol{B}\end{pmatrix}\xrightarrow{\text{初等列变换}}\begin{pmatrix}\boldsymbol{E}\\ \boldsymbol{BA}^{-1}\end{pmatrix}.$$

在求矩阵 $\boldsymbol{A}$ 的逆矩阵 $\boldsymbol{A}^{-1}$ 时，也可采用初等列变换，即

$$\begin{pmatrix} \boldsymbol{A} \\ \boldsymbol{E} \end{pmatrix} \xrightarrow{\text{初等列变换}} \begin{pmatrix} \boldsymbol{E} \\ \boldsymbol{A}^{-1} \end{pmatrix}.$$

例 2 用初等行变换法求 $\boldsymbol{A}^{-1}$，其中

(1) $\boldsymbol{A}=\begin{pmatrix} 2 & 1 \\ 3 & 4 \end{pmatrix}$； (2) $\boldsymbol{A}=\begin{pmatrix} 1 & -1 & 2 \\ 3 & 2 & 1 \\ 1 & -2 & 0 \end{pmatrix}$.

解 (1) 对$(\boldsymbol{A},\boldsymbol{E})$施行初等行变换：

$$(\boldsymbol{A},\boldsymbol{E})=\begin{pmatrix} 2 & 1 & 1 & 0 \\ 3 & 4 & 0 & 1 \end{pmatrix} \xrightarrow{r_1-r_2} \begin{pmatrix} -1 & -3 & 1 & -1 \\ 3 & 4 & 0 & 1 \end{pmatrix} \xrightarrow{r_2+3r_1} \begin{pmatrix} -1 & -3 & 1 & -1 \\ 0 & -5 & 3 & -2 \end{pmatrix}$$

$$\xrightarrow{r_2\times\left(-\frac{1}{5}\right)} \begin{pmatrix} -1 & -3 & 1 & -1 \\ 0 & 1 & -3/5 & 2/5 \end{pmatrix} \xrightarrow{r_1+3r_2} \begin{pmatrix} -1 & 0 & -4/5 & 1/5 \\ 0 & 1 & -3/5 & 2/5 \end{pmatrix}$$

$$\xrightarrow{r_1\times(-1)} \begin{pmatrix} 1 & 0 & 4/5 & -1/5 \\ 0 & 1 & -3/5 & 2/5 \end{pmatrix}=(\boldsymbol{E},\boldsymbol{A}^{-1}).$$

故
$$\boldsymbol{A}^{-1}=\begin{pmatrix} 4/5 & -1/5 \\ -3/5 & 2/5 \end{pmatrix}.$$

(2) 对$(\boldsymbol{A},\boldsymbol{E})$施行初等行变换：

$$(\boldsymbol{A},\boldsymbol{E})=\begin{pmatrix} 1 & -1 & 2 & 1 & 0 & 0 \\ 3 & 2 & 1 & 0 & 1 & 0 \\ 1 & -2 & 0 & 0 & 0 & 1 \end{pmatrix} \xrightarrow[r_3-r_1]{r_2-3r_1} \begin{pmatrix} 1 & -1 & 2 & 1 & 0 & 0 \\ 0 & 5 & -5 & -3 & 1 & 0 \\ 0 & -1 & -2 & -1 & 0 & 1 \end{pmatrix}$$

$$\xrightarrow[r_1-r_3]{r_2\times\frac{1}{5}} \begin{pmatrix} 1 & 0 & 4 & 2 & 0 & -1 \\ 0 & 1 & -1 & -3/5 & 1/5 & 0 \\ 0 & -1 & -2 & -1 & 0 & 1 \end{pmatrix}$$

$$\xrightarrow{r_3+r_2} \begin{pmatrix} 1 & 0 & 4 & 2 & 0 & -1 \\ 0 & 1 & -1 & -3/5 & 1/5 & 0 \\ 0 & 0 & -3 & -8/5 & 1/5 & 1 \end{pmatrix}$$

$$\xrightarrow{r_3\times\left(-\frac{1}{3}\right)} \begin{pmatrix} 1 & 0 & 4 & 2 & 0 & -1 \\ 0 & 1 & -1 & -3/5 & 1/5 & 0 \\ 0 & 0 & 1 & 8/15 & -1/15 & -1/3 \end{pmatrix}$$

$$\xrightarrow[r_1-4r_3]{r_2+r_3}\begin{pmatrix}1&0&0&-2/15&4/15&1/3\\0&1&0&-1/15&2/15&-1/3\\0&0&1&8/15&-1/15&-1/3\end{pmatrix}=(\boldsymbol{E},\boldsymbol{A}^{-1}).$$

故

$$\boldsymbol{A}^{-1}=\begin{pmatrix}-2/15&4/15&1/3\\-1/15&2/15&-1/3\\8/15&-1/15&-1/3\end{pmatrix}.$$

例 3 求解矩阵方程 $\boldsymbol{AX}=\boldsymbol{A}+2\boldsymbol{X}$，其中 $\boldsymbol{A}=\begin{pmatrix}4&2&3\\1&1&0\\-1&2&3\end{pmatrix}$.

解 由 $\boldsymbol{AX}=\boldsymbol{A}+2\boldsymbol{X}$ 可得 $(\boldsymbol{A}-2\boldsymbol{E})\boldsymbol{X}=\boldsymbol{A}$，其中

$$\boldsymbol{A}-2\boldsymbol{E}=\begin{pmatrix}2&2&3\\1&-1&0\\-1&2&1\end{pmatrix}.$$

若 $(\boldsymbol{A}-2\boldsymbol{E},\boldsymbol{A})\overset{r}{\sim}(\boldsymbol{E},\boldsymbol{X})$，则 $\boldsymbol{X}=(\boldsymbol{A}-2\boldsymbol{E})^{-1}\boldsymbol{A}$ 就是此矩阵方程的解.

对 $(\boldsymbol{A}-2\boldsymbol{E},\boldsymbol{A})$ 施行初等行变换：

$$(\boldsymbol{A}-2\boldsymbol{E},\boldsymbol{A})=\begin{pmatrix}2&2&3&4&2&3\\1&-1&0&1&1&0\\-1&2&1&-1&2&3\end{pmatrix}\xrightarrow{r_1\leftrightarrow r_2}\begin{pmatrix}1&-1&0&1&1&0\\2&2&3&4&2&3\\-1&2&1&-1&2&3\end{pmatrix}$$

$$\xrightarrow[r_3+r_1]{r_2-2r_1}\begin{pmatrix}1&-1&0&1&1&0\\0&4&3&2&0&3\\0&1&1&0&3&3\end{pmatrix}\xrightarrow[r_2\leftrightarrow r_3]{r_1+r_3}\begin{pmatrix}1&0&1&1&4&3\\0&1&1&0&3&3\\0&4&3&2&0&3\end{pmatrix}$$

$$\xrightarrow{r_3-4r_2}\begin{pmatrix}1&0&1&1&4&3\\0&1&1&0&3&3\\0&0&-1&2&-12&-9\end{pmatrix}$$

$$\xrightarrow[r_3\times(-1)]{\substack{r_1+r_3\\r_2+r_3}}\begin{pmatrix}1&0&0&3&-8&-6\\0&1&0&2&-9&-6\\0&0&1&-2&12&9\end{pmatrix}=(\boldsymbol{E},\boldsymbol{X}).$$

所以

$$\boldsymbol{X}=(\boldsymbol{A}-2\boldsymbol{E})^{-1}\boldsymbol{A}=\begin{pmatrix}3&-8&-6\\2&-9&-6\\-2&12&9\end{pmatrix}.$$

习 题 3.1

1. 把下列矩阵化为等价的行最简形矩阵和标准形：

(1) $\boldsymbol{A}=\begin{pmatrix}2&1&2&3\\4&1&3&5\\2&0&1&2\end{pmatrix}$；　　(2) $\boldsymbol{A}=\begin{pmatrix}0&-2&1\\3&0&2\\-2&3&0\end{pmatrix}$；

(3) $\boldsymbol{A}=\begin{pmatrix}2&3&1&-3&-7\\1&2&0&-2&-4\\3&-2&8&3&0\\2&-3&7&4&3\end{pmatrix}$.

2. 用矩阵的初等变换法求下列方阵的逆矩阵：

(1) $\boldsymbol{A}=\begin{pmatrix}1&2&3\\2&2&1\\3&4&3\end{pmatrix}$；　　(2) $\boldsymbol{A}=\begin{pmatrix}1&0&1\\2&1&0\\-3&2&-5\end{pmatrix}$.

3. 解矩阵方程 $\boldsymbol{AX}=\boldsymbol{B}$,其中 $\boldsymbol{A}=\begin{pmatrix}1&2&3\\2&2&1\\3&4&3\end{pmatrix}$,$\boldsymbol{B}=\begin{pmatrix}2&5\\3&1\\4&3\end{pmatrix}$.

4. 解矩阵方程 $\boldsymbol{AX}=\boldsymbol{A}+\boldsymbol{X}$,其中 $\boldsymbol{A}=\begin{pmatrix}2&2&0\\2&1&3\\0&1&0\end{pmatrix}$.

5. 已知矩阵 $\boldsymbol{A}=\begin{pmatrix}1&2&3&4\\2&3&4&5\\5&4&3&2\end{pmatrix}$,求一个可逆矩阵 $\boldsymbol{P}$,使得 $\boldsymbol{PA}$ 为行最简形矩阵.

§3.2 矩 阵 的 秩

在上一节中,我们知道任一矩阵 $\boldsymbol{A}$ 一定等价于它的标准形 $\boldsymbol{F}=\begin{pmatrix}\boldsymbol{E}_r&\boldsymbol{O}\\\boldsymbol{O}&\boldsymbol{O}\end{pmatrix}$,且标准形 $\boldsymbol{F}$ 是唯一的,其中 r 是 $\boldsymbol{E}_r$ 的阶数.这个数 r 便是矩阵的秩.下面我们来讨论一般 $m\times n$ 矩阵 $\boldsymbol{A}$ 的秩的定义和性质.

一、矩阵的秩的定义

介绍矩阵的秩的定义前,先来了解矩阵的 k 阶子式的概念.

定义 1 在 $m\times n$ 矩阵 $\boldsymbol{A}$ 中，选取 k 行 k 列($k\leqslant m$ 且 $k\leqslant n$)，由位于这些行和列交叉处的 k^2 个元素，不改变它们在 $\boldsymbol{A}$ 中的位置次序而得到的 k 阶行列式，称为矩阵 $\boldsymbol{A}$ 的 k **阶子式**.

$m\times n$ 矩阵 $\boldsymbol{A}$ 的 k 阶子式共有 $\mathrm{C}_m^k\mathrm{C}_n^k$ 个.

例如，矩阵 $\boldsymbol{A}=\begin{pmatrix}1&2&3&4\\1&0&-1&0\\3&4&0&2\end{pmatrix}$ 的 2 阶子式有 $\mathrm{C}_3^2\mathrm{C}_4^2=18$ 个，$\begin{vmatrix}1&2\\3&4\end{vmatrix}=-2$ 为其中的一个 2 阶子式；$\begin{vmatrix}1&2&3\\1&0&-1\\3&4&0\end{vmatrix}$ 为其中的一个 3 阶子式.

定义 2 如果 $m\times n$ 矩阵 $\boldsymbol{A}$ 中，存在一个 r 阶子式不为 0，且所有 $r+1$ 阶子式全为 0，则称矩阵 $\boldsymbol{A}$ 的秩为 r，记做 $\mathrm{R}(\boldsymbol{A})=r$. 如果 $\boldsymbol{A}=\boldsymbol{O}$，规定 $\mathrm{R}(\boldsymbol{O})=0$.

当 $\mathrm{R}(\boldsymbol{A})=m$ 时，称 $\boldsymbol{A}$ 为**行满秩矩阵**；当 $\mathrm{R}(\boldsymbol{A})=n$ 时，称 $\boldsymbol{A}$ 为**列满秩矩阵**. 当 $m=n$(即 $\boldsymbol{A}$ 为方阵)时，若 $\mathrm{R}(\boldsymbol{A})=m=n$，则称 $\boldsymbol{A}$ 为**满秩矩阵**.

对于矩阵 $\boldsymbol{A}$，若 $\mathrm{R}(\boldsymbol{A})=r$，则 $\boldsymbol{A}$ 的所有 $r+1$ 阶子式全为 0. 由行列式的性质可知，$\boldsymbol{A}$ 的所有高于 $r+1$ 阶的子式一定全为 0. 因此，矩阵 $\boldsymbol{A}$ 的秩 $\mathrm{R}(\boldsymbol{A})$ 是 $\boldsymbol{A}$ 中不为 0 的子式的最高阶数.

从定义 2 可以看出：

(1) 若 $\boldsymbol{A}$ 为 $m\times n$ 矩阵，则 $0\leqslant\mathrm{R}(\boldsymbol{A})\leqslant\min\{m,n\}$.

(2) $\mathrm{R}(\boldsymbol{A}^{\mathrm{T}})=\mathrm{R}(\boldsymbol{A})$，$\mathrm{R}(k\boldsymbol{A})=\mathrm{R}(\boldsymbol{A})\ (k\neq0)$.

(3) 若矩阵 $\boldsymbol{A}$ 中有某个 s 阶子式不为 0，则 $\mathrm{R}(\boldsymbol{A})\geqslant s$；若矩阵 $\boldsymbol{A}$ 中所有的 t 阶子式全为 0，则 $\mathrm{R}(\boldsymbol{A})<t$.

(4) 对于 n 阶方阵 $\boldsymbol{A}$，当 $|\boldsymbol{A}|\neq0$ 时，也就是最高阶子式不为 0 时，有 $\mathrm{R}(\boldsymbol{A})=n$，$\boldsymbol{A}$ 为满秩矩阵；当 $|\boldsymbol{A}|=0$ 时，有 $\mathrm{R}(\boldsymbol{A})<n$，此时称 $\boldsymbol{A}$ 为降秩矩阵，即不可逆矩阵.

例 1 求下列矩阵的秩：

(1) $\boldsymbol{A}=\begin{pmatrix}1&2&4\\2&-1&3\\-1&1&-1\\5&1&11\end{pmatrix}$；　　(2) $\boldsymbol{A}=\begin{pmatrix}1&2&3&0&0\\0&4&3&1&2\\0&0&-1&2&7\\0&0&0&0&0\end{pmatrix}$.

解 (1) 由于 $\begin{vmatrix}1&2\\2&-1\end{vmatrix}=-5\neq0$，而 3 阶子式

$$\begin{vmatrix}1&2&4\\2&-1&3\\-1&1&-1\end{vmatrix}=0,\quad\begin{vmatrix}1&2&4\\2&-1&3\\5&1&11\end{vmatrix}=0,\quad\begin{vmatrix}1&2&4\\-1&1&-1\\5&1&11\end{vmatrix}=0,\quad\begin{vmatrix}2&-1&3\\-1&1&-1\\5&1&11\end{vmatrix}=0,$$

即至少存在一个 2 阶非零子式,并且所有的 3 阶子式均为 0,故 R($\boldsymbol{A}$)=2.

(2) 不难看出,$\boldsymbol{A}$ 为一个行阶梯形矩阵,$\begin{vmatrix}1&2\\0&4\end{vmatrix}\neq 0$,$\begin{vmatrix}1&2&3\\0&4&3\\0&0&-1\end{vmatrix}\neq 0$. 由于最后一行元素全为 0,故 4 阶子式全为 0,也就是最高阶非零子式的阶数为 3, 从而 R($\boldsymbol{A}$)=3.

对于阶数较高的矩阵直接按定义求矩阵的秩,这种做法是相当烦琐的. 而例 1 第(2)题中的矩阵 $\boldsymbol{A}$ 为行阶梯形矩阵,它的秩等于非零行的行数,这是很容易求得的. 将一般的矩阵经过初等变换变成阶梯形矩阵,如果变换前后矩阵的秩保持不变的话,就可用初等行变换来求矩阵的秩了. 事实上,这种想法是可行的.

定理 初等变换不改变矩阵的秩,即若 $\boldsymbol{A}\xrightarrow{\text{初等变换}}\boldsymbol{B}$,则 $\mathrm{R}(\boldsymbol{A})=\mathrm{R}(\boldsymbol{B})$.

证明 先证初等行变换不改变矩阵的秩. 假设 $\boldsymbol{A}$ 经过一次初等行变换变为 $\boldsymbol{B}$,下面证明此时有 $\mathrm{R}(\boldsymbol{A})\leqslant\mathrm{R}(\boldsymbol{B})$.

设 $\mathrm{R}(\boldsymbol{A})=r$,则在 $\boldsymbol{A}$ 中一定存在一个不为 0 的 r 阶子式 $D_r\neq 0$.

(1) 当 $\boldsymbol{A}\xrightarrow{r_i\leftrightarrow r_j}\boldsymbol{B}$ 时,在 $\boldsymbol{B}$ 中总能找到一个与 D_r 相对应的 r 阶非零子式 D,使得 $D=D_r$ 或者 $D=-D_r$,故有 $\mathrm{R}(\boldsymbol{B})\geqslant r=\mathrm{R}(\boldsymbol{A})$;

(2) 当 $\boldsymbol{A}\xrightarrow{kr_i}\boldsymbol{B}$ 时,在 $\boldsymbol{B}$ 中总能找到一个与 D_r 相对应的 r 阶非零子式 D,使得 $D=D_r$ 或 $D=kD_r$,故有 $\mathrm{R}(\boldsymbol{B})\geqslant r=\mathrm{R}(\boldsymbol{A})$;

(3) 当 $\boldsymbol{A}\xrightarrow{r_i+kr_j}\boldsymbol{B}$ 时,分三种情况讨论:

① $\boldsymbol{A}$ 的 r 阶非零子式 D_r 不包含第 i 行的元素,这时 D_r 也为矩阵 $\boldsymbol{B}$ 的一个 r 阶子式,有 $\mathrm{R}(\boldsymbol{B})\geqslant r$;

② $\boldsymbol{A}$ 的 r 阶非零子式 D_r 包含第 i,j 行的元素,由行列式性质知,矩阵 $\boldsymbol{B}$ 中仍有与之对应的 $D_r\neq 0$,有 $\mathrm{R}(\boldsymbol{B})\geqslant r$;

③ $\boldsymbol{A}$ 的 r 阶非零子式 D_r 包含第 i 行的元素,而不包含第 j 行的元素,矩阵 $\boldsymbol{B}$ 中必有一个 r 阶子式 $D_r^{(1)}$:

$$D_r^{(1)}=\begin{vmatrix}\vdots & & \vdots\\ a_{it_1}+ka_{jt_1} & \cdots & a_{it_r}+ka_{jt_r}\\ \vdots & & \vdots\end{vmatrix}=\begin{vmatrix}\vdots & & \vdots\\ a_{it_1} & \cdots & a_{it_r}\\ \vdots & & \vdots\end{vmatrix}+k\begin{vmatrix}\vdots & & \vdots\\ a_{jt_1} & \cdots & a_{jt_r}\\ \vdots & & \vdots\end{vmatrix}=D_r+kD_r',$$

其中 D_r 是矩阵 $\boldsymbol{A}$ 的一个 r 阶非零子式,D_r' 也是 $\boldsymbol{B}$ 中的一个 r 阶子式. 由于 $D_r=D_r^{(1)}-kD_r'\neq 0$,故 $\boldsymbol{B}$ 中的子式 $D_r^{(1)}$ 和 D'_r 中至少有一个不为 0,此时有 $\mathrm{R}(\boldsymbol{B})\geqslant r$.

这样,经过任何形式的一次初等行变换,都有 $r=\mathrm{R}(\boldsymbol{A})\leqslant\mathrm{R}(\boldsymbol{B})$.

同样,矩阵 $\boldsymbol{B}$ 也可经过一次初等行变换变成 $\boldsymbol{A}$,故也有 $\mathrm{R}(\boldsymbol{B})\leqslant\mathrm{R}(\boldsymbol{A})$. 因此 $\mathrm{R}(\boldsymbol{A})=\mathrm{R}(\boldsymbol{B})$.

经过一次初等行变换不改变矩阵的秩，经过多次初等行变换也不改变矩阵的秩.

假设 $\boldsymbol{A}$ 经过初等列变换变为 $\boldsymbol{B}$，则 $\boldsymbol{A}^{\mathrm{T}}$ 经过初等行变换变为 $\boldsymbol{B}^{\mathrm{T}}$. 由以上的证明可知 $\mathrm{R}(\boldsymbol{B}^{\mathrm{T}})=\mathrm{R}(\boldsymbol{A}^{\mathrm{T}})$，又因为 $\mathrm{R}(\boldsymbol{A}^{\mathrm{T}})=\mathrm{R}(\boldsymbol{A})$，$\mathrm{R}(\boldsymbol{B}^{\mathrm{T}})=\mathrm{R}(\boldsymbol{B})$，因此 $\mathrm{R}(\boldsymbol{A})=\mathrm{R}(\boldsymbol{B})$.

总之，若 $\boldsymbol{A}$ 经过初等变换变为 $\boldsymbol{B}$，则 $\mathrm{R}(\boldsymbol{A})=\mathrm{R}(\boldsymbol{B})$.

根据上述定理，求矩阵秩的方法可简化为：用初等行变换把矩阵 $\boldsymbol{A}$ 变成行阶梯形矩阵，行阶梯形矩阵中非零行的行数就是矩阵 $\boldsymbol{A}$ 的秩.

例 2 用初等行变换求例 1 第(1)题中矩阵 $\boldsymbol{A}=\begin{pmatrix}1&2&4\\2&-1&3\\-1&1&-1\\5&1&11\end{pmatrix}$ 的秩.

解 对 $\boldsymbol{A}$ 施行初等行变换变成行阶梯形矩阵：

$$\boldsymbol{A}=\begin{pmatrix}1&2&4\\2&-1&3\\-1&1&-1\\5&1&11\end{pmatrix}\xrightarrow[r_4-5r_1]{\substack{r_2-2r_1\\r_3+r_1}}\begin{pmatrix}1&2&4\\0&-5&-5\\0&3&3\\0&-9&-9\end{pmatrix}\xrightarrow[\substack{r_3-3r_2\\r_4+9r_2}]{r_2\times\left(-\frac{1}{5}\right)}\begin{pmatrix}1&2&4\\0&1&1\\0&0&0\\0&0&0\end{pmatrix}.$$

与 $\boldsymbol{A}$ 等价的行阶梯形矩阵中非零行的行数为 2，由上述定理有 $\mathrm{R}(\boldsymbol{A})=2$.

例 3 设矩阵 $\boldsymbol{A}=\begin{pmatrix}k&1&1&1\\1&k&1&1\\1&1&k&1\\1&1&1&k\end{pmatrix}$，$\mathrm{R}(\boldsymbol{A})=3$，试确定 k 的值.

解 由于 $\mathrm{R}(\boldsymbol{A})=3$，故 4 阶子式 $|\boldsymbol{A}|=(k+3)(k-1)^3=0$，可得 $k=-3$ 或 $k=1$. 当 $k=1$ 时，$\mathrm{R}(\boldsymbol{A})=1$. 故 $k=-3$.

二、矩阵的秩的几个常用结论

关于矩阵的秩，除了上面介绍的几个性质外，还有下面几个常用的结论：

(1) 若矩阵 $\boldsymbol{P},\boldsymbol{Q}$ 可逆，$\boldsymbol{B}=\boldsymbol{PAQ}$，则 $\mathrm{R}(\boldsymbol{A})=\mathrm{R}(\boldsymbol{B})$.

证明 由已知条件可知 $\boldsymbol{A}\sim\boldsymbol{B}$，则有 $\mathrm{R}(\boldsymbol{A})=\mathrm{R}(\boldsymbol{B})$.

(2) $\max\{\mathrm{R}(\boldsymbol{A}),\mathrm{R}(\boldsymbol{B})\}\leqslant\mathrm{R}(\boldsymbol{A},\boldsymbol{B})\leqslant\mathrm{R}(\boldsymbol{A})+\mathrm{R}(\boldsymbol{B})$.

证明 由于 $\boldsymbol{A}$ 的最高阶非零子式总是 $(\boldsymbol{A},\boldsymbol{B})$ 的非零子式，故有 $\mathrm{R}(\boldsymbol{A})\leqslant\mathrm{R}(\boldsymbol{A},\boldsymbol{B})$. 同样，有 $\mathrm{R}(\boldsymbol{B})\leqslant\mathrm{R}(\boldsymbol{A},\boldsymbol{B})$. 两式合起来，即有

$$\max\{\mathrm{R}(\boldsymbol{A}),\mathrm{R}(\boldsymbol{B})\}\leqslant\mathrm{R}(\boldsymbol{A},\boldsymbol{B}).$$

设 $\mathrm{R}(\boldsymbol{A})=r$，$\mathrm{R}(\boldsymbol{B})=s$，把 $\boldsymbol{A},\boldsymbol{B}$ 分别作初等列变换，化为列阶梯形矩阵 $\widetilde{\boldsymbol{A}},\widetilde{\boldsymbol{B}}$，即

$$\boldsymbol{A}\xrightarrow{\text{初等列变换}}\widetilde{\boldsymbol{A}}=(\tilde{\boldsymbol{a}}_1,\cdots,\tilde{\boldsymbol{a}}_r,\boldsymbol{O},\cdots,\boldsymbol{O},),\quad \boldsymbol{B}\xrightarrow{\text{初等列变换}}\widetilde{\boldsymbol{B}}=(\tilde{\boldsymbol{b}}_1,\cdots,\tilde{\boldsymbol{b}}_s,\boldsymbol{O},\cdots,\boldsymbol{O}),$$

其中 $\tilde{a}_1,\cdots,\tilde{a}_r$ 和 $\tilde{b}_1,\cdots,\tilde{b}_s$ 为非零的只有1列的矩阵(列向量),从而$(\boldsymbol{A},\boldsymbol{B})\xrightarrow{\text{初等列变换}}(\tilde{\boldsymbol{A}},\tilde{\boldsymbol{B}})$.由于$(\tilde{\boldsymbol{A}},\tilde{\boldsymbol{B}})$中非零列的列数为 $r+s$,可得

$$\mathrm{R}(\boldsymbol{A},\boldsymbol{B})=\mathrm{R}(\tilde{\boldsymbol{A}},\tilde{\boldsymbol{B}})\leqslant r+s=\mathrm{R}(\boldsymbol{A})+\mathrm{R}(\boldsymbol{B}).$$

(3) $\mathrm{R}(\boldsymbol{A}+\boldsymbol{B})\leqslant\mathrm{R}(\boldsymbol{A})+\mathrm{R}(\boldsymbol{B})$.

证明 设 $\boldsymbol{A},\boldsymbol{B}$ 均为 $m\times n$ 矩阵,对矩阵$(\boldsymbol{A}+\boldsymbol{B},\boldsymbol{B})$作初等列变换化为$(\boldsymbol{A},\boldsymbol{B})$,即

$$(\boldsymbol{A}+\boldsymbol{B},\boldsymbol{B})\xrightarrow{c_i-c_{n+i}(i=1,2,\cdots,n)}(\boldsymbol{A},\boldsymbol{B}),$$

于是有

$$\mathrm{R}(\boldsymbol{A}+\boldsymbol{B})\leqslant\mathrm{R}(\boldsymbol{A}+\boldsymbol{B},\boldsymbol{B})=\mathrm{R}(\boldsymbol{A},\boldsymbol{B})\leqslant\mathrm{R}(\boldsymbol{A})+\mathrm{R}(\boldsymbol{B}).$$

(4) $\mathrm{R}(\boldsymbol{AB})\leqslant\min\{\mathrm{R}(\boldsymbol{A}),\mathrm{R}(\boldsymbol{B})\}$.(证明略).

(5) 设 $\boldsymbol{A}_{m\times n}\boldsymbol{B}_{n\times l}=\boldsymbol{O}$,则 $\mathrm{R}(\boldsymbol{A})+\mathrm{R}(\boldsymbol{B})\leqslant n$.(证明略).

例 4 设 $\boldsymbol{A}$ 是 $m\times n$ 矩阵,$\boldsymbol{B}$ 是 $n\times m$ 矩阵,证明:当 $m>n$ 时,有 $|\boldsymbol{AB}|=0$.

分析 若 $\boldsymbol{AB}$ 为降秩矩阵,则有 $|\boldsymbol{AB}|=0$.

证明 由于 $\mathrm{R}(\boldsymbol{AB})\leqslant\min\{\mathrm{R}(\boldsymbol{A}),\mathrm{R}(\boldsymbol{B})\}\leqslant\min\{m,n\}=n<m$,而 $\boldsymbol{AB}$ 是 m 阶方阵,可知 $\boldsymbol{AB}$ 为降秩矩阵,得 $|\boldsymbol{AB}|=0$.

例 5 设 $\boldsymbol{A}$ 是 n 阶方阵,满足 $\boldsymbol{A}^2=\boldsymbol{E}$,证明:

$$\mathrm{R}(\boldsymbol{E}-\boldsymbol{A})+\mathrm{R}(\boldsymbol{E}+\boldsymbol{A})=n.$$

证明 由 $\boldsymbol{A}^2=\boldsymbol{E}$ 得$(\boldsymbol{E}+\boldsymbol{A})(\boldsymbol{E}-\boldsymbol{A})=\boldsymbol{O}$,再由结论(5)可知

$$\mathrm{R}(\boldsymbol{A}+\boldsymbol{E})+\mathrm{R}(\boldsymbol{E}-\boldsymbol{A})\leqslant n.$$

另外,由于

$$\mathrm{R}(\boldsymbol{A}+\boldsymbol{E})+\mathrm{R}(\boldsymbol{E}-\boldsymbol{A})\geqslant\mathrm{R}(\boldsymbol{A}+\boldsymbol{E}+\boldsymbol{E}-\boldsymbol{A})=\mathrm{R}(2\boldsymbol{E})=n,$$

故

$$\mathrm{R}(\boldsymbol{E}-\boldsymbol{A})+\mathrm{R}(\boldsymbol{E}+\boldsymbol{A})=n.$$

习 题 3.2

1. 用初等行变换求下列矩阵的秩,并求一个最高阶非零子式:

(1) $\boldsymbol{A}=\begin{pmatrix}1&-1&1&2\\2&3&3&2\\1&1&2&1\end{pmatrix}$; (2) $\boldsymbol{A}=\begin{pmatrix}-8&8&2&-3&1\\2&-2&2&12&6\\-1&1&1&3&2\end{pmatrix}$.

2. 设矩阵 $\boldsymbol{A}=\begin{pmatrix}1&-1&1&2\\3&\lambda&-1&2\\5&3&\mu&6\end{pmatrix}$,已知 $\mathrm{R}(\boldsymbol{A})=2$,求 λ,μ.

3. 设矩阵 $\boldsymbol{A}=\begin{pmatrix}1&-2&3k\\-1&2k&-3\\k&-2&3\end{pmatrix}$,问 k 为何值时,可使

(1) $R(\boldsymbol{A})=1$；　　(2) $R(\boldsymbol{A})=2$；　　(3) $R(\boldsymbol{A})=3$.

§3.3 线性方程组的解

在上一节中，我们介绍了矩阵秩的概念、性质及利用初等行变换求秩的方法. 本节将讨论如何利用矩阵的秩解决线性方程组解的判定问题.

设有含有 n 个未知量，m 个方程的线性方程组

$$\begin{cases} a_{11}x_1+a_{12}x_2+\cdots+a_{1n}x_n=b_1, \\ a_{21}x_1+a_{22}x_2+\cdots+a_{2n}x_n=b_2, \\ \cdots\cdots\cdots\cdots\cdots\cdots\cdots\cdots \\ a_{m1}x_1+a_{m2}x_2+\cdots+a_{mn}x_n=b_m, \end{cases}$$

它可表示为矩阵形式

$$\boldsymbol{Ax}=\boldsymbol{b}, \tag{1}$$

其中

$$\boldsymbol{A}=\begin{pmatrix} a_{11} & a_{12} & \cdots & a_{1n} \\ a_{21} & a_{22} & \cdots & a_{2n} \\ \vdots & \vdots & & \vdots \\ a_{m1} & a_{m2} & \cdots & a_{mn} \end{pmatrix}, \quad \boldsymbol{x}=\begin{pmatrix} x_1 \\ x_2 \\ \vdots \\ x_n \end{pmatrix}, \quad \boldsymbol{b}=\begin{pmatrix} b_1 \\ b_2 \\ \vdots \\ b_m \end{pmatrix}.$$

矩阵 $\boldsymbol{A}$ 称为线性方程组(1)的**系数矩阵**，矩阵

$$\boldsymbol{B}=(\boldsymbol{A},\boldsymbol{b})=\begin{pmatrix} a_{11} & a_{12} & \cdots & a_{1n} & b_1 \\ a_{21} & a_{22} & \cdots & a_{2n} & b_2 \\ \vdots & \vdots & & \vdots & \vdots \\ a_{m1} & a_{m2} & \cdots & a_{mn} & b_m \end{pmatrix}$$

称为方程组(1)的**增广矩阵**.

若 $b_1,b_2,\cdots,b_m$ 不全为 0，称方程组(1)为**非齐次线性方程组**；若 $b_1,b_2,\cdots,b_m$ 全为 0，则称方程组(1)为**齐次线性方程组**，这时方程组(1)通常写成 $\boldsymbol{Ax}=\boldsymbol{0}$.

若存在一组数 $x_1=\xi_1,x_2=\xi_2,\cdots,x_n=\xi_m$ 满足线性方程组 $\boldsymbol{Ax}=\boldsymbol{b}$，则称 $\boldsymbol{x}=\begin{pmatrix} \xi_1 \\ \xi_2 \\ \vdots \\ \xi_m \end{pmatrix}$ 为该方程组的一个**解向量或解**. 方程组 $\boldsymbol{Ax}=\boldsymbol{b}$ 的全体解向量构成的集合，称为方程组的**解集**.

如果线性方程组 $\boldsymbol{Ax}=\boldsymbol{b}$ 有解，则称它为**相容的**；如果无解，则称它为**不相容的**.

一、线性方程组解的判定定理

在这一节中，我们将利用系数矩阵 $\boldsymbol{A}$ 和增广矩阵 $\boldsymbol{B}=(\boldsymbol{A},\boldsymbol{b})$ 的秩的关系来讨论线性方程组 $\boldsymbol{Ax}=\boldsymbol{b}$ 是否有解的问题，以及有解时解是否唯一的问题. 线性方程组解的判定定理如下：

定理 1 设 $\boldsymbol{Ax}=\boldsymbol{b}$ 为 n 元非齐次线性方程组，则该线性方程组

(1) 无解的充分必要条件是 $\mathrm{R}(\boldsymbol{A})<\mathrm{R}(\boldsymbol{A},\boldsymbol{b})$；

(2) 有唯一解的充分必要条件是 $\mathrm{R}(\boldsymbol{A})=\mathrm{R}(\boldsymbol{A},\boldsymbol{b})=n$；

(3) 有无穷多解的充分必要条件是 $\mathrm{R}(\boldsymbol{A})=\mathrm{R}(\boldsymbol{A},\boldsymbol{b})<n$.

证明 假设 $\mathrm{R}(\boldsymbol{A})=r$，对增广矩阵 $\boldsymbol{B}=(\boldsymbol{A},\boldsymbol{b})$ 进行初等行变换，它可化为如下形式的行最简形矩阵：

$$\widetilde{\boldsymbol{B}}=\begin{pmatrix} 1 & 0 & \cdots & 0 & b_{11} & \cdots & b_{1,n-r} & d_1 \\ 0 & 1 & \cdots & 0 & b_{21} & \cdots & b_{2,n-r} & d_2 \\ \vdots & \vdots & & \vdots & \vdots & & \vdots & \vdots \\ 0 & 0 & \cdots & 1 & b_{r1} & \cdots & b_{r,n-r} & d_r \\ 0 & 0 & \cdots & 0 & 0 & \cdots & 0 & d_{r+1} \\ 0 & 0 & \cdots & 0 & 0 & \cdots & 0 & 0 \\ \vdots & \vdots & & \vdots & \vdots & & \vdots & \vdots \\ 0 & 0 & \cdots & 0 & 0 & \cdots & 0 & 0 \end{pmatrix},$$

则矩阵 $\widetilde{\boldsymbol{B}}$ 对应的同解方程组为

$$\begin{cases} x_1 + \qquad b_{11}x_{r+1}+\cdots+b_{1,n-r}x_n = d_1, \\ \quad x_2 + \qquad b_{21}x_{r+1}+\cdots+b_{2,n-r}x_n = d_2, \\ \cdots\cdots\cdots\cdots\cdots\cdots\cdots\cdots\cdots\cdots \\ \qquad x_r + b_{r1}x_{r+1}+\cdots+b_{r,n-r}x_n = d_r, \\ \qquad\qquad\qquad\qquad\qquad 0 = d_{r+1}, \\ \qquad\qquad\qquad\qquad\qquad 0 = 0, \\ \qquad\qquad\qquad\qquad\qquad \cdots \\ \qquad\qquad\qquad\qquad\qquad 0 = 0. \end{cases}$$

由此可见：

当 $d_{r+1}\neq 0$，即 $\mathrm{R}(\boldsymbol{A})=r<\mathrm{R}(\boldsymbol{A},\boldsymbol{b})=r+1$ 时，有 $0=d_{r+1}$，是矛盾的，此时线性方程组无解.

当 $d_{r+1}=0$，且 $r=n$，即 $\mathrm{R}(\boldsymbol{A})=\mathrm{R}(\boldsymbol{A},\boldsymbol{b})=n$ 时，行最简形矩阵为

$$\widetilde{\boldsymbol{B}}=\begin{pmatrix}1&0&\cdots&0&d_1\\0&1&\cdots&0&d_2\\\vdots&\vdots&&\vdots&\vdots\\0&0&\cdots&1&d_n\end{pmatrix},$$

此时线性方程组的解为

$$\begin{cases}x_1=d_1,\\x_2=d_2,\\\cdots\cdots\\x_n=d_n,\end{cases}$$

方程组有唯一解.

当 $d_{r+1}=0$，且 $r<n$，即 $\mathrm{R}(\boldsymbol{A})=\mathrm{R}(\boldsymbol{A},\boldsymbol{b})<n$ 时，把 $x_1,x_2,\cdots,x_r$ 取为非自由未知数，而把 $x_{r+1},x_{r+2},\cdots,x_n$ 取为自由未知数，得到同解方程组为

$$\begin{cases}x_1=-b_{11}x_{r+1}-\cdots-b_{1,n-r}x_n+d_1,\\x_2=-b_{21}x_{r+1}-\cdots-b_{2,n-r}x_n+d_2,\\\cdots\cdots\cdots\cdots\cdots\cdots\cdots\cdots\cdots\cdots\cdots\\x_r=-b_{r1}x_{r+1}-\cdots-b_{r,n-r}x_n+d_r.\end{cases}$$

令 $x_{r+1}=c_1,x_{r+2}=c_2,\cdots,x_n=c_{n-r}$，得含有 $n-r$ 个参数的解

$$\begin{pmatrix}x_1\\\vdots\\x_r\\x_{r+1}\\\vdots\\x_n\end{pmatrix}=\begin{pmatrix}-b_{11}c_1-\cdots-b_{1,n-r}c_{n-r}+d_1\\\vdots\\-b_{r1}c_1-\cdots-b_{r,n-r}c_{n-r}+d_r\\c_1\\\vdots\\c_{n-r}\end{pmatrix},$$

即

$$\begin{pmatrix}x_1\\\vdots\\x_r\\x_{r+1}\\\vdots\\x_n\end{pmatrix}=c_1\begin{pmatrix}-b_{11}\\\vdots\\-b_{r1}\\1\\\vdots\\0\end{pmatrix}+\cdots+c_{n-r}\begin{pmatrix}-b_{1,n-r}\\\vdots\\-b_{2,n-r}\\0\\\vdots\\1\end{pmatrix}+\begin{pmatrix}d_1\\\vdots\\d_r\\0\\\vdots\\0\end{pmatrix}. \tag{2}$$

由于(2)式中的参数 $c_1,c_2,\cdots,c_{n-r}$ 可以任意取值，因此方程组有无穷多解.(2)式称为线性方

程组 $\boldsymbol{Ax}=\boldsymbol{b}$ 的**通解**.

由定理 1 的证明过程可以将非齐次线性方程组的求解步骤归纳如下：

(1) 对线性方程组 $\boldsymbol{Ax}=\boldsymbol{b}$ 的增广矩阵 $\boldsymbol{B}=(\boldsymbol{A},\boldsymbol{b})$ 施行初等行变换，化成行阶梯形矩阵. 由行阶梯形矩阵比较 $\mathrm{R}(\boldsymbol{A})$ 和 $\mathrm{R}(\boldsymbol{B})$. 若 $\mathrm{R}(\boldsymbol{A})<\mathrm{R}(\boldsymbol{B})$，则线性方程组无解.

(2) 若 $\mathrm{R}(\boldsymbol{A})=\mathrm{R}(\boldsymbol{B})=r$，继续对行阶梯形矩阵进行初等行变换化成行最简形矩阵.

(3) 把行最简形矩阵中非零行的首个非零元素对应的 r 个未知数取为非自由未知数，其余 $n-r$ 个未知数取为自由未知数，并令它们分别等于 $c_1,c_2,\cdots,c_{n-r}$，这样就可以由行最简形矩阵写出形如(2)式的通解.

定理 2 线性方程组 $\boldsymbol{Ax}=\boldsymbol{b}$ 有解的充分必要条件是 $\mathrm{R}(\boldsymbol{A})=\mathrm{R}(\boldsymbol{A},\boldsymbol{b})$.

由定理 1 很容易得到定理 2.

定理 3 对于 n 元齐次线性方程组 $\boldsymbol{Ax}=\boldsymbol{0}$，若 $\mathrm{R}(\boldsymbol{A})=n$，则该方程组有唯一零解；若 $\mathrm{R}(\boldsymbol{A})<n$，则该方程组有非零解.

证明 由于齐次线性方程组 $\boldsymbol{Ax}=\boldsymbol{0}$ 的增广矩阵 $\boldsymbol{B}=(\boldsymbol{A},\boldsymbol{0})$，无论何时都有 $\mathrm{R}(\boldsymbol{B})=\mathrm{R}(\boldsymbol{A})$，因此 $\boldsymbol{Ax}=\boldsymbol{0}$ 必定有解. 由定理 1 知，当 $\mathrm{R}(\boldsymbol{A})=n$ 时，$\boldsymbol{Ax}=\boldsymbol{0}$ 有唯一解，即唯一零解；当 $\mathrm{R}(\boldsymbol{A})<n$ 时，$\boldsymbol{Ax}=\boldsymbol{0}$ 有无穷多解，即除了零解外还有非零解.

对于齐次线性方程组 $\boldsymbol{Ax}=\boldsymbol{0}$ 的求解，由于方程右边的常数项都为 0，只需要对系数矩阵 $\boldsymbol{A}$ 施行初等行变换，化成行最简形矩阵，写出通解即可.

推论 设 $\boldsymbol{Ax}=\boldsymbol{0}$ 是含有 n 个未知数，n 个方程的齐次线性方程组，则该方程组有非零解的充分必要条件是系数行列式 $|\boldsymbol{A}|=0$.

事实上，由克拉默法则知，如果 $\boldsymbol{Ax}=\boldsymbol{0}$ 的系数行列式 $|\boldsymbol{A}|\neq 0$，则该方程组仅有零解. 其逆否命题为：如果 $\boldsymbol{Ax}=\boldsymbol{0}$ 有非零解，则有 $|\boldsymbol{A}|=0$. 反之，由于 $|\boldsymbol{A}|=0$，必有 $\mathrm{R}(\boldsymbol{A})<n$，故该方程组必有非零解.

可以把定理 2 和定理 3 推广到矩阵方程.

定理 4 矩阵方程 $\boldsymbol{A}_{m\times n}\boldsymbol{X}_{n\times l}=\boldsymbol{B}_{m\times l}$ 有解的充分必要条件是 $\mathrm{R}(\boldsymbol{A})=\mathrm{R}(\boldsymbol{A},\boldsymbol{B})$.

证明 把矩阵 $\boldsymbol{X}_{n\times l}$ 和 $\boldsymbol{B}_{m\times l}$ 按列分块：$\boldsymbol{X}=(\boldsymbol{x}_1,\boldsymbol{x}_2,\cdots,\boldsymbol{x}_l)$，$\boldsymbol{B}=(\boldsymbol{b}_1,\boldsymbol{b}_2,\cdots,\boldsymbol{b}_l)$. 假设 $\mathrm{R}(\boldsymbol{A})=r$. 把矩阵 $(\boldsymbol{A},\boldsymbol{B})$ 进行初等行变换化成行阶梯形矩阵，有

$$(\boldsymbol{A},\boldsymbol{B})\xrightarrow{\text{初等行变换}}(\widetilde{\boldsymbol{A}},\widetilde{\boldsymbol{b}}_1,\widetilde{\boldsymbol{b}}_2,\cdots,\widetilde{\boldsymbol{b}}_l).$$

由于

$$\begin{aligned}\boldsymbol{A}_{m\times n}\boldsymbol{X}_{n\times l}=\boldsymbol{B}_{m\times l}\text{ 有解}&\Longleftrightarrow \boldsymbol{A}_{m\times n}(\boldsymbol{x}_1,\boldsymbol{x}_2,\cdots,\boldsymbol{x}_l)=(\boldsymbol{b}_1,\boldsymbol{b}_2,\cdots,\boldsymbol{b}_l)\text{ 有解}\\&\Longleftrightarrow \boldsymbol{A}\boldsymbol{x}_i=\boldsymbol{b}_i\ (i=1,2,\cdots,l)\text{ 有解}\\&\Longleftrightarrow \mathrm{R}(\boldsymbol{A})=\mathrm{R}(\boldsymbol{A},\boldsymbol{b}_i)=r\ (i=1,2,\cdots,l),\end{aligned}$$

所以行阶梯形矩阵 $(\widetilde{\boldsymbol{A}},\widetilde{\boldsymbol{b}}_1,\widetilde{\boldsymbol{b}}_2,\cdots,\widetilde{\boldsymbol{b}}_l)$ 中非零行的行数为 r 行，后 $m-r$ 行元素均为 0，也就是

$$\mathrm{R}(\boldsymbol{A},\boldsymbol{B})=\mathrm{R}(\widetilde{\boldsymbol{A}},\widetilde{\boldsymbol{b}}_1,\widetilde{\boldsymbol{b}}_2,\cdots,\widetilde{\boldsymbol{b}}_l)=\mathrm{R}(\boldsymbol{A})=r.$$

定理 5 矩阵方程 $\boldsymbol{A}_{m\times n}\boldsymbol{X}_{n\times l}=\boldsymbol{O}_{m\times l}$ 仅有零解的充分必要条件是 $\mathrm{R}(\boldsymbol{A})=n$.

这个定理可按与定理 4 类似的证明思路得到.

二、应用举例

例 1 求解非齐次线性方程组

$$\begin{cases} x_1-x_2-x_3+x_4=0, \\ x_1-x_2+x_3-3x_4=1, \\ x_1-x_2-2x_3+3x_4=-1/2. \end{cases}$$

解 对增广矩阵 $\boldsymbol{B}=(\boldsymbol{A},\boldsymbol{b})$ 施行初等行变换：

$$\boldsymbol{B}=(\boldsymbol{A},\boldsymbol{b})=\begin{pmatrix} 1 & -1 & -1 & 1 & 0 \\ 1 & -1 & 1 & -3 & 1 \\ 1 & -1 & -2 & 3 & -1/2 \end{pmatrix} \xrightarrow[r_3-r_1]{r_2-r_1} \begin{pmatrix} 1 & -1 & -1 & 1 & 0 \\ 0 & 0 & 2 & -4 & 1 \\ 0 & 0 & -1 & 2 & -1/2 \end{pmatrix}$$

$$\xrightarrow{r_2\times\frac{1}{2}} \begin{pmatrix} 1 & -1 & -1 & 1 & 0 \\ 0 & 0 & 1 & -2 & 1/2 \\ 0 & 0 & -1 & 2 & -1/2 \end{pmatrix} \xrightarrow[r_3+r_2]{r_1+r_2} \begin{pmatrix} 1 & -1 & 0 & -1 & 1/2 \\ 0 & 0 & 1 & -2 & 1/2 \\ 0 & 0 & 0 & 0 & 0 \end{pmatrix}.$$

可见，$\mathrm{R}(\boldsymbol{A})=\mathrm{R}(\boldsymbol{B})=2<4$，原方程组有无穷多解. 由行最简形矩阵写出对应的同解方程组：

$$\begin{cases} x_1-x_2-x_4=1/2, \\ x_3-2x_4=1/2. \end{cases}$$

取非零行的首个非零元素对应的未知数 x_1,x_3 作为非自由未知数，其余未知数 x_2,x_4 作为自由未知数，有

$$\begin{cases} x_1=x_2+x_4+1/2, \\ x_3=2x_4+1/2. \end{cases}$$

令 $x_2=c_1,x_4=c_2$，有

$$\begin{cases} x_1=c_1+c_2+1/2, \\ x_2=c_1, \\ x_3=2c_2+1/2, \\ x_4=c_2, \end{cases}$$

所以原方程组的通解为

$$\boldsymbol{x}=\begin{pmatrix} x_1 \\ x_2 \\ x_3 \\ x_4 \end{pmatrix}=c_1\begin{pmatrix} 1 \\ 1 \\ 0 \\ 0 \end{pmatrix}+c_2\begin{pmatrix} 1 \\ 0 \\ 2 \\ 1 \end{pmatrix}+\begin{pmatrix} 1/2 \\ 0 \\ 1/2 \\ 0 \end{pmatrix},\quad c_1,c_2 \text{ 为任意实数}.$$

例 2 求齐次线性方程组 $\boldsymbol{Ax}=\boldsymbol{0}$ 的通解,其中 $\boldsymbol{A}=\begin{pmatrix}1&2&2&1\\2&1&-2&-2\\1&-1&-4&-3\end{pmatrix}$.

解 对系数矩阵 $\boldsymbol{A}$ 施行初等行变换:

$$\boldsymbol{A}=\begin{pmatrix}1&2&2&1\\2&1&-2&-2\\1&-1&-4&-3\end{pmatrix}\xrightarrow[r_3-r_1]{r_2-2r_1}\begin{pmatrix}1&2&2&1\\0&-3&-6&-4\\0&-3&-6&-4\end{pmatrix}\xrightarrow[r_2\times\left(-\frac{1}{3}\right)]{r_3-r_2}\begin{pmatrix}1&2&2&1\\0&1&2&4/3\\0&0&0&0\end{pmatrix}$$

$$\xrightarrow{r_1-2r_2}\begin{pmatrix}1&0&-2&-5/3\\0&1&2&4/3\\0&0&0&0\end{pmatrix}.$$

可得与原方程组同解的方程组

$$\begin{cases}x_1-\quad 2x_3-\dfrac{5}{3}x_4=0,\\ x_2+2x_3+\dfrac{4}{3}x_4=0.\end{cases}$$

取 x_1,x_2 作为非自由未知数,x_3,x_4 作为自由未知数,有

$$\begin{cases}x_1=\ \ 2x_3+\dfrac{5}{3}x_4,\\ x_2=-2x_3-\dfrac{4}{3}x_4.\end{cases}$$

令 $x_3=c_1,x_4=c_2$,有

$$\begin{cases}x_1=\ \ 2c_1+\dfrac{5}{3}c_2,\\ x_2=-2c_1-\dfrac{4}{3}c_2,\\ x_3=\quad c_1,\\ x_4=\qquad\quad c_2,\end{cases}$$

则原方程组的通解为

$$\boldsymbol{x}=\begin{pmatrix}x_1\\x_2\\x_3\\x_4\end{pmatrix}=c_1\begin{pmatrix}2\\-2\\1\\0\end{pmatrix}+c_2\begin{pmatrix}5/3\\-4/3\\0\\1\end{pmatrix},\quad c_1,c_2\ \text{为任意实数}.$$

例 3 设有线性方程组

$$\begin{cases}\lambda x_1+x_2+x_3=1,\\ x_1+\lambda x_2+x_3=\lambda,\\ x_1+x_2+\lambda x_3=\lambda^2,\end{cases}$$

问：λ 取何值时，此方程组有唯一解，无解，有无穷多解？并求通解.

解 对增广矩阵 $\boldsymbol{B}=(\boldsymbol{A},\boldsymbol{b})$ 作初等行变换：

$$\boldsymbol{B}=\begin{pmatrix}\lambda&1&1&1\\1&\lambda&1&\lambda\\1&1&\lambda&\lambda^2\end{pmatrix}\xrightarrow{r_1\leftrightarrow r_3}\begin{pmatrix}1&1&\lambda&\lambda^2\\1&\lambda&1&\lambda\\\lambda&1&1&1\end{pmatrix}\xrightarrow[r_3-\lambda r_1]{r_2-r_1}\begin{pmatrix}1&1&\lambda&\lambda^2\\0&\lambda-1&1-\lambda&\lambda-\lambda^2\\0&1-\lambda&1-\lambda^2&1-\lambda^3\end{pmatrix}$$

$$\xrightarrow{r_3+r_2}\begin{pmatrix}1&1&\lambda&\lambda^2\\0&\lambda-1&1-\lambda&\lambda-\lambda^2\\0&0&2-\lambda-\lambda^2&1+\lambda-\lambda^2-\lambda^3\end{pmatrix}$$

$$=\begin{pmatrix}1&1&\lambda&\lambda^2\\0&\lambda-1&1-\lambda&\lambda(1-\lambda)\\0&0&(1-\lambda)(2+\lambda)&(1-\lambda)(1+\lambda)^2\end{pmatrix}.$$

(1) 当 $\lambda=1$ 时，$\boldsymbol{B}\xrightarrow{\text{初等行变换}}\begin{pmatrix}1&1&1&1\\0&0&0&0\\0&0&0&0\end{pmatrix}$，从而 $\mathrm{R}(\boldsymbol{A})=\mathrm{R}(\boldsymbol{B})<3$，线性方程组有无穷多解. 其同解方程组为

$$x_1=-x_2-x_3+1.$$

令 $x_2=c_1,x_3=c_2$，则原方程组的通解为

$$\boldsymbol{x}=\begin{pmatrix}x_1\\x_2\\x_3\end{pmatrix}=c_1\begin{pmatrix}-1\\1\\0\end{pmatrix}+c_2\begin{pmatrix}-1\\0\\1\end{pmatrix}+\begin{pmatrix}1\\0\\0\end{pmatrix},\quad c_1,c_2\text{ 为任意实数}.$$

(2) 当 $\lambda\neq1$ 时，$\boldsymbol{B}\xrightarrow{\text{初等行变换}}\begin{pmatrix}1&1&\lambda&\lambda^2\\0&1&-1&-\lambda\\0&0&2+\lambda&(1+\lambda)^2\end{pmatrix}$，这时又分两种情形：

① 当 $\lambda\neq1$，且 $\lambda\neq-2$ 时，$\mathrm{R}(\boldsymbol{A})=\mathrm{R}(\boldsymbol{B})=3$，线性方程组有唯一解，为

$$x_1=-\frac{\lambda+1}{\lambda+2},\quad x_2=\frac{1}{\lambda+2},\quad x_3=\frac{(\lambda+1)^2}{\lambda+2}.$$

② 当 $\lambda=-2$ 时，$\boldsymbol{B}\xrightarrow{\text{初等行变换}}\begin{pmatrix}1 & 1 & -2 & 4\\0 & -3 & 3 & -6\\0 & 0 & 0 & 3\end{pmatrix}$，从而 $R(\boldsymbol{A})<R(\boldsymbol{B})$，故线性方程组无解.

习　题　3.3

1. 求下列齐次线性方程组的解：

(1) $\begin{cases}x_1+2x_2+x_3-x_4=0,\\3x_1+6x_2-x_3-3x_4=0,\\5x_1+10x_2+x_3-5x_4=0;\end{cases}$　　(2) $\begin{cases}x_1+x_2+x_3-x_4=0,\\x_1+x_2+x_3+x_4=0,\\x_1-x_2+2x_3+2x_4=0,\\x_1+x_2-x_3+3x_4=0.\end{cases}$

2. 求下列非齐次线性方程组的解：

(1) $\begin{cases}x_1-x_2-x_3+x_4=0,\\x_1-x_2+2x_4=1,\\x_1-x_2-2x_3+3x_4=-1;\end{cases}$　　(2) $\begin{cases}x_1+x_2-3x_3-x_4=1,\\3x_1-x_2-3x_3+4x_4=4,\\x_1+5x_2-9x_3-8x_4=0;\end{cases}$

(3) $\begin{cases}4x_1+2x_2-x_3=2,\\3x_1-x_2+2x_3=10,\\11x_1+3x_2=8.\end{cases}$

3. 设有线性方程组

$$\begin{cases}ax_1+x_2+x_3=a-3,\\x_1+ax_2+x_3=-2,\\x_1+x_2+ax_3=-2.\end{cases}$$

(1) 试确定当 a 如何取值时，该方程组无解，有唯一解，有无穷多解；

(2) 求出该方程组的解.

4. 试确定 k 的值，使齐次线性方程组

$$\begin{cases}x_1-x_2+x_3=0,\\kx_1+2x_2+x_3=0,\\2x_1+kx_2=0\end{cases}$$

有非零解，并求其通解.

§3.4 综合例题

例 1 设矩阵

$$A=\begin{pmatrix}a_{11}&a_{12}&a_{13}\\a_{21}&a_{22}&a_{23}\\a_{31}&a_{32}&a_{33}\end{pmatrix},\quad B=\begin{pmatrix}a_{21}&a_{22}&a_{23}\\a_{11}&a_{12}&a_{13}\\a_{31}+a_{11}&a_{32}+a_{12}&a_{33}+a_{13}\end{pmatrix},$$

$$P_1=\begin{pmatrix}0&1&0\\1&0&0\\0&0&1\end{pmatrix},\quad P_2=\begin{pmatrix}1&0&0\\0&1&0\\1&0&1\end{pmatrix},$$

则必有(　　).

A. $AP_1P_2=B$　　B. $AP_2P_1=B$　　C. $P_1P_2A=B$　　D. $P_2P_1A=B$

解 $P_1=\begin{pmatrix}0&1&0\\1&0&0\\0&0&1\end{pmatrix}$表示由 E_3 变换 $r_1\leftrightarrow r_2$ 或 $c_1\leftrightarrow c_2$ 所得的初等矩阵;

$P_2=\begin{pmatrix}1&0&0\\0&1&0\\1&0&1\end{pmatrix}$表示由 E_3 变换 r_3+r_1 或 c_1+c_3 所得到的初等矩阵.

由于 $A\longrightarrow B$ 施行的是初等行变换,而用初等矩阵左乘 A 相当于对 A 施行初等行变换,用初等矩阵右乘 A 相当于对 A 施行初等列变换,可以排除选项 A 和 B. 选项 C 中 P_1P_2A 表示先把 A 的第 1 行元素加到第 3 行,再对换第 1,2 两行,得到的矩阵就是 B. 故答案为选项 C.

例 2 设矩阵 $A=\begin{pmatrix}1&1&1&1\\0&-1&1&b\\2&a&3&4\\3&1&5&7\end{pmatrix}$,求矩阵 A 的秩.

解 对矩阵 A 施行初等行变换化为行阶梯形矩阵:

$$A=\begin{pmatrix}1&1&1&1\\0&-1&1&b\\2&a&3&4\\3&1&5&7\end{pmatrix}\xrightarrow[r_4-3r_1]{r_3-2r_1}\begin{pmatrix}1&1&1&1\\0&-1&1&b\\0&a-2&1&2\\0&-2&2&4\end{pmatrix}$$

$$\xrightarrow[r_4-2r_2]{r_3+(a-2)r_2}\begin{pmatrix}1 & 1 & 1 & 1\\ 0 & -1 & 1 & b\\ 0 & 0 & a-1 & ab-2b+2\\ 0 & 0 & 0 & 4-2b\end{pmatrix}.$$

根据行阶梯形矩阵非零行的行数来确定矩阵 **A** 的秩：

当 $a\neq 1$，且 $b\neq 2$ 时，$\mathrm{R}(\boldsymbol{A})=4$；

当 $a=1$，且 $b=2$ 时，$\mathrm{R}(\boldsymbol{A})=2$；

当 $a\neq 1$，且 $b=2$，或者 $a=1$，且 $b\neq 2$ 时，$\mathrm{R}(\boldsymbol{A})=3$.

例 3 已知矩阵 $\boldsymbol{Q}=\begin{pmatrix}1 & 2 & 3\\ 2 & 4 & t\\ 3 & 6 & 9\end{pmatrix}$，$\boldsymbol{P}$ 为 3 阶非零矩阵，且满足 $\boldsymbol{PQ}=\boldsymbol{O}$，则(　　).

A. $t=6$ 时，$\boldsymbol{P}$ 的秩必为 1　　　B. $t=6$ 时，$\boldsymbol{P}$ 的秩必为 2

C. $t\neq 6$ 时，$\boldsymbol{P}$ 的秩必为 1　　　D. $t\neq 6$ 时，$\boldsymbol{P}$ 的秩必为 2

解 由 $\boldsymbol{PQ}=\boldsymbol{O}$ 及 $\boldsymbol{P}$ 为非零矩阵知

$$\mathrm{R}(\boldsymbol{P})+\mathrm{R}(\boldsymbol{Q})\leqslant 3,\quad 且\quad 1\leqslant \mathrm{R}(\boldsymbol{P})\leqslant 3.$$

又由于 $\mathrm{R}(\boldsymbol{Q})=\begin{cases}1, & t=6,\\ 2, & t\neq 6,\end{cases}$ 故当 $t\neq 6$ 时，$\mathrm{R}(\boldsymbol{Q})=2$，从而必有 $\mathrm{R}(\boldsymbol{P})=1$. 故应选 C.

例 4 设 **A** 是 $m\times n$ 矩阵，**B** 是 $n\times m$ 矩阵，则对于齐次线性方程组 $(\boldsymbol{AB})\boldsymbol{x}=\boldsymbol{0}$，下列结论成立的是(　　).

A. 当 $n>m$ 时，仅有零解　　　B. 当 $n>m$ 时，必有非零解

C. 当 $m>n$ 时，仅有零解　　　D. 当 $m>n$ 时，必有非零解

解 由于 **AB** 是 m 阶方阵，故 $(\boldsymbol{AB})\boldsymbol{x}=\boldsymbol{0}$ 是 m 元齐次线性方程组. 当 $m>n$ 时，必有

$$\mathrm{R}(\boldsymbol{AB})\leqslant \mathrm{R}(\boldsymbol{A})\leqslant n<m,$$

此时 $(\boldsymbol{AB})\boldsymbol{x}=\boldsymbol{0}$ 必有非零解. 故选 D.

例 5 下列命题中，正确的是(　　).

A. n 元线性方程组 $\boldsymbol{Ax}=\boldsymbol{b}$ 有唯一解 $\Leftrightarrow |\boldsymbol{A}|\neq 0$

B. 若齐次线性方程组 $\boldsymbol{Ax}=\boldsymbol{0}$ 只有零解，则非齐次线性方程组 $\boldsymbol{Ax}=\boldsymbol{b}$ 有唯一解

C. 若齐次线性方程组 $\boldsymbol{Ax}=\boldsymbol{0}$ 有非零解，则非齐次线性方程组 $\boldsymbol{Ax}=\boldsymbol{b}$ 有无穷多解

D. 若非齐次线性方程组 $\boldsymbol{Ax}=\boldsymbol{b}$ 有两个不同的解，则齐次线性方程组 $\boldsymbol{Ax}=\boldsymbol{0}$ 有无穷多解

解 n 元线性方程组只表示方程组有 n 个未知数，方程的个数不一定是 n 个，因此 **A** 不一定是 n 阶方阵，$|\boldsymbol{A}|$ 不一定存在，故 A 不正确.

由于 $\boldsymbol{Ax}=\boldsymbol{0}$ 只有零解 $\Leftrightarrow \mathrm{R}(\boldsymbol{A})=n$，$\boldsymbol{Ax}=\boldsymbol{b}$ 只有唯一解 $\Leftrightarrow \mathrm{R}(\boldsymbol{A})=\mathrm{R}(\boldsymbol{A},\boldsymbol{b})=n$，而由 $\mathrm{R}(\boldsymbol{A})=n$ 不能推出 $\mathrm{R}(\boldsymbol{A},\boldsymbol{b})=n$，故 B 不正确.

由于 $\boldsymbol{Ax}=\boldsymbol{0}$ 有非零解 $\Leftrightarrow \mathrm{R}(\boldsymbol{A})<n$，$\boldsymbol{Ax}=\boldsymbol{b}$ 有无穷多解 $\Leftrightarrow \mathrm{R}(\boldsymbol{A})=\mathrm{R}(\boldsymbol{A},\boldsymbol{b})<n$，而由 $\mathrm{R}(\boldsymbol{A})<n$ 不能推出 $\mathrm{R}(\boldsymbol{A},\boldsymbol{b})<n$，故 C 不正确.

由于 $\boldsymbol{Ax}=\boldsymbol{b}$ 有两个不同的解 $\Leftrightarrow \mathrm{R}(\boldsymbol{A})=\mathrm{R}(\boldsymbol{A},\boldsymbol{b})<n$，而 $\mathrm{R}(\boldsymbol{A})<n \Leftrightarrow \boldsymbol{Ax}=\boldsymbol{0}$ 有非零解，即有无穷多解，故选 D.

例 6 已知矩阵 $\boldsymbol{A}=\begin{pmatrix}2&1&-1\\0&3&1\\0&0&4\end{pmatrix}$，且 $\boldsymbol{BA}=\boldsymbol{B}+\boldsymbol{A}$，求矩阵 $\boldsymbol{B}$.

解 由 $\boldsymbol{BA}=\boldsymbol{B}+\boldsymbol{A}$ 得 $\boldsymbol{B}(\boldsymbol{A}-\boldsymbol{E})=\boldsymbol{A}$，所以有

$$\boldsymbol{B}=\boldsymbol{A}(\boldsymbol{A}-\boldsymbol{E})^{-1}.$$

用初等行变换法求 $(\boldsymbol{A}-\boldsymbol{E})^{-1}$：

$$(\boldsymbol{A}-\boldsymbol{E},\boldsymbol{E})=\begin{pmatrix}1&1&-1&1&0&0\\0&2&1&0&1&0\\0&0&3&0&0&1\end{pmatrix}\xrightarrow[r_1+r_2]{r_3\times\frac{1}{3}}\begin{pmatrix}1&3&0&1&1&0\\0&2&1&0&1&0\\0&0&1&0&0&1/3\end{pmatrix}$$

$$\xrightarrow{r_2-r_3}\begin{pmatrix}1&3&0&1&1&0\\0&2&0&0&1&-1/3\\0&0&1&0&0&1/3\end{pmatrix}\xrightarrow{r_2\times\frac{1}{2}}\begin{pmatrix}1&3&0&1&1&0\\0&1&0&0&1/2&-1/6\\0&0&1&0&0&1/3\end{pmatrix}$$

$$\xrightarrow{r_1-3r_2}\begin{pmatrix}1&0&0&1&-1/2&1/2\\0&1&0&0&1/2&-1/6\\0&0&1&0&0&1/3\end{pmatrix}.$$

故

$$(\boldsymbol{A}-\boldsymbol{E})^{-1}=\begin{pmatrix}1&-1/2&1/2\\0&1/2&-1/6\\0&0&1/3\end{pmatrix},$$

从而有

$$\boldsymbol{B}=\boldsymbol{A}(\boldsymbol{A}-\boldsymbol{E})^{-1}=\begin{pmatrix}2&1&-1\\0&3&1\\0&0&4\end{pmatrix}\begin{pmatrix}1&-1/2&1/2\\0&1/2&-1/6\\0&0&1/3\end{pmatrix}=\begin{pmatrix}2&-1/2&1/2\\0&3/2&-1/6\\0&0&4/3\end{pmatrix}.$$

例 7 已知齐次线性方程组

$$\begin{cases}x_1+2x_2+x_3=0,\\x_1+ax_2+2x_3=0,\\ax_1+4x_2+3x_3=0,\\2x_1+(a+2)x_2-5x_3=0\end{cases}$$

有非零解，试确定 a 的值.

解 齐次线性方程组有非零解的充分必要条件是 $\mathrm{R}(\boldsymbol{A})<n$. 对齐次线性方程组的系数矩阵 $\boldsymbol{A}$ 施行初等行变换：

$$\boldsymbol{A}=\begin{pmatrix}1&2&1\\1&a&2\\a&4&3\\2&a+2&-5\end{pmatrix}\xrightarrow[r_4-2r_1]{\substack{r_2-r_1\\r_3-ar_1}}\begin{pmatrix}1&2&1\\0&a-2&1\\0&4-2a&3-a\\0&a-2&-7\end{pmatrix}\xrightarrow[r_4-r_2]{r_3+2r_2}\begin{pmatrix}1&2&1\\0&a-2&1\\0&0&5-a\\0&0&-8\end{pmatrix}.$$

可见，当 $a=2$ 时，$\boldsymbol{A}\longrightarrow\begin{pmatrix}1&2&1\\0&0&1\\0&0&0\\0&0&0\end{pmatrix}$，$\mathrm{R}(\boldsymbol{A})=2<3$，齐次线性方程组有非零解；

当 $a\neq 2$ 时，$\mathrm{R}(\boldsymbol{A})=3$，齐次线性方程组仅有零解.

例 8 设如下线性方程组(Ⅰ)与方程(Ⅱ)有公共解：

$$(\text{Ⅰ}):\begin{cases}x_1+\ x_2+\ \ x_3=0,\\x_1+2x_2+\ ax_3=0,\\x_1+4x_2+a^2x_3=0;\end{cases}$$

$$(\text{Ⅱ}):x_1+2x_2+x_3=a-1.$$

求 a 的值及所有公共解.

解 把(Ⅰ)和(Ⅱ)联立成一个方程组，对其增广矩阵施行初等行变换：

$$(\boldsymbol{A},\boldsymbol{b})=\begin{pmatrix}1&1&1&0\\1&2&a&0\\1&4&a^2&0\\1&2&1&a-1\end{pmatrix}\xrightarrow[r_4-r_1]{\substack{r_2-r_1\\r_3-r_1}}\begin{pmatrix}1&1&1&0\\0&1&a-1&0\\0&3&a^2-1&0\\0&1&0&a-1\end{pmatrix}$$

$$\xrightarrow[r_4-r_2]{r_3-3r_2}\begin{pmatrix}1&1&1&0\\0&1&a-1&0\\0&0&(a-1)(a-2)&0\\0&0&1-a&a-1\end{pmatrix}.$$

当 $a\neq 1$，且 $a\neq 2$ 时，$(\boldsymbol{A},\boldsymbol{b})\longrightarrow\begin{pmatrix}1&1&1&0\\0&1&a-1&0\\0&0&1&0\\0&0&0&-1\end{pmatrix}$，$\mathrm{R}(\boldsymbol{A})=3<\mathrm{R}(\boldsymbol{A},\boldsymbol{b})=4$，联立后的方程组无解，从而(Ⅰ)与(Ⅱ)没有公共解；

当 $a=1$ 时，$(\boldsymbol{A},\boldsymbol{b})\longrightarrow\begin{pmatrix}1&1&1&0\\0&1&0&0\\0&0&0&0\\0&0&0&0\end{pmatrix}$，联立后的方程组的通解为 $\boldsymbol{x}=k\begin{pmatrix}1\\0\\-1\end{pmatrix}$，$k\in\mathbb{R}$，即为(Ⅰ)与(Ⅱ)的公共解；

当 $a=2$ 时，$(\boldsymbol{A},\boldsymbol{b})\longrightarrow\begin{pmatrix}1&1&1&0\\0&1&1&0\\0&0&-1&1\\0&0&0&0\end{pmatrix}$，联立后的方程组有唯一解 $\boldsymbol{x}=\begin{pmatrix}0\\1\\-1\end{pmatrix}$，即为(Ⅰ)与(Ⅱ)的公共解.

总习题三

1. 选择题：

(1) 设 $\boldsymbol{A},\boldsymbol{B}$ 都是 n 阶非零矩阵，且 $\boldsymbol{AB}=\boldsymbol{O}$，则 $\boldsymbol{A}$ 和 $\boldsymbol{B}$ 的秩(　　)；

A. 必有一个等于 n　　B. 都小于 n

C. 一个小于 n，另一个等于 n　　D. 都等于 n

(2) 设 $\boldsymbol{A},\boldsymbol{B},\boldsymbol{C}$ 都是 3 阶方阵，它们的秩各不相等，且 $\boldsymbol{A}=\boldsymbol{BC}$，则矩阵 $\boldsymbol{A}$ 的秩为(　　)；

A. 0　　B. 1　　C. 2　　D. 3

(3) 将齐次线性方程组 $\begin{cases}\lambda x_1+x_2+\lambda^2x_3=0,\\x_1+\lambda x_2+x_3=0,\\x_1+x_2+\lambda x_3=0\end{cases}$ 的系数矩阵记为 $\boldsymbol{A}$，若存在 3 阶非零矩阵 $\boldsymbol{B}$，使得 $\boldsymbol{AB}=\boldsymbol{O}$，则(　　)；

A. $\lambda=-2$，且 $|\boldsymbol{B}|=0$　　B. $\lambda=-2$，且 $|\boldsymbol{B}|\neq0$

C. $\lambda=1$，且 $|\boldsymbol{B}|=0$　　D. $\lambda=1$，且 $|\boldsymbol{B}|\neq0$

(4) 设 $\boldsymbol{A}$ 是 n 阶方阵，$\boldsymbol{\alpha}$ 是 $n\times1$ 矩阵(列向量)，且 $\mathrm{R}\begin{pmatrix}\boldsymbol{A}&\boldsymbol{\alpha}\\\boldsymbol{\alpha}^{\mathrm{T}}&\boldsymbol{O}\end{pmatrix}=\mathrm{R}(\boldsymbol{A})$，则线性方程组(　　)；

A. $\boldsymbol{Ax}=\boldsymbol{\alpha}$ 必有无穷多解　　B. $\boldsymbol{Ax}=\boldsymbol{\alpha}$ 必有唯一解

C. $\begin{pmatrix}\boldsymbol{A}&\boldsymbol{\alpha}\\\boldsymbol{\alpha}^{\mathrm{T}}&\boldsymbol{O}\end{pmatrix}\begin{pmatrix}\boldsymbol{x}\\\boldsymbol{y}\end{pmatrix}=\boldsymbol{0}$ 仅有零解　　D. $\begin{pmatrix}\boldsymbol{A}&\boldsymbol{\alpha}\\\boldsymbol{\alpha}^{\mathrm{T}}&\boldsymbol{O}\end{pmatrix}\begin{pmatrix}\boldsymbol{x}\\\boldsymbol{y}\end{pmatrix}=\boldsymbol{0}$ 必有非零解

(5) 设齐次线性方程组 $\boldsymbol{Ax}=\boldsymbol{0}$ 的通解为 $\boldsymbol{x}=c_1\begin{pmatrix}1\\0\\2\end{pmatrix}+c_2\begin{pmatrix}0\\1\\-1\end{pmatrix}$，则系数矩阵 $\boldsymbol{A}$ 为(　　).

A. $(-2,1,1)$　　B. $\begin{pmatrix}2&0&-1\\0&1&1\end{pmatrix}$

C. $\begin{pmatrix}-1&0&2\\0&1&-1\end{pmatrix}$　　D. $\begin{pmatrix}0&1&-1\\4&-2&-2\\0&1&1\end{pmatrix}$

2. 填空题：

(1) 设 $\boldsymbol{A}$ 是 4×3 矩阵，且矩阵 $\boldsymbol{A}$ 的秩为 $R(\boldsymbol{A})=2$，而矩阵 $\boldsymbol{B}=\begin{pmatrix}1&0&2\\0&2&0\\1&0&-1\end{pmatrix}$，则 $R(\boldsymbol{AB})$ $=$________；

(2) 设矩阵 $\boldsymbol{A}=\begin{pmatrix}3&0&-1\\-1&1&2\\1&a&-2\end{pmatrix}$，且 $R(\boldsymbol{A})=2$，则 $a=$________；

(3) 设 $\boldsymbol{A}$ 是 3 阶方阵，满足 $\boldsymbol{A}^2=\boldsymbol{O}$，则有 $R(\boldsymbol{A})=$________；

(4) 设 $\boldsymbol{A}$ 是 4×3 矩阵，增加一行变为矩阵 $\boldsymbol{B}$，则 $R(\boldsymbol{B})$________$R(\boldsymbol{A})$；

(5) 已知线性方程组 $\begin{pmatrix}1&2&1\\2&3&a+2\\1&a&-2\end{pmatrix}\begin{pmatrix}x_1\\x_2\\x_3\end{pmatrix}=\begin{pmatrix}1\\3\\0\end{pmatrix}$ 无解，则 $a=$________；

(6) 设线性方程组 $\begin{pmatrix}a&1&1\\1&a&1\\1&1&a\end{pmatrix}\begin{pmatrix}x_1\\x_2\\x_3\end{pmatrix}=\begin{pmatrix}1\\1\\-2\end{pmatrix}$ 有无穷多解，则 $a=$________；

3. 设矩阵

$$\boldsymbol{A}=\begin{pmatrix}a&b&-3\\2&0&2\\3&2&-1\end{pmatrix},\quad \boldsymbol{B}=\begin{pmatrix}b-1&a&1\\-1&1&0\\0&2&1\end{pmatrix}.$$

若 $R(\boldsymbol{AB})$ 小于 $R(\boldsymbol{A})$ 和 $R(\boldsymbol{B})$，求 a,b 和 $R(\boldsymbol{AB})$.

4. 设矩阵 $\boldsymbol{A}=\begin{pmatrix}1&-1&2\\2&1&3\\4&k&1\end{pmatrix}$，当 k 取何值时，$R(\boldsymbol{A})=3$？当 k 取何值时，$R(\boldsymbol{A})<3$？

5. 设矩阵 $\boldsymbol{A}=\begin{pmatrix}-5&3&1\\2&-1&1\end{pmatrix}$，求一个可逆矩阵 $\boldsymbol{P}$，使得 $\boldsymbol{PA}$ 为行最简形矩阵.

6. 设矩阵

$$A=\begin{pmatrix}2 & 0 & -1 & 1\\ 0 & 1 & 2 & -1\\ 1 & -2 & 1 & 1\\ 3 & -1 & 0 & 2\end{pmatrix},$$

用矩阵的初等行变换求 $\boldsymbol{A}$ 的逆矩阵.

7. 设矩阵

$$A=\begin{pmatrix}-3 & 2 & -1 & 1 & 0\\ 0 & 1 & 1 & -1 & 2\\ -1 & 2 & 3 & 1 & -1\\ 2 & 0 & 4 & 0 & -1\end{pmatrix},$$

试将 $\boldsymbol{A}$ 化成行最简形矩阵和标准形.

8. 确定参数 a,b 的值,使线性方程组

$$\begin{cases}ax_1-x_2+2x_3=1,\\ x_1+2x_2-x_3=b,\\ 2x_1+x_2+x_3=3\end{cases}$$

有无穷多解.

9. 求齐次线性方程组

$$\begin{cases}x_1+ax_2+ax_3=0,\\ ax_1+x_2+ax_3=0,\\ ax_1+ax_2+x_3=0\end{cases}$$

的所有非零解.

10. 证明:线性方程组

$$\begin{cases}x_1-x_2=b_1,\\ x_2-x_3=b_2,\\ x_3-x_4=b_3,\\ x_4-x_1=b_4\end{cases}$$

有解的充分必要条件是

$$b_1+b_2+b_3+b_4=0.$$

第四章 向量组的线性相关性

在各种数学和物理问题上经常出现向量这一概念.本章将介绍 n 维向量,向量组的线性组合,向量组的线性相关性,向量组的秩,n 维向量空间,向量空间的基与维数,向量空间的标准正交基,基的变换等概念.此外,还将研究如何使用向量组线性相关性的理论来解决线性方程组解的结构问题.

§4.1 向量组的线性组合及线性相关性

一、n 维向量及向量组的概念

定义 1 n 个有次序的数 $a_1,a_2,\cdots,a_n$ 所组成的数组称为 **n 维向量**,简称为**向量**.这 n 个数称为该向量的 n 个**分量**,第 i 个数 a_i 称为**第 i 个分量**$(i=1,2,\cdots,n)$.

分量全为实数的向量称为**实向量**,分量为复数的向量称为**复向量**.例如,$(1,2,\cdots,n)$ 为 n 维实向量,$(1+2\mathrm{i},2+3\mathrm{i},\cdots,n+(n+1)\mathrm{i})$ 为 n 维复向量.本书中若非特别指出,均为实向量.

通常用 $\boldsymbol{\alpha},\boldsymbol{\beta},\boldsymbol{a},\boldsymbol{b},\boldsymbol{x},\boldsymbol{y}$ 等小写黑体字母表示向量.分量全为 0 的向量称为**零向量**,记做 $\mathbf{0}$.

n 维向量写成一行,称为 **n 维行向量**,也就是 $1\times n$ 矩阵.例如,向量

$$\boldsymbol{\alpha}=(a_1,a_2,\cdots,a_n)$$

为 n 维行向量.n 维向量写成一列,称为 **n 维列向量**,也就是 $n\times 1$ 矩阵.例如,向量

$$\boldsymbol{\beta}=\begin{pmatrix}b_1\\b_2\\\vdots\\b_n\end{pmatrix}$$

为 n 维列向量.为了书写方便,通常将列向量 $\boldsymbol{\beta}$ 写成如下形式:

$$\boldsymbol{\beta}=(b_1,b_2,\cdots,b_n)^{\mathrm{T}}.$$

行向量和列向量都是特殊的矩阵,可按照矩阵的运算法则进行运算. 若 $\boldsymbol{\alpha}$ 是行向量,显然 $\boldsymbol{\alpha}^{\mathrm{T}}$ 是列向量,反之亦然. 本书中,所涉及的向量如果没有特别说明是行向量还是列向量时,都当做列向量.

在解析几何中,把"既有大小又有方向的量"称为向量,它的几何表示为可以随意平行移动的有向线段. 引进了坐标系后,向量在某个坐标系下的坐标构成有次序的数组就是线性代数中的向量,即向量的坐标表达式. 例如,平面上的向量可以由数组(x,y)表示,3 维空间中的向量可以由数组(x,y,z)表示. 但是,当维数 $n>3$ 时,n 维向量就不再有几何表示了.

若干个同维数的列向量(或同维数的行向量)所组成的集合叫做**向量组**.

例如,在 $m\times n$ 矩阵

$$\boldsymbol{A}=\begin{pmatrix} a_{11} & \cdots & a_{1j} & \cdots & a_{1n} \\ a_{21} & \cdots & a_{2j} & \cdots & a_{2n} \\ \vdots & & \vdots & & \vdots \\ a_{m1} & \cdots & a_{mj} & \cdots & a_{mn} \end{pmatrix}$$

中,有 n 个 m 维列向量

$$\boldsymbol{\alpha}_j=\begin{pmatrix} a_{1j} \\ a_{2j} \\ \vdots \\ a_{mj} \end{pmatrix}, \quad j=1,2,\cdots,n,$$

它们组成一个向量组(Ⅰ):$\boldsymbol{\alpha}_1,\boldsymbol{\alpha}_2,\cdots,\boldsymbol{\alpha}_n$,称为矩阵 $\boldsymbol{A}$ 的**列向量组**. 此列向量组构成矩阵 $\boldsymbol{A}$:

$$\boldsymbol{A}=(\boldsymbol{\alpha}_1,\boldsymbol{\alpha}_2,\cdots,\boldsymbol{\alpha}_n).$$

同样地,矩阵 $\boldsymbol{A}$ 中有 m 个 n 维行向量

$$\tilde{\boldsymbol{\alpha}}_i=(a_{i1},a_{i2},\cdots,a_{in}), \quad i=1,2,\cdots,m,$$

它们组成一个向量组(Ⅱ):$\tilde{\boldsymbol{\alpha}}_1,\tilde{\boldsymbol{\alpha}}_2,\cdots,\tilde{\boldsymbol{\alpha}}_m$,称为矩阵 $\boldsymbol{A}$ 的**行向量组**. 此行向量组也构成矩阵 $\boldsymbol{A}$:

$$\boldsymbol{A}=\begin{pmatrix} \tilde{\boldsymbol{\alpha}}_1 \\ \tilde{\boldsymbol{\alpha}}_2 \\ \vdots \\ \tilde{\boldsymbol{\alpha}}_m \end{pmatrix}.$$

可见含有限个向量的向量组与矩阵具有一一对应的关系.

但是含无限多个向量的向量组就不存在与之对应的矩阵. 例如,当 $\mathrm{R}(\boldsymbol{A})<n$ 时,线性方程组 $\boldsymbol{A}_{m\times n}\boldsymbol{x}=\boldsymbol{0}$ 的全体解向量就是含无限多个 n 维解向量的向量组,它们不能构成矩阵.

二、向量组的线性组合

定义 2 对于 n 维向量组 $\boldsymbol{\alpha}_1,\boldsymbol{\alpha}_2,\cdots,\boldsymbol{\alpha}_m$ 和 n 维向量 $\boldsymbol{b}$,若有一组实数 $k_1,k_2,\cdots,k_m$,使得

$$\boldsymbol{b}=k_1\boldsymbol{\alpha}_1+k_2\boldsymbol{\alpha}_2+\cdots+k_m\boldsymbol{\alpha}_m,$$

则称向量 $\boldsymbol{b}$ 可由向量组 $\boldsymbol{\alpha}_1,\boldsymbol{\alpha}_2,\cdots,\boldsymbol{\alpha}_m$ **线性表示**，或称 $\boldsymbol{b}$ 是向量组 $\boldsymbol{\alpha}_1,\boldsymbol{\alpha}_2,\cdots,\boldsymbol{\alpha}_m$ 的**线性组合**，其中 $k_1,k_2,\cdots,k_m$ 称为向量 $\boldsymbol{b}$ 由向量组 $\boldsymbol{\alpha}_1,\boldsymbol{\alpha}_2,\cdots,\boldsymbol{\alpha}_m$ 线性表示的**系数**.

例如，设向量

$$\boldsymbol{\alpha}_1=(1,1,0)^{\mathrm{T}},\quad \boldsymbol{\alpha}_2=(0,1,1)^{\mathrm{T}},\quad \boldsymbol{\alpha}_3=(1,0,1)^{\mathrm{T}},\quad \boldsymbol{\alpha}=(2,2,2)^{\mathrm{T}},$$

向量 $\boldsymbol{\alpha}$ 可由向量组 $\boldsymbol{\alpha}_1,\boldsymbol{\alpha}_2,\boldsymbol{\alpha}_3$ 线性表示为

$$\boldsymbol{\alpha}=\boldsymbol{\alpha}_1+\boldsymbol{\alpha}_2+\boldsymbol{\alpha}_3,$$

线性表示的系数为 1,1,1.

又如，n 维向量组

$$\boldsymbol{e}_1=(1,0,\cdots,0)^{\mathrm{T}},\quad \boldsymbol{e}_2=(0,1,\cdots,0)^{\mathrm{T}},\quad \cdots,\quad \boldsymbol{e}_n=(0,0,\cdots,1)^{\mathrm{T}}$$

称为**单位坐标向量组**. 对于任意 n 维向量

$$\boldsymbol{\alpha}=(a_1,a_2,\cdots,a_n)^{\mathrm{T}},$$

有

$$\boldsymbol{\alpha}=a_1\boldsymbol{e}_1+a_2\boldsymbol{e}_2+\cdots+a_n\boldsymbol{e}_n,$$

其中线性表示的系数 $a_1,\cdots,a_n$ 为 $\boldsymbol{\alpha}$ 的各个分量.

向量 $\mathbf{0}$ 可以表示为任意向量组的线性组合，因为 $\mathbf{0}=0\boldsymbol{\alpha}_1+0\boldsymbol{\alpha}_2+\cdots+0\boldsymbol{\alpha}_m$.

由定义 2 可见，向量 $\boldsymbol{b}$ 能否由向量组 $\boldsymbol{\alpha}_1,\boldsymbol{\alpha}_2,\cdots,\boldsymbol{\alpha}_m$ 线性表示，也就是线性方程组

$$x_1\boldsymbol{\alpha}_1+x_2\boldsymbol{\alpha}_2+\cdots+x_m\boldsymbol{\alpha}_m=\boldsymbol{b} \tag{1}$$

是否有解. 向量方程(1)可写成矩阵乘积的形式为

$$(\boldsymbol{\alpha}_1,\boldsymbol{\alpha}_2,\cdots,\boldsymbol{\alpha}_m)\begin{pmatrix}x_1\\x_2\\\vdots\\x_m\end{pmatrix}=\boldsymbol{b},\quad 即\quad \boldsymbol{A}\boldsymbol{x}=\boldsymbol{b}.$$

由上一章§3.3 线性方程组解的判定定理可以得到下面的定理 1.

定理 1 向量 $\boldsymbol{b}$ 能够由向量组 $\boldsymbol{\alpha}_1,\boldsymbol{\alpha}_2,\cdots,\boldsymbol{\alpha}_m$ 线性表示的充分必要条件是

$$\mathrm{R}(\boldsymbol{A})=\mathrm{R}(\boldsymbol{A},\boldsymbol{b}),$$

其中矩阵 $\boldsymbol{A}=(\boldsymbol{\alpha}_1,\boldsymbol{\alpha}_2,\cdots,\boldsymbol{\alpha}_m)$.

进一步，如果方程组(1)具有唯一解（即 $\mathrm{R}(\boldsymbol{A})=\mathrm{R}(\boldsymbol{A},\boldsymbol{b})=m$），则向量 $\boldsymbol{b}$ 能够由向量组 $\boldsymbol{\alpha}_1,\boldsymbol{\alpha}_2,\cdots,\boldsymbol{\alpha}_m$ 唯一线性表示；如果方程组(1)有无穷多解（即 $\mathrm{R}(\boldsymbol{A})=\mathrm{R}(\boldsymbol{A},\boldsymbol{b})<m$），则向量 $\boldsymbol{b}$ 可由向量组 $\boldsymbol{\alpha}_1,\boldsymbol{\alpha}_2,\cdots,\boldsymbol{\alpha}_m$ 线性表示，但表示法不唯一.

例 1 设

$$\boldsymbol{\alpha}_1=(2,2,-1)^{\mathrm{T}},\quad \boldsymbol{\alpha}_2=(2,-1,2)^{\mathrm{T}},$$
$$\boldsymbol{\alpha}_3=(-1,2,2)^{\mathrm{T}},\quad \boldsymbol{b}=(1,0,-4)^{\mathrm{T}},$$

判断向量 $\boldsymbol{b}$ 能否由向量组 $\boldsymbol{\alpha}_1,\boldsymbol{\alpha}_2,\boldsymbol{\alpha}_3$ 线性表示. 若能,请写出线性表示的表达式.

解 令 $\boldsymbol{A}=(\boldsymbol{\alpha}_1,\boldsymbol{\alpha}_2,\boldsymbol{\alpha}_3)$,根据定理1,只要判断 $R(\boldsymbol{A})$ 与 $R(\boldsymbol{A},\boldsymbol{b})$ 是否相等. 为此,把矩阵 $(\boldsymbol{A},\boldsymbol{b})$ 施行初等行变换化成行最简形矩阵. 而求线性表示的表达式,只需要求出 $\boldsymbol{Ax}=\boldsymbol{b}$ 的解即可. 由于

$$(\boldsymbol{A},\boldsymbol{b})=\begin{pmatrix}2&2&-1&1\\2&-1&2&0\\-1&2&2&-4\end{pmatrix}\xrightarrow[r_1\times\frac{1}{3}]{r_1+r_2+r_3}\begin{pmatrix}1&1&1&-1\\2&-1&2&0\\-1&2&2&-4\end{pmatrix}$$

$$\xrightarrow[r_3+r_1]{r_2-2r_1}\begin{pmatrix}1&1&1&-1\\0&-3&0&2\\0&3&3&-5\end{pmatrix}\xrightarrow[r_3\times\frac{1}{3}]{r_2\times\left(-\frac{1}{3}\right)}\begin{pmatrix}1&1&1&-1\\0&1&0&-2/3\\0&1&1&-5/3\end{pmatrix}$$

$$\xrightarrow[r_3-r_2]{r_1-r_3}\begin{pmatrix}1&0&0&2/3\\0&1&0&-2/3\\0&0&1&-1\end{pmatrix},$$

可见 $R(\boldsymbol{A})=R(\boldsymbol{A},\boldsymbol{b})=3$,线性方程组 $\boldsymbol{Ax}=\boldsymbol{b}$ 具有唯一解,为

$$\boldsymbol{x}=\begin{pmatrix}2/3\\-2/3\\-1\end{pmatrix},$$

从而 $\boldsymbol{b}$ 可由向量组 $\boldsymbol{\alpha}_1,\boldsymbol{\alpha}_2,\boldsymbol{\alpha}_3$ 唯一地表示为

$$\boldsymbol{b}=\frac{2}{3}\boldsymbol{\alpha}_1-\frac{2}{3}\boldsymbol{\alpha}_2-\boldsymbol{\alpha}_3.$$

下面来讨论向量组之间的关系.

定义 3 如果向量组 $\boldsymbol{\beta}_1,\boldsymbol{\beta}_2,\cdots,\boldsymbol{\beta}_s$ 中每一个向量都能够由向量组 $\boldsymbol{\alpha}_1,\boldsymbol{\alpha}_2,\cdots,\boldsymbol{\alpha}_m$ 线性表示,则称向量组 $\boldsymbol{\beta}_1,\boldsymbol{\beta}_2,\cdots,\boldsymbol{\beta}_s$ 能够由向量组 $\boldsymbol{\alpha}_1,\boldsymbol{\alpha}_2,\cdots,\boldsymbol{\alpha}_m$ **线性表示**. 如果向量组 $\boldsymbol{\alpha}_1,\boldsymbol{\alpha}_2,\cdots,\boldsymbol{\alpha}_m$ 与向量组 $\boldsymbol{\beta}_1,\boldsymbol{\beta}_2,\cdots,\boldsymbol{\beta}_s$ 能够相互线性表示,则称这两个向量组**等价**.

定理 2 向量组 $\boldsymbol{\beta}_1,\boldsymbol{\beta}_2,\cdots,\boldsymbol{\beta}_s$ 能够由向量组 $\boldsymbol{\alpha}_1,\boldsymbol{\alpha}_2,\cdots,\boldsymbol{\alpha}_m$ 线性表示的充分必要条件是

$$R(\boldsymbol{A})=R(\boldsymbol{A},\boldsymbol{B}),$$

其中矩阵 $\boldsymbol{A}=(\boldsymbol{\alpha}_1,\boldsymbol{\alpha}_2,\cdots,\boldsymbol{\alpha}_m)$,$\boldsymbol{B}=(\boldsymbol{\beta}_1,\boldsymbol{\beta}_2,\cdots,\boldsymbol{\beta}_s)$.

证明 向量组 $\boldsymbol{\beta}_1,\boldsymbol{\beta}_2,\cdots,\boldsymbol{\beta}_s$ 能够由向量组 $\boldsymbol{\alpha}_1,\boldsymbol{\alpha}_2,\cdots,\boldsymbol{\alpha}_m$ 线性表示,也就是向量组 $\boldsymbol{\beta}_1,\boldsymbol{\beta}_2,\cdots,\boldsymbol{\beta}_s$ 中的任一向量 $\boldsymbol{\beta}_j(j=1,2,\cdots,s)$ 都可由向量组 $\boldsymbol{\alpha}_1,\boldsymbol{\alpha}_2,\cdots,\boldsymbol{\alpha}_m$ 线性表示,即

$$\boldsymbol{\beta}_j=(\boldsymbol{\alpha}_1,\boldsymbol{\alpha}_2,\cdots,\boldsymbol{\alpha}_m)\begin{pmatrix}k_{1j}\\k_{2j}\\\vdots\\k_{mj}\end{pmatrix}\quad(j=1,2,\cdots,s),$$

从而

$$(\boldsymbol{\beta}_1,\boldsymbol{\beta}_2,\cdots,\boldsymbol{\beta}_s)=(\boldsymbol{\alpha}_1,\boldsymbol{\alpha}_2,\cdots,\boldsymbol{\alpha}_m)\begin{pmatrix}k_{11}&k_{12}&\cdots&k_{1s}\\k_{21}&k_{22}&\cdots&k_{2s}\\\vdots&\vdots&&\vdots\\k_{m1}&k_{m2}&\cdots&k_{ms}\end{pmatrix},$$

即
$$\boldsymbol{B}=\boldsymbol{A}\boldsymbol{K},$$
这里 $\boldsymbol{K}=(k_{ij})_{m\times s}$,称为向量组 $\boldsymbol{\beta}_1,\boldsymbol{\beta}_2,\cdots,\boldsymbol{\beta}_s$ 由向量组 $\boldsymbol{\alpha}_1,\boldsymbol{\alpha}_2,\cdots,\boldsymbol{\alpha}_m$ 线性表示的**系数矩阵**.

$\boldsymbol{B}=\boldsymbol{A}\boldsymbol{K}$ 也就是说明了矩阵方程 $\boldsymbol{A}\boldsymbol{X}=\boldsymbol{B}$ 有解,解矩阵为 $\boldsymbol{X}=\boldsymbol{K}$,而 $\boldsymbol{A}\boldsymbol{X}=\boldsymbol{B}$ 有解的充分必要条件是 $\mathrm{R}(\boldsymbol{A})=\mathrm{R}(\boldsymbol{A},\boldsymbol{B})$.

推论 1 向量组 $\boldsymbol{\alpha}_1,\boldsymbol{\alpha}_2,\cdots,\boldsymbol{\alpha}_m$ 与向量组 $\boldsymbol{\beta}_1,\boldsymbol{\beta}_2,\cdots,\boldsymbol{\beta}_s$ 等价的充分必要条件是
$$\mathrm{R}(\boldsymbol{A})=\mathrm{R}(\boldsymbol{B})=\mathrm{R}(\boldsymbol{A},\boldsymbol{B}),$$
其中矩阵 $\boldsymbol{A}=(\boldsymbol{\alpha}_1,\boldsymbol{\alpha}_2,\cdots,\boldsymbol{\alpha}_m)$,$\boldsymbol{B}=(\boldsymbol{\beta}_1,\boldsymbol{\beta}_2,\cdots,\boldsymbol{\beta}_s)$.

证明 由于向量组 $\boldsymbol{\alpha}_1,\boldsymbol{\alpha}_2,\cdots,\boldsymbol{\alpha}_m$ 与向量组 $\boldsymbol{\beta}_1,\boldsymbol{\beta}_2,\cdots,\boldsymbol{\beta}_s$ 等价,也就是它们能够相互线性表示,根据定理 2 知,$\mathrm{R}(\boldsymbol{A})=\mathrm{R}(\boldsymbol{A},\boldsymbol{B})$,且 $\mathrm{R}(\boldsymbol{B})=\mathrm{R}(\boldsymbol{B},\boldsymbol{A})$,而 $\mathrm{R}(\boldsymbol{A},\boldsymbol{B})=\mathrm{R}(\boldsymbol{B},\boldsymbol{A})$,因此有 $\mathrm{R}(\boldsymbol{A})=\mathrm{R}(\boldsymbol{B})=\mathrm{R}(\boldsymbol{A},\boldsymbol{B})$.

等价向量组具有下列三个性质:

(1) **自反性**:向量组自身等价;

(2) **对称性**:如果向量组(Ⅰ)与(Ⅱ)等价,那么(Ⅱ)与(Ⅰ)等价;

(3) **传递性**:如果向量组(Ⅰ)与(Ⅱ)等价,(Ⅱ)与(Ⅲ)等价,那么(Ⅰ)与(Ⅲ)等价.

定理 3 向量组 $\boldsymbol{\beta}_1,\boldsymbol{\beta}_2,\cdots,\boldsymbol{\beta}_s$ 能由向量组 $\boldsymbol{\alpha}_1,\boldsymbol{\alpha}_2,\cdots,\boldsymbol{\alpha}_m$ 线性表示,则
$$\mathrm{R}(\boldsymbol{B})\leqslant\mathrm{R}(\boldsymbol{A}),$$
其中 $\boldsymbol{A}=(\boldsymbol{\alpha}_1,\boldsymbol{\alpha}_2,\cdots,\boldsymbol{\alpha}_m)$,$\boldsymbol{B}=(\boldsymbol{\beta}_1,\boldsymbol{\beta}_2,\cdots,\boldsymbol{\beta}_s)$.

证明 由于向量组 $\boldsymbol{\beta}_1,\boldsymbol{\beta}_2,\cdots,\boldsymbol{\beta}_s$ 能由向量组 $\boldsymbol{\alpha}_1,\boldsymbol{\alpha}_2,\cdots,\boldsymbol{\alpha}_m$ 线性表示,根据定理 2 可知,$\mathrm{R}(\boldsymbol{A})=\mathrm{R}(\boldsymbol{A},\boldsymbol{B})$. 而 $\mathrm{R}(\boldsymbol{B})\leqslant\mathrm{R}(\boldsymbol{A},\boldsymbol{B})$,因此有 $\mathrm{R}(\boldsymbol{B})\leqslant\mathrm{R}(\boldsymbol{A})$.

例 2 证明:n 维单位坐标向量组 $\boldsymbol{e}_1,\boldsymbol{e}_2,\cdots,\boldsymbol{e}_n$ 能由 n 维向量组 $\boldsymbol{\alpha}_1,\boldsymbol{\alpha}_2,\cdots,\boldsymbol{\alpha}_m$ 线性表示的充分必要条件是 $\mathrm{R}(\boldsymbol{A})=\mathrm{R}(\boldsymbol{E})=n$,其中 $\boldsymbol{A}=(\boldsymbol{\alpha}_1,\boldsymbol{\alpha}_2,\cdots,\boldsymbol{\alpha}_m)$,$\boldsymbol{E}=(\boldsymbol{e}_1,\boldsymbol{e}_2,\cdots,\boldsymbol{e}_n)$.

证明 由定理 2 知,向量组 $\boldsymbol{e}_1,\boldsymbol{e}_2,\cdots,\boldsymbol{e}_n$ 能由向量组 $\boldsymbol{\alpha}_1,\boldsymbol{\alpha}_2,\cdots,\boldsymbol{\alpha}_m$ 线性表示的充分必要条件是
$$\mathrm{R}(\boldsymbol{A})=\mathrm{R}(\boldsymbol{A},\boldsymbol{E}).$$
而 $n=\mathrm{R}(\boldsymbol{E})\leqslant\mathrm{R}(\boldsymbol{A},\boldsymbol{E})$,又因为矩阵 $(\boldsymbol{A},\boldsymbol{E})$ 为 $n\times(m+n)$ 矩阵,所以有 $\mathrm{R}(\boldsymbol{A},\boldsymbol{E})\leqslant n$. 因此,就有 $\mathrm{R}(\boldsymbol{A},\boldsymbol{E})=\mathrm{R}(\boldsymbol{E})=n$,由此知结论成立.

三、向量组的线性相关性

定义 4 对于 n 维向量组 $\boldsymbol{\alpha}_1,\boldsymbol{\alpha}_2,\cdots,\boldsymbol{\alpha}_m$,若存在不全为 0 的数 $k_1,k_2,\cdots,k_m$,使得

$$k_1\boldsymbol{\alpha}_1+k_2\boldsymbol{\alpha}_2+\cdots+k_m\boldsymbol{\alpha}_m=\mathbf{0},$$

则称向量组 $\boldsymbol{\alpha}_1,\boldsymbol{\alpha}_2,\cdots,\boldsymbol{\alpha}_m$ **线性相关**；否则，称该向量组**线性无关**.

由定义知，向量组 $\boldsymbol{\alpha}_1,\boldsymbol{\alpha}_2,\cdots,\boldsymbol{\alpha}_m$ 线性无关是指当且仅当 $k_1=k_2=\cdots=k_m=0$ 时，才成立

$$k_1\boldsymbol{\alpha}_1+k_2\boldsymbol{\alpha}_2+\cdots+k_m\boldsymbol{\alpha}_m=\mathbf{0}.$$

任何一个向量组不是线性相关的，就是线性无关的.

根据定义 4，可以得到以下几个结论：

(1) 向量组只包含一个向量 $\boldsymbol{\alpha}$ 时，若 $\boldsymbol{\alpha}\neq\mathbf{0}$，则 $\boldsymbol{\alpha}$ 线性无关；若 $\boldsymbol{\alpha}=\mathbf{0}$，则 $\boldsymbol{\alpha}$ 线性相关.

(2) 包含零向量的任何向量组都是线性相关的.

(3) 对于含有两个向量的向量组，若它们线性相关，则它们对应的分量成比例.

定理 4 向量组 $\boldsymbol{\alpha}_1,\boldsymbol{\alpha}_2,\cdots,\boldsymbol{\alpha}_m$ 线性相关的充分必要条件是 $\mathrm{R}(\boldsymbol{A})<m$，其中矩阵 $\boldsymbol{A}=(\boldsymbol{\alpha}_1,\boldsymbol{\alpha}_2,\cdots,\boldsymbol{\alpha}_m)$，即向量组构成的矩阵 $\boldsymbol{A}$ 的秩小于向量的个数 m；向量组 $\boldsymbol{\alpha}_1,\boldsymbol{\alpha}_2,\cdots,\boldsymbol{\alpha}_m$ 线性无关的充分必要条件是 $\mathrm{R}(\boldsymbol{A})=m$.

证明 向量组 $\boldsymbol{\alpha}_1,\boldsymbol{\alpha}_2,\cdots,\boldsymbol{\alpha}_m$ 线性相关，也就是存在不全为 0 的数 $x_1,x_2,\cdots,x_m$，使得

$$x_1\boldsymbol{\alpha}_1+x_2\boldsymbol{\alpha}_2+\cdots+x_m\boldsymbol{\alpha}_m=\mathbf{0}$$

成立，即齐次线性方程组

$$(\boldsymbol{\alpha}_1,\boldsymbol{\alpha}_2,\cdots,\boldsymbol{\alpha}_m)\begin{pmatrix}x_1\\x_2\\\vdots\\x_m\end{pmatrix}=\mathbf{0} \quad \text{或} \quad \boldsymbol{A}\boldsymbol{x}=\mathbf{0}$$

有非零解. 由线性方程组解的判定定理可知，$\boldsymbol{A}\boldsymbol{x}=\mathbf{0}$ 有非零解的充分必要条件是

$$\mathrm{R}(\boldsymbol{A})<m.$$

向量组 $\boldsymbol{\alpha}_1,\boldsymbol{\alpha}_2,\cdots,\boldsymbol{\alpha}_m$ 线性无关，也就是 $\boldsymbol{A}\boldsymbol{x}=\mathbf{0}$ 仅有零解，而 $\boldsymbol{A}\boldsymbol{x}=\mathbf{0}$ 仅有零解的充分必要条件是 $\mathrm{R}(\boldsymbol{A})=m$.

推论 2 对于 n 维向量组 $\boldsymbol{\alpha}_1,\boldsymbol{\alpha}_2,\cdots,\boldsymbol{\alpha}_m$，当 $n<m$（即向量的维数小于向量的个数）时，此向量组必定线性相关. 特别地，$n+1$ 个 n 维向量一定线性相关.

证明 m 个 n 维向量构成矩阵 $\boldsymbol{A}=(\boldsymbol{\alpha}_1,\boldsymbol{\alpha}_2,\cdots,\boldsymbol{\alpha}_m)$，有 $\mathrm{R}(\boldsymbol{A})\leqslant\min\{m,n\}$. 由于 $n<m$，所以有 $\mathrm{R}(\boldsymbol{A})\leqslant n<m$. 根据定理 4，则必定有向量组 $\boldsymbol{\alpha}_1,\boldsymbol{\alpha}_2,\cdots,\boldsymbol{\alpha}_m$ 线性相关.

推论 3 若向量组 $\boldsymbol{\alpha}_1,\boldsymbol{\alpha}_2,\cdots,\boldsymbol{\alpha}_m$ 线性无关，则同时对每个向量在相同的位置添加若干个分量，所得到的向量组也线性无关.

事实上，添加分量后得到的新向量组所构成矩阵的秩与原向量组 $\boldsymbol{\alpha}_1,\boldsymbol{\alpha}_2,\cdots,\boldsymbol{\alpha}_m$ 所构成矩阵的秩相等.

推论 4 n 个 n 维向量组成的向量组 $\boldsymbol{\alpha}_1,\boldsymbol{\alpha}_2,\cdots,\boldsymbol{\alpha}_n$ 线性相关的充分必要条件为

$$|\boldsymbol{A}|=0, \quad \text{其中} \quad \boldsymbol{A}=(\boldsymbol{\alpha}_1,\boldsymbol{\alpha}_2,\cdots,\boldsymbol{\alpha}_n).$$

证明 向量组 $\boldsymbol{\alpha}_1,\boldsymbol{\alpha}_2,\cdots,\boldsymbol{\alpha}_n$ 线性相关$\Leftrightarrow \mathrm{R}(\boldsymbol{A})<n \Leftrightarrow |\boldsymbol{A}|=0$.

定理 5 若向量组 $\boldsymbol{\alpha}_1,\cdots,\boldsymbol{\alpha}_l$ 线性相关,则向量组 $\boldsymbol{\alpha}_1,\cdots,\boldsymbol{\alpha}_l,\boldsymbol{\alpha}_{l+1},\cdots,\boldsymbol{\alpha}_{l+m}$ 也线性相关;若向量组 $\boldsymbol{\alpha}_1,\cdots,\boldsymbol{\alpha}_l,\boldsymbol{\alpha}_{l+1},\cdots,\boldsymbol{\alpha}_{l+m}$ 线性无关,则向量组 $\boldsymbol{\alpha}_1,\cdots,\boldsymbol{\alpha}_l$ 也线性无关.

证明 设 $\boldsymbol{A}=(\boldsymbol{\alpha}_1,\cdots,\boldsymbol{\alpha}_l)$,$\boldsymbol{B}=(\boldsymbol{\alpha}_1,\cdots,\boldsymbol{\alpha}_l,\boldsymbol{\alpha}_{l+1},\cdots,\boldsymbol{\alpha}_{l+m})$. 由于向量组 $\boldsymbol{\alpha}_1,\cdots,\boldsymbol{\alpha}_l$ 线性相关,则 $\mathrm{R}(\boldsymbol{A})<l$. 而矩阵 $\boldsymbol{B}$ 比矩阵 $\boldsymbol{A}$ 多 m 列,则

$$\mathrm{R}(\boldsymbol{B})\leqslant \mathrm{R}(\boldsymbol{A})+m<l+m.$$

根据定理 4,向量组 $\boldsymbol{\alpha}_1,\cdots,\boldsymbol{\alpha}_l,\boldsymbol{\alpha}_{l+1},\cdots,\boldsymbol{\alpha}_{l+m}$也线性相关.

下面证第二部分结论. 用反证法. 假设向量组 $\boldsymbol{\alpha}_1,\cdots,\boldsymbol{\alpha}_l$ 线性相关,则由前一部分的结论知向量组 $\boldsymbol{\alpha}_1,\cdots,\boldsymbol{\alpha}_l,\boldsymbol{\alpha}_{l+1},\cdots,\boldsymbol{\alpha}_{l+m}$ 也线性相关. 这与已知向量组 $\boldsymbol{\alpha}_1,\cdots,\boldsymbol{\alpha}_l,\boldsymbol{\alpha}_{l+1},\cdots,\boldsymbol{\alpha}_{l+m}$ 线性无关矛盾.

例 3 讨论向量组

$$\boldsymbol{\alpha}_1=(1,2,3)^{\mathrm{T}},\quad \boldsymbol{\alpha}_2=(2,1,1)^{\mathrm{T}},\quad \boldsymbol{\alpha}_3=(-1,1,2)^{\mathrm{T}}$$

的线性相关性.

解 *方法 1* 由于存在 3 个不全为 0 的数 1,-1,-1,使得

$$\boldsymbol{\alpha}_1-\boldsymbol{\alpha}_2-\boldsymbol{\alpha}_3=\boldsymbol{0},$$

由定义 4 可知向量组 $\boldsymbol{\alpha}_1,\boldsymbol{\alpha}_2,\boldsymbol{\alpha}_3$ 线性相关.

方法 2 对矩阵 $\boldsymbol{A}=(\boldsymbol{\alpha}_1,\boldsymbol{\alpha}_2,\boldsymbol{\alpha}_3)$施行初等行变换化成行阶梯形矩阵,就可看出矩阵 $\boldsymbol{A}$ 的秩,再根据定理 4 即可判断向量组 $\boldsymbol{\alpha}_1,\boldsymbol{\alpha}_2,\boldsymbol{\alpha}_3$ 的线性相关性.

对 $\boldsymbol{A}$ 施行初等行变换:

$$\boldsymbol{A}=(\boldsymbol{\alpha}_1,\boldsymbol{\alpha}_2,\boldsymbol{\alpha}_3)=\begin{pmatrix}1&2&-1\\2&1&1\\3&1&2\end{pmatrix}\xrightarrow[r_3-3r_1]{r_2-2r_1}\begin{pmatrix}1&2&-1\\0&-3&3\\0&-5&5\end{pmatrix}\xrightarrow{r_3-\frac{5}{3}r_2}\begin{pmatrix}1&2&-1\\0&-3&3\\0&0&0\end{pmatrix}.$$

可见 $\mathrm{R}(\boldsymbol{A})=2<3$,故向量组 $\boldsymbol{\alpha}_1,\boldsymbol{\alpha}_2,\boldsymbol{\alpha}_3$ 线性相关.

方法 3 由于 $\boldsymbol{A}=(\boldsymbol{\alpha}_1,\boldsymbol{\alpha}_2,\boldsymbol{\alpha}_3)$是个 3 阶的方阵,且

$$|\boldsymbol{A}|=\begin{vmatrix}1&2&-1\\2&1&1\\3&1&2\end{vmatrix}=\begin{vmatrix}1&2&-1\\0&-3&3\\0&-5&5\end{vmatrix}=0,$$

由推论 4 知,向量组 $\boldsymbol{\alpha}_1,\boldsymbol{\alpha}_2,\boldsymbol{\alpha}_3$ 线性相关.

例 4 已知向量组 $\boldsymbol{\alpha}_1,\boldsymbol{\alpha}_2,\boldsymbol{\alpha}_3$ 线性无关,且

$$\boldsymbol{\beta}_1=\boldsymbol{\alpha}_1+\boldsymbol{\alpha}_2,\quad \boldsymbol{\beta}_2=\boldsymbol{\alpha}_2+\boldsymbol{\alpha}_3,\quad \boldsymbol{\beta}_3=\boldsymbol{\alpha}_3+\boldsymbol{\alpha}_1,$$

试证明:向量组 $\boldsymbol{\beta}_1,\boldsymbol{\beta}_2,\boldsymbol{\beta}_3$ 线性无关.

证明 *方法 1* 设存在 x_1,x_2,x_3,使得 $x_1\boldsymbol{\beta}_1+x_2\boldsymbol{\beta}_2+x_3\boldsymbol{\beta}_3=\boldsymbol{0}$,即

$$x_1(\boldsymbol{\alpha}_1+\boldsymbol{\alpha}_2)+x_2(\boldsymbol{\alpha}_2+\boldsymbol{\alpha}_3)+x_3(\boldsymbol{\alpha}_3+\boldsymbol{\alpha}_1)=\boldsymbol{0}.$$

整理得

$$(x_1+x_3)\boldsymbol{\alpha}_1+(x_1+x_2)\boldsymbol{\alpha}_2+(x_2+x_3)\boldsymbol{\alpha}_3=\mathbf{0}.$$

由于 $\boldsymbol{\alpha}_1,\boldsymbol{\alpha}_2,\boldsymbol{\alpha}_3$ 线性无关，故有

$$\begin{cases}x_1+x_3=0,\\x_1+x_2=0,\\x_2+x_3=0.\end{cases}$$

解此方程组得

$$x_1=x_2=x_3=0.$$

所以向量组 $\boldsymbol{\beta}_1,\boldsymbol{\beta}_2,\boldsymbol{\beta}_3$ 线性无关.

方法 2 根据定理 4，可由向量组构成的矩阵 $\boldsymbol{B}=(\boldsymbol{\beta}_1,\boldsymbol{\beta}_2,\boldsymbol{\beta}_3)$ 的秩来证明.

向量组 $\boldsymbol{\beta}_1,\boldsymbol{\beta}_2,\boldsymbol{\beta}_3$ 可由向量组 $\boldsymbol{\alpha}_1,\boldsymbol{\alpha}_2,\boldsymbol{\alpha}_3$ 表示为

$$(\boldsymbol{\beta}_1,\boldsymbol{\beta}_2,\boldsymbol{\beta}_3)=(\boldsymbol{\alpha}_1,\boldsymbol{\alpha}_2,\boldsymbol{\alpha}_3)\begin{pmatrix}1&0&1\\1&1&0\\0&1&1\end{pmatrix},$$

记 $\boldsymbol{B}=(\boldsymbol{\beta}_1,\boldsymbol{\beta}_2,\boldsymbol{\beta}_3)$，$\boldsymbol{A}=(\boldsymbol{\alpha}_1,\boldsymbol{\alpha}_2,\boldsymbol{\alpha}_3)$，$\boldsymbol{K}=\begin{pmatrix}1&0&1\\1&1&0\\0&1&1\end{pmatrix}$，上式即为 $\boldsymbol{B}=\boldsymbol{AK}$. 由于 $|\boldsymbol{K}|=2\neq0$，可知 $\boldsymbol{K}$ 为可逆阵，因此有

$$\mathrm{R}(\boldsymbol{B})=\mathrm{R}(\boldsymbol{A}).$$

由于 $\boldsymbol{\alpha}_1,\boldsymbol{\alpha}_2,\boldsymbol{\alpha}_3$ 线性无关，可知 $\mathrm{R}(\boldsymbol{A})=3$，从而 $\mathrm{R}(\boldsymbol{B})=3$. 由定理 4 可知，向量组 $\boldsymbol{\beta}_1,\boldsymbol{\beta}_2,\boldsymbol{\beta}_3$ 线性无关.

例 5 判断向量组

$$\boldsymbol{\alpha}=(1,2,2,1)^{\mathrm{T}},\quad \boldsymbol{\beta}=(2,4,4,2)^{\mathrm{T}},\quad \boldsymbol{\gamma}=(0,1,4,5)^{\mathrm{T}}$$

的线性相关性.

解 由于 $\boldsymbol{\alpha}=\frac{1}{2}\boldsymbol{\beta}$，故 $\boldsymbol{\alpha},\boldsymbol{\beta}$ 线性相关. 由定理 5 知，$\boldsymbol{\alpha},\boldsymbol{\beta},\boldsymbol{\gamma}$ 线性相关.

下面来讨论向量组的线性表示与线性相关性的关系.

定理 6 向量组 $\boldsymbol{\alpha}_1,\boldsymbol{\alpha}_2,\cdots,\boldsymbol{\alpha}_m$ 线性相关的充分必要条件是 $\boldsymbol{\alpha}_1,\boldsymbol{\alpha}_2,\cdots,\boldsymbol{\alpha}_m$ 中至少有一个向量可以由其余 $m-1$ 个向量线性表示.

证明 *必要性* 设向量组 $\boldsymbol{\alpha}_1,\boldsymbol{\alpha}_2,\cdots,\boldsymbol{\alpha}_m$ 线性相关，由定义 4 知，必定存在不全为 0 的数 $k_1,k_2,\cdots,k_m$，使得

$$k_1\boldsymbol{\alpha}_1+k_2\boldsymbol{\alpha}_2+\cdots+k_m\boldsymbol{\alpha}_m=\mathbf{0}.$$

不妨假设 $k_i\neq0$，有

$$\boldsymbol{\alpha}_i=-\frac{k_1}{k_i}\boldsymbol{\alpha}_1-\cdots-\frac{k_{i-1}}{k_i}\boldsymbol{\alpha}_{i-1}-\frac{k_{i+1}}{k_i}\boldsymbol{\alpha}_{i+1}-\cdots-\frac{k_m}{k_i}\boldsymbol{\alpha}_m,$$

可见，$\boldsymbol{\alpha}_i$ 可由其余 $m-1$ 个向量 $\boldsymbol{\alpha}_1,\cdots,\boldsymbol{\alpha}_{i-1},\boldsymbol{\alpha}_{i+1},\cdots,\boldsymbol{\alpha}_m$ 线性表示.

充分性　设向量组 $\boldsymbol{\alpha}_1,\boldsymbol{\alpha}_2,\cdots,\boldsymbol{\alpha}_m$ 中有一个向量，比如 $\boldsymbol{\alpha}_m$，能由其余 $m-1$ 个向量线性表示，即

$$\boldsymbol{\alpha}_m=k_1\boldsymbol{\alpha}_1+k_2\boldsymbol{\alpha}_2+\cdots+k_{m-1}\boldsymbol{\alpha}_{m-1},$$

于是有

$$k_1\boldsymbol{\alpha}_1+k_2\boldsymbol{\alpha}_2+\cdots+k_{m-1}\boldsymbol{\alpha}_{m-1}+(-1)\boldsymbol{\alpha}_m=\mathbf{0}.$$

由于系数 $k_1,k_2,\cdots,k_{m-1},-1$ 不全为 0，由定义 4 可知，向量组 $\boldsymbol{\alpha}_1,\boldsymbol{\alpha}_2,\cdots,\boldsymbol{\alpha}_m$ 线性相关.

在例 3 的向量组

$$\boldsymbol{\alpha}_1=(1,2,3)^{\mathrm{T}},\quad \boldsymbol{\alpha}_2=(2,1,1)^{\mathrm{T}},\quad \boldsymbol{\alpha}_3=(-1,1,2)^{\mathrm{T}}$$

中，由于 $\boldsymbol{\alpha}_1=\boldsymbol{\alpha}_2+\boldsymbol{\alpha}_3$，也就是 $\boldsymbol{\alpha}_1$ 可由 $\boldsymbol{\alpha}_2,\boldsymbol{\alpha}_3$ 线性表示，根据定理 6，也可得出此向量组是线性相关的.

推论 5　向量组 $\boldsymbol{\alpha}_1,\boldsymbol{\alpha}_2,\cdots,\boldsymbol{\alpha}_m$ 线性无关，也就是 $\boldsymbol{\alpha}_1,\boldsymbol{\alpha}_2,\cdots,\boldsymbol{\alpha}_m$ 中任何一个向量都不可以由其余的 $m-1$ 个向量线性表示.

由定理 6 的逆否命题可直接得到推论 5.

定理 7　若向量组 $\boldsymbol{\alpha}_1,\boldsymbol{\alpha}_2,\cdots,\boldsymbol{\alpha}_m$ 线性无关，向量组 $\boldsymbol{\alpha}_1,\boldsymbol{\alpha}_2,\cdots,\boldsymbol{\alpha}_m,\boldsymbol{\beta}$ 线性相关，则向量 $\boldsymbol{\beta}$ 可由向量组 $\boldsymbol{\alpha}_1,\boldsymbol{\alpha}_2,\cdots,\boldsymbol{\alpha}_m$ 线性表示，且表示式唯一.

证明　设 $\boldsymbol{A}=(\boldsymbol{\alpha}_1,\boldsymbol{\alpha}_2,\cdots,\boldsymbol{\alpha}_m)$，$\boldsymbol{B}=(\boldsymbol{\alpha}_1,\boldsymbol{\alpha}_2,\cdots,\boldsymbol{\alpha}_m,\boldsymbol{\beta})$. 由向量组 $\boldsymbol{\alpha}_1,\boldsymbol{\alpha}_2,\cdots,\boldsymbol{\alpha}_m$ 线性无关有 $\mathrm{R}(\boldsymbol{A})=m$，由向量组 $\boldsymbol{\alpha}_1,\boldsymbol{\alpha}_2,\cdots,\boldsymbol{\alpha}_m,\boldsymbol{\beta}$ 线性相关有 $\mathrm{R}(\boldsymbol{A})\leqslant\mathrm{R}(\boldsymbol{B})<m+1$，因此就有

$$\mathrm{R}(\boldsymbol{A})=\mathrm{R}(\boldsymbol{B})=m.$$

根据线性方程组解的判别定理，可知 $(\boldsymbol{\alpha}_1,\boldsymbol{\alpha}_2,\cdots,\boldsymbol{\alpha}_m)\boldsymbol{x}=\boldsymbol{\beta}$ 有唯一解，即向量 $\boldsymbol{\beta}$ 可由向量组 $\boldsymbol{\alpha}_1,\boldsymbol{\alpha}_2,\cdots,\boldsymbol{\alpha}_m$ 线性表示，且表示式唯一.

习　题　4.1

1. 判定向量

$$\boldsymbol{\beta}_1=(4,3,-1,11)^{\mathrm{T}}\quad 和\quad \boldsymbol{\beta}_2=(4,3,0,11)^{\mathrm{T}}$$

是否为向量组

$$\boldsymbol{\alpha}_1=(1,2,-1,5)^{\mathrm{T}},\quad \boldsymbol{\alpha}_2=(2,-1,1,1)^{\mathrm{T}}$$

的线性组合. 若是，写出线性表达式.

2. 证明：向量组

$$\boldsymbol{\alpha}_1=(0,1,2,3)^{\mathrm{T}},\quad \boldsymbol{\alpha}_2=(3,0,1,2)^{\mathrm{T}},\quad \boldsymbol{\alpha}_3=(2,3,0,1)^{\mathrm{T}}$$

与向量组

$$\boldsymbol{\beta}_1=(2,1,1,2)^{\mathrm{T}},\quad \boldsymbol{\beta}_2=(0,-2,1,1)^{\mathrm{T}},\quad \boldsymbol{\beta}_3=(4,4,1,3)^{\mathrm{T}}$$

不等价.

3. 判定下列向量组的线性相关性：

(1) $\boldsymbol{\alpha}_1=(1,3)^{\mathrm{T}},\boldsymbol{\alpha}_2=(2,9)^{\mathrm{T}},\boldsymbol{\alpha}_3=(0,-1)^{\mathrm{T}}$；

(2) $\boldsymbol{\alpha}_1=(1,2,3)^{\mathrm{T}},\boldsymbol{\alpha}_2=(2,2,1)^{\mathrm{T}},\boldsymbol{\alpha}_3=(3,4,3)^{\mathrm{T}}$；

(3) $\boldsymbol{\alpha}_1=(1,1,1,2)^{\mathrm{T}},\boldsymbol{\alpha}_2=(0,2,1,3)^{\mathrm{T}},\boldsymbol{\alpha}_3=(3,1,0,1)^{\mathrm{T}}$.

4. (1) 设向量组 $\boldsymbol{\alpha}_1=(a,1,1)^{\mathrm{T}},\boldsymbol{\alpha}_2=(1,a,-1)^{\mathrm{T}},\boldsymbol{\alpha}_3=(1,-1,a)^{\mathrm{T}}$，试确定 a 的值，使向量组 $\boldsymbol{\alpha}_1,\boldsymbol{\alpha}_2,\boldsymbol{\alpha}_3$ 线性相关；

(2) 设向量组 $\boldsymbol{\alpha}_1=(a,2,1)^{\mathrm{T}},\boldsymbol{\alpha}_2=(2,a,0)^{\mathrm{T}},\boldsymbol{\alpha}_3=(1,-1,1)^{\mathrm{T}}$，试确定 a 的值，使向量组 $\boldsymbol{\alpha}_1,\boldsymbol{\alpha}_2,\boldsymbol{\alpha}_3$ 线性无关.

5. (1) 设 $\boldsymbol{\alpha}_1,\boldsymbol{\alpha}_2,\boldsymbol{\alpha}_3,\boldsymbol{\alpha}_4$ 是一组向量组，向量 $\boldsymbol{\beta}_1=\boldsymbol{\alpha}_1-\boldsymbol{\alpha}_2,\boldsymbol{\beta}_2=\boldsymbol{\alpha}_2-\boldsymbol{\alpha}_3,\boldsymbol{\beta}_3=\boldsymbol{\alpha}_3-\boldsymbol{\alpha}_4,\boldsymbol{\beta}_4=\boldsymbol{\alpha}_4-\boldsymbol{\alpha}_1$，证明：向量组 $\boldsymbol{\beta}_1,\boldsymbol{\beta}_2,\boldsymbol{\beta}_3,\boldsymbol{\beta}_4$ 线性相关；

(2) 设向量组 $\boldsymbol{\alpha}_1,\boldsymbol{\alpha}_2,\boldsymbol{\alpha}_3$ 线性无关，向量 $\boldsymbol{\beta}_1=\boldsymbol{\alpha}_1+2\boldsymbol{\alpha}_2+3\boldsymbol{\alpha}_3,\boldsymbol{\beta}_2=\boldsymbol{\alpha}_2+\boldsymbol{\alpha}_3,\boldsymbol{\beta}_3=\boldsymbol{\alpha}_1-\boldsymbol{\alpha}_2+\boldsymbol{\alpha}_3$，证明：向量组 $\boldsymbol{\beta}_1,\boldsymbol{\beta}_2,\boldsymbol{\beta}_3$ 线性无关.

6. 设向量组 $\boldsymbol{\alpha}_1,\boldsymbol{\alpha}_2,\boldsymbol{\alpha}_3$ 线性相关，向量组 $\boldsymbol{\alpha}_2,\boldsymbol{\alpha}_3,\boldsymbol{\alpha}_4$ 线性无关，证明：

(1) $\boldsymbol{\alpha}_1$ 能由 $\boldsymbol{\alpha}_2,\boldsymbol{\alpha}_3$ 线性表示；　(2) $\boldsymbol{\alpha}_4$ 不能由 $\boldsymbol{\alpha}_1,\boldsymbol{\alpha}_2,\boldsymbol{\alpha}_3$ 线性表示.

§4.2 向量组的秩

一、向量组的极大无关组

定义 1 对于向量组 $\boldsymbol{\alpha}_1,\boldsymbol{\alpha}_2,\cdots,\boldsymbol{\alpha}_m$，如果能在其中选出 r 个向量 $\boldsymbol{\alpha}_{i_1},\boldsymbol{\alpha}_{i_2},\cdots,\boldsymbol{\alpha}_{i_r}\ (r\leqslant m)$ 满足以下两个条件：

(1) 向量组 $\boldsymbol{\alpha}_{i_1},\boldsymbol{\alpha}_{i_2},\cdots,\boldsymbol{\alpha}_{i_r}$ 线性无关；

(2) 向量组 $\boldsymbol{\alpha}_1,\boldsymbol{\alpha}_2,\cdots,\boldsymbol{\alpha}_m$ 中任意 $r+1$ 个向量（如果有的话）都线性相关，

那么称 $\boldsymbol{\alpha}_{i_1},\boldsymbol{\alpha}_{i_2},\cdots,\boldsymbol{\alpha}_{i_r}$ 是向量组 $\boldsymbol{\alpha}_1,\boldsymbol{\alpha}_2,\cdots,\boldsymbol{\alpha}_m$ 的一个**极大线性无关向量组**，简称为**极大无关组**.

例如，对于向量组

$$\boldsymbol{\alpha}_1=(1,-1)^{\mathrm{T}},\quad \boldsymbol{\alpha}_2=(2,0)^{\mathrm{T}},\quad \boldsymbol{\alpha}_3=(1,1)^{\mathrm{T}},$$

由于 $\boldsymbol{\alpha}_1,\boldsymbol{\alpha}_2$ 线性无关，而 $\boldsymbol{\alpha}_1,\boldsymbol{\alpha}_2,\boldsymbol{\alpha}_3$ 线性相关，故 $\boldsymbol{\alpha}_1,\boldsymbol{\alpha}_2$ 是向量组 $\boldsymbol{\alpha}_1,\boldsymbol{\alpha}_2,\boldsymbol{\alpha}_3$ 的一个极大无关组. 同理可得，$\boldsymbol{\alpha}_2,\boldsymbol{\alpha}_3$ 和 $\boldsymbol{\alpha}_1,\boldsymbol{\alpha}_3$ 也是向量组 $\boldsymbol{\alpha}_1,\boldsymbol{\alpha}_2,\boldsymbol{\alpha}_3$ 的极大无关组. 可见，一个向量组的极大无关组不是唯一的.

特别地，线性无关的向量组 $\boldsymbol{\alpha}_1,\boldsymbol{\alpha}_2,\cdots,\boldsymbol{\alpha}_m$ 的极大无关组是它自身.

由零向量组成的向量组没有极大无关组. 下面给出极大无关组的等价定义.

定义 1′ 对于向量组 $\boldsymbol{\alpha}_1,\boldsymbol{\alpha}_2,\cdots,\boldsymbol{\alpha}_m$，如果能在其中选出 r 个向量 $\boldsymbol{\alpha}_{i_1},\boldsymbol{\alpha}_{i_2},\cdots,\boldsymbol{\alpha}_{i_r}\ (r\leqslant m)$

满足以下两个条件：

(1) 向量组 $\boldsymbol{\alpha}_{i_1},\boldsymbol{\alpha}_{i_2},\cdots,\boldsymbol{\alpha}_{i_r}$ 线性无关；

(2) 向量组 $\boldsymbol{\alpha}_1,\boldsymbol{\alpha}_2,\cdots,\boldsymbol{\alpha}_m$ 中任意一个向量都可以由 $\boldsymbol{\alpha}_{i_1},\boldsymbol{\alpha}_{i_2},\cdots,\boldsymbol{\alpha}_{i_r}$ 线性表示，

那么称 $\boldsymbol{\alpha}_{i_1},\boldsymbol{\alpha}_{i_2},\cdots,\boldsymbol{\alpha}_{i_r}$ 是向量组 $\boldsymbol{\alpha}_1,\boldsymbol{\alpha}_2,\cdots,\boldsymbol{\alpha}_m$ 的一个**极大线性无关向量组**.

下面说明由定义 1′的条件(2)可推出定义 1 的条件(2). 只要说明向量组 $\boldsymbol{\alpha}_1,\boldsymbol{\alpha}_2,\cdots,\boldsymbol{\alpha}_m$ 中任意 $r+1$ 个向量线性相关. 设 $\boldsymbol{\beta}_1,\boldsymbol{\beta}_2,\cdots,\boldsymbol{\beta}_{r+1}$ 是向量组 $\boldsymbol{\alpha}_1,\boldsymbol{\alpha}_2,\cdots,\boldsymbol{\alpha}_m$ 中任意 $r+1$ 个向量. 由定义 1′的条件(2)可知，$\boldsymbol{\beta}_1,\boldsymbol{\beta}_2,\cdots,\boldsymbol{\beta}_{r+1}$ 可以由 $\boldsymbol{\alpha}_{i_1},\boldsymbol{\alpha}_{i_2},\cdots,\boldsymbol{\alpha}_{i_r}$ 线性表示. 根据§4.1 中的定理 3，有

$$\mathrm{R}(\boldsymbol{\beta}_1,\boldsymbol{\beta}_2,\cdots,\boldsymbol{\beta}_{r+1})\leqslant \mathrm{R}(\boldsymbol{\alpha}_{i_1},\boldsymbol{\alpha}_{i_2},\cdots,\boldsymbol{\alpha}_{i_r})=r<r+1,$$

再根据§4.1 中的定理 4 知，$r+1$ 个向量 $\boldsymbol{\beta}_1,\boldsymbol{\beta}_2,\cdots,\boldsymbol{\beta}_{r+1}$ 线性相关.

不难证明由定义 1 的条件(2)也能推出定义 1′的条件(2).

例 1 $\mathbb{R}^n$ 表示全体 n 维向量的集合，求 $\mathbb{R}^n$ 的一个极大无关组.

解 由于 $\mathbb{R}^n=\{\boldsymbol{x}=(x_1,x_2,\cdots,x_n)^{\mathrm{T}}\,|\,x_1,x_2,\cdots,x_n\in\mathbb{R}\}$，在 $\mathbb{R}^n$ 中取单位坐标向量组

$$\boldsymbol{e}_1=(1,0,\cdots,0)^{\mathrm{T}},\quad \boldsymbol{e}_2=(0,1,\cdots,0)^{\mathrm{T}},\quad \cdots,\quad \boldsymbol{e}_n=(0,0,\cdots,1)^{\mathrm{T}},$$

显然它们是线性无关的. 又由于在 $\mathbb{R}^n$ 中任意 $n+1$ 个 n 维向量构成的向量组都是线性相关的，满足定义 1 的两个条件，故 $\boldsymbol{e}_1,\boldsymbol{e}_2,\cdots,\boldsymbol{e}_n$ 为 $\mathbb{R}^n$ 的一个极大无关组.

在例 1 中，由于 $\boldsymbol{e}_1,\boldsymbol{e}_2,\cdots,\boldsymbol{e}_n$ 线性无关，且在 $\mathbb{R}^n$ 中任取一向量 $\boldsymbol{x}=(x_1,x_2,\cdots,x_n)^{\mathrm{T}}$ 可由 $\boldsymbol{e}_1,\boldsymbol{e}_2,\cdots,\boldsymbol{e}_n$ 线性表示，即

$$\boldsymbol{x}=(x_1,x_2,\cdots,x_n)^{\mathrm{T}}=x_1\boldsymbol{e}_1+x_2\boldsymbol{e}_2+\cdots+x_n\boldsymbol{e}_n.$$

由定义 1′也可得到 $\boldsymbol{e}_1,\boldsymbol{e}_2,\cdots,\boldsymbol{e}_n$ 为 $\mathbb{R}^n$ 的一个极大无关组.

实际上，由任意 n 个线性无关的 n 维向量构成的向量组都是 $\mathbb{R}^n$ 的一个极大无关组.

定理 1 向量组与其极大无关组是等价的.

证明 不妨设 $\boldsymbol{\alpha}_1,\boldsymbol{\alpha}_2,\cdots,\boldsymbol{\alpha}_r$ 是向量组 $\boldsymbol{\alpha}_1,\boldsymbol{\alpha}_2,\cdots,\boldsymbol{\alpha}_m\,(r\leqslant m)$ 的极大无关组，由定义 1′的条件(2)知，$\boldsymbol{\alpha}_1,\boldsymbol{\alpha}_2,\cdots,\boldsymbol{\alpha}_m$ 可由 $\boldsymbol{\alpha}_1,\boldsymbol{\alpha}_2,\cdots,\boldsymbol{\alpha}_r$ 线性表示.

又由于 $\boldsymbol{\alpha}_1,\boldsymbol{\alpha}_2,\cdots,\boldsymbol{\alpha}_r$ 中的任一向量 $\boldsymbol{\alpha}_i\,(i=1,\cdots,r)$ 都可由 $\boldsymbol{\alpha}_1,\boldsymbol{\alpha}_2,\cdots,\boldsymbol{\alpha}_m$ 线性表示，即

$$\boldsymbol{\alpha}_i=0\boldsymbol{\alpha}_1+\cdots+0\boldsymbol{\alpha}_{i-1}+\boldsymbol{\alpha}_i+0\boldsymbol{\alpha}_{i+1}+\cdots+0\boldsymbol{\alpha}_m,$$

故 $\boldsymbol{\alpha}_1,\boldsymbol{\alpha}_2,\cdots,\boldsymbol{\alpha}_r$ 可由向量组 $\boldsymbol{\alpha}_1,\boldsymbol{\alpha}_2,\cdots,\boldsymbol{\alpha}_m$ 线性表示.

由于向量组 $\boldsymbol{\alpha}_1,\boldsymbol{\alpha}_2,\cdots,\boldsymbol{\alpha}_m$ 与其极大无关组 $\boldsymbol{\alpha}_1,\boldsymbol{\alpha}_2,\cdots,\boldsymbol{\alpha}_r$ 能够相互线性表示，故它们是等价的.

推论 1 一个向量组的任意两个极大无关组所含向量个数是相同的.

证明 设向量组 $\boldsymbol{\alpha}_1,\boldsymbol{\alpha}_2,\cdots,\boldsymbol{\alpha}_r$ 和向量组 $\boldsymbol{\beta}_1,\boldsymbol{\beta}_2,\cdots,\boldsymbol{\beta}_s$ 都是向量组 $\boldsymbol{\alpha}_1,\boldsymbol{\alpha}_2,\cdots,\boldsymbol{\alpha}_m$ 的极大无关组. 由定理 1 可知，向量组 $\boldsymbol{\alpha}_1,\boldsymbol{\alpha}_2,\cdots,\boldsymbol{\alpha}_m$ 与它的极大无关组都等价. 又由于向量组等价的传递性，可知这两个极大无关组 $\boldsymbol{\alpha}_1,\boldsymbol{\alpha}_2,\cdots,\boldsymbol{\alpha}_r$ 与 $\boldsymbol{\beta}_1,\boldsymbol{\beta}_2,\cdots,\boldsymbol{\beta}_s$ 是等价的. 等价的向量组所构成

的矩阵的秩是相等的，故有 $r=s$.

推论 2　两个等价向量组的极大无关组所含的向量个数是相同的.

由定理 1 及向量组等价的传递性即可得到推论 2.

二、向量组的秩与矩阵的秩之间的关系

虽然向量组的极大无关组是不唯一的，但是极大无关组所含向量的个数是相同的.

定义 2　向量组 $\boldsymbol{\alpha}_1,\boldsymbol{\alpha}_2,\cdots,\boldsymbol{\alpha}_m$ 的极大无关组所含向量的个数叫做该**向量组的秩**，记为

$$\mathrm{R}(\boldsymbol{\alpha}_1,\boldsymbol{\alpha}_2,\cdots,\boldsymbol{\alpha}_m).$$

规定：由零向量组成的向量组的秩为 0.

例如，设向量组

$$\boldsymbol{\alpha}_1=(1,-1)^{\mathrm{T}},\quad \boldsymbol{\alpha}_2=(2,0)^{\mathrm{T}},\quad \boldsymbol{\alpha}_3=(1,1)^{\mathrm{T}},$$

易知 $\boldsymbol{\alpha}_1,\boldsymbol{\alpha}_2$ 是向量组 $\boldsymbol{\alpha}_1,\boldsymbol{\alpha}_2,\boldsymbol{\alpha}_3$ 的一个极大无关组，因此向量组 $\boldsymbol{\alpha}_1,\boldsymbol{\alpha}_2,\boldsymbol{\alpha}_3$ 的秩为 2.

在例 1 中，$\mathbb{R}^n$ 的极大无关组所含向量个数为 n，则 $\mathbb{R}^n$ 的秩为 n.

定理 2　矩阵 $\boldsymbol{A}$ 的秩等于它的列向量组的秩，也等于它的行向量组的秩.

证明　设 $\boldsymbol{\alpha}_1,\boldsymbol{\alpha}_2,\cdots,\boldsymbol{\alpha}_m$ 为矩阵 $\boldsymbol{A}$ 的列向量组，$\mathrm{R}(\boldsymbol{A})=r$. 再设 D_r 为 $\boldsymbol{A}$ 中不为 0 的 r 阶子式，那么矩阵 $\boldsymbol{A}$ 中 D_r 所在的 r 列向量组是线性无关的. 由于 $\mathrm{R}(\boldsymbol{A})=r$，在 $\boldsymbol{A}$ 中任意 $r+1$ 阶子式均为 0，故 $\boldsymbol{A}$ 中任意 $r+1$ 个列向量是线性相关的. 因此 D_r 所在的 r 列向量组必定是向量组 $\boldsymbol{\alpha}_1,\boldsymbol{\alpha}_2,\cdots,\boldsymbol{\alpha}_m$ 的一个极大无关组，即 $\boldsymbol{A}$ 的列向量组的秩为 r. 同理可得，$\boldsymbol{A}$ 的行向量组的秩也为 r，并且 D_r 所在的 r 行向量组必定是 $\boldsymbol{A}$ 的行向量组的一个极大无关组.

三、极大无关组的求法

可以证明，对矩阵进行初等行变换不改变其列向量组的线性相关性.

由定理 2 及其推导过程，可以得到求向量组的秩及极大无关组的方法：

- 对于给定的向量组构成的矩阵 $\boldsymbol{A}$，用初等行变换将 $\boldsymbol{A}$ 化成行阶梯形矩阵 $\boldsymbol{B}$，则 $\boldsymbol{B}$ 中非零行的行数 r 就是矩阵 $\boldsymbol{B}$ 的秩，也就是给定向量组的秩.

- 在行阶梯形矩阵 $\boldsymbol{B}$ 中非零行的首个非零元素所在的 r 个线性无关的列向量组对应着矩阵 $\boldsymbol{A}$ 的列向量组的一个极大无关组. 进一步把行阶梯形矩阵 $\boldsymbol{B}$ 化成行最简形矩阵，就可以得到 $\boldsymbol{A}$ 的列向量组中不属于极大无关组的向量用此极大无关组线性表示的系数.

例 2　设向量组

$$\boldsymbol{\alpha}_1=(1,2,1,3)^{\mathrm{T}},\quad \boldsymbol{\alpha}_2=(4,-2,-3,6)^{\mathrm{T}},\quad \boldsymbol{\alpha}_3=(1,2,1,3)^{\mathrm{T}},\quad \boldsymbol{\alpha}_4=(6,2,-1,12)^{\mathrm{T}},$$

求向量组 $\boldsymbol{\alpha}_1,\boldsymbol{\alpha}_2,\boldsymbol{\alpha}_3,\boldsymbol{\alpha}_4$ 的秩和一个极大无关组，并把不属于极大无关组的向量用此极大无关组线性表示.

解　以 $\boldsymbol{\alpha}_1,\boldsymbol{\alpha}_2,\boldsymbol{\alpha}_3,\boldsymbol{\alpha}_4$ 为列向量构造矩阵 $\boldsymbol{A}$，并对 $\boldsymbol{A}$ 施行初等行变换：

$$\boldsymbol{A}=(\boldsymbol{\alpha}_1,\boldsymbol{\alpha}_2,\boldsymbol{\alpha}_3,\boldsymbol{\alpha}_4)=\begin{pmatrix}1&4&1&6\\2&-2&2&2\\1&-3&1&-1\\3&6&3&12\end{pmatrix}\xrightarrow[r_4-3r_1]{\substack{r_2-2r_1\\r_3-r_1}}\begin{pmatrix}1&4&1&6\\0&-10&0&-10\\0&-7&0&-7\\0&-6&0&-6\end{pmatrix}$$

$$\xrightarrow{r_2\times\left(-\frac{1}{10}\right)}\begin{pmatrix}1&4&1&6\\0&1&0&1\\0&-7&0&-7\\0&-6&0&-6\end{pmatrix}\xrightarrow[r_4+6r_2]{r_3+7r_2}\begin{pmatrix}1&4&1&6\\0&1&0&1\\0&0&0&0\\0&0&0&0\end{pmatrix}$$

$$\xrightarrow{r_1-4r_2}\begin{pmatrix}1&0&1&2\\0&1&0&1\\0&0&0&0\\0&0&0&0\end{pmatrix}\triangleq\boldsymbol{B}=(\boldsymbol{b}_1,\boldsymbol{b}_2,\boldsymbol{b}_3,\boldsymbol{b}_4).$$

由行最简形矩阵 $\boldsymbol{B}$ 知，向量组 $\boldsymbol{\alpha}_1,\boldsymbol{\alpha}_2,\boldsymbol{\alpha}_3,\boldsymbol{\alpha}_4$ 的秩为 2，$\boldsymbol{b}_1,\boldsymbol{b}_2$ 为向量组 $\boldsymbol{b}_1,\boldsymbol{b}_2,\boldsymbol{b}_3,\boldsymbol{b}_4$ 的一个极大无关组，则 $\boldsymbol{\alpha}_1,\boldsymbol{\alpha}_2$ 为向量组 $\boldsymbol{\alpha}_1,\boldsymbol{\alpha}_2,\boldsymbol{\alpha}_3,\boldsymbol{\alpha}_4$ 的一个极大无关组.

初等行变换不改变列向量组的线性关系，由

$$\boldsymbol{b}_3=\boldsymbol{b}_1+0\boldsymbol{b}_2,\quad \boldsymbol{b}_4=2\boldsymbol{b}_1+\boldsymbol{b}_2,$$

可得

$$\boldsymbol{\alpha}_3=\boldsymbol{\alpha}_1+0\boldsymbol{\alpha}_2,\quad \boldsymbol{\alpha}_4=2\boldsymbol{\alpha}_1+\boldsymbol{\alpha}_2.$$

习　题　4.2

1. 求下列向量组的秩和一个极大无关组，并把不属于极大无关组的向量用此极大无关组线性表示：

(1) $\boldsymbol{\alpha}_1=(2,1,4,3)^{\mathrm{T}}$，$\boldsymbol{\alpha}_2=(-1,1,-6,6)^{\mathrm{T}}$，$\boldsymbol{\alpha}_3=(-1,-2,2,-9)^{\mathrm{T}}$，
$\boldsymbol{\alpha}_4=(1,1,-2,7)^{\mathrm{T}}$，$\boldsymbol{\alpha}_5=(2,4,4,9)^{\mathrm{T}}$；

(2) $\boldsymbol{\alpha}_1=(2,1,3,-1)^{\mathrm{T}}$，$\boldsymbol{\alpha}_2=(3,-1,2,0)^{\mathrm{T}}$，$\boldsymbol{\alpha}_3=(1,3,4,-2)^{\mathrm{T}}$，$\boldsymbol{\alpha}_4=(4,-3,1,1)^{\mathrm{T}}$.

2. 设向量组

$$\boldsymbol{\alpha}_1=(a,3,1)^{\mathrm{T}},\quad \boldsymbol{\alpha}_2=(2,b,3)^{\mathrm{T}},\quad \boldsymbol{\alpha}_3=(1,2,1)^{\mathrm{T}},\quad \boldsymbol{\alpha}_4=(2,3,1)^{\mathrm{T}}$$

的秩为 2，求 a,b 的值.

3. 求向量组

$$\boldsymbol{\alpha}_1=(1,2,3,4)^{\mathrm{T}},\quad \boldsymbol{\alpha}_2=(2,3,4,5)^{\mathrm{T}},\quad \boldsymbol{\alpha}_3=(3,4,5,6)^{\mathrm{T}},\quad \boldsymbol{\alpha}_4=(4,5,6,7)^{\mathrm{T}}$$

的秩，并由此判定它们是否线性相关.

4. 设 $\boldsymbol{\alpha}_1,\boldsymbol{\alpha}_2,\cdots,\boldsymbol{\alpha}_n$ 是一个 n 维向量组，已知 n 维单位坐标向量组 $\boldsymbol{e}_1,\boldsymbol{e}_2,\cdots,\boldsymbol{e}_n$ 能由 $\boldsymbol{\alpha}_1,\boldsymbol{\alpha}_2,\cdots,\boldsymbol{\alpha}_n$ 线性表示，证明：向量组 $\boldsymbol{\alpha}_1,\boldsymbol{\alpha}_2,\cdots,\boldsymbol{\alpha}_n$ 线性无关.

§4.3 线性方程组的解的结构

一、齐次线性方程组的解的结构

设 n 元齐次线性方程组

$$\boldsymbol{A}\boldsymbol{x}=\boldsymbol{0},$$

其中

$$\boldsymbol{A}=\begin{pmatrix} a_{11} & a_{12} & \cdots & a_{1n} \\ a_{21} & a_{22} & \cdots & a_{2n} \\ \vdots & \vdots & & \vdots \\ a_{m1} & a_{m2} & \cdots & a_{mn} \end{pmatrix}, \quad \boldsymbol{x}=\begin{pmatrix} x_1 \\ x_2 \\ \vdots \\ x_n \end{pmatrix}.$$

由上一章所学可知，齐次线性方程组 $\boldsymbol{A}\boldsymbol{x}=\boldsymbol{0}$ 有非零解的充分必要条件是

$$\mathrm{R}(\boldsymbol{A})<n;$$

仅有零解的充分必要条件是

$$\mathrm{R}(\boldsymbol{A})=n.$$

为了研究齐次线性方程组的解的结构，我们先讨论齐次线性方程组的解的性质.

性质 1 设 $\boldsymbol{\xi}_1,\boldsymbol{\xi}_2$ 是齐次线性方程组 $\boldsymbol{A}\boldsymbol{x}=\boldsymbol{0}$ 的任意两个解(向量)，则 $\boldsymbol{\xi}_1+\boldsymbol{\xi}_2$ 也是该方程组的解.

证明 由于 $\boldsymbol{A}\boldsymbol{\xi}_1=\boldsymbol{0},\boldsymbol{A}\boldsymbol{\xi}_2=\boldsymbol{0}$，所以

$$\boldsymbol{A}(\boldsymbol{\xi}_1+\boldsymbol{\xi}_2)=\boldsymbol{A}\boldsymbol{\xi}_1+\boldsymbol{A}\boldsymbol{\xi}_2=\boldsymbol{0}.$$

故 $\boldsymbol{x}=\boldsymbol{\xi}_1+\boldsymbol{\xi}_2$ 也是 $\boldsymbol{A}\boldsymbol{x}=\boldsymbol{0}$ 的解.

性质 2 设 $\boldsymbol{\xi}$ 是齐次线性方程组 $\boldsymbol{A}\boldsymbol{x}=\boldsymbol{0}$ 的解，k 为实数，则 $k\boldsymbol{\xi}$ 也是该方程组的解.

证明 由于 $\boldsymbol{A}\boldsymbol{\xi}=\boldsymbol{0}$，所以

$$\boldsymbol{A}(k\boldsymbol{\xi})=k(\boldsymbol{A}\boldsymbol{\xi})=k\boldsymbol{0}=\boldsymbol{0}.$$

故 $\boldsymbol{x}=k\boldsymbol{\xi}$ 是该方程组的解.

由性质 1 和性质 2 可以得到：若 $\boldsymbol{\xi}_1,\boldsymbol{\xi}_2,\cdots,\boldsymbol{\xi}_t$ 是 $\boldsymbol{A}\boldsymbol{x}=\boldsymbol{0}$ 的任意 t 个解，则

$$\boldsymbol{x}=k_1\boldsymbol{\xi}_1+k_2\boldsymbol{\xi}_2+\cdots+k_t\boldsymbol{\xi}_t, \quad k_1,k_2,\cdots,k_t \text{ 为任意实数}$$

也是该方程组的解，即齐次线性方程组的解的线性组合仍然是该方程组的解.

定义 齐次线性方程组 $\boldsymbol{A}\boldsymbol{x}=\boldsymbol{0}$ 有非零解时，解向量组的一个极大无关组称为该方程组的**基础解系**.

上述定义可以理解为：若 $\boldsymbol{\xi}_1,\boldsymbol{\xi}_2,\cdots,\boldsymbol{\xi}_t$ 为齐次线性方程组 $\boldsymbol{A}\boldsymbol{x}=\boldsymbol{0}$ 的基础解系，则必须满足以下两个条件：

(1) $\boldsymbol{\xi}_1,\boldsymbol{\xi}_2,\cdots,\boldsymbol{\xi}_t$ 是线性无关的解；

(2) 该方程组的任意一个解 $\boldsymbol{x}$ 都可由 $\boldsymbol{\xi}_1,\boldsymbol{\xi}_2,\cdots,\boldsymbol{\xi}_t$ 线性表示，即

$$\boldsymbol{x}=k_1\boldsymbol{\xi}_1+k_2\boldsymbol{\xi}_2+\cdots+k_t\boldsymbol{\xi}_t,\quad k_1,k_2,\cdots,k_t \text{ 为任意实数.}$$

若齐次线性方程组 $\boldsymbol{Ax}=\boldsymbol{0}$ 仅有零解时，则不存在基础解系.

由定义可知，只要 $\boldsymbol{Ax}=\boldsymbol{0}$ 有非零解，就一定存在基础解系，并且基础解系不是唯一的. 只要找出其中的一个基础解系 $\boldsymbol{\xi}_1,\boldsymbol{\xi}_2,\cdots,\boldsymbol{\xi}_t$，$\boldsymbol{Ax}=\boldsymbol{0}$ 的任意一个解 $\boldsymbol{x}$ 就都可以表示成基础解系的线性组合. 也就是说，基础解系的线性组合包含了该方程组的所有解，即

$$\boldsymbol{x}=k_1\boldsymbol{\xi}_1+k_2\boldsymbol{\xi}_2+\cdots+k_t\boldsymbol{\xi}_t,\quad k_1,k_2,\cdots,k_t \text{ 为任意实数}$$

是 $\boldsymbol{Ax}=\boldsymbol{0}$ 的通解. 这样就用有限个解(即基础解系)表示出无限多个解，也就解决了齐次线性方程组的解的结构问题.

下面给出基础解系中解的个数的确定方法及基础解系的构造方法.

定理 1 设 $m\times n$ 矩阵 $\boldsymbol{A}$ 的秩 $\mathrm{R}(\boldsymbol{A})=r(r<n)$，则 n 元齐次线性方程组 $\boldsymbol{Ax}=\boldsymbol{0}$ 的基础解系由 $n-r$ 个解组成，即解集的秩为 $n-r$.

证明 由于 $\mathrm{R}(\boldsymbol{A})=r<n$，不妨设 $\boldsymbol{A}$ 的前 r 个列向量线性无关. 对 $\boldsymbol{A}$ 施行初等行变换，可把它化为如下形式的行最简形矩阵：

$$\boldsymbol{A}\xrightarrow{\text{初等行变换}}\begin{pmatrix}1 & \cdots & 0 & b_{11} & \cdots & b_{1,n-r}\\ \vdots & & \vdots & \vdots & & \vdots\\ 0 & \cdots & 1 & b_{r1} & \cdots & b_{r,n-r}\\ 0 & \cdots & 0 & 0 & \cdots & 0\\ \vdots & & \vdots & \vdots & & \vdots\\ 0 & \cdots & 0 & 0 & \cdots & 0\end{pmatrix}.$$

得同解方程组为

$$\begin{cases}x_1=-b_{11}x_{r+1}-\cdots-b_{1,n-r}x_n,\\ \cdots\cdots\cdots\cdots\cdots\cdots\\ x_r=-b_{r1}x_{r+1}-\cdots-b_{r,n-r}x_n.\end{cases}$$

令 $x_{r+1}=c_1,x_{r+2}=c_2,\cdots,x_n=c_{n-r}$，取它们为自由未知数，得原方程组的通解为

$$\boldsymbol{x}=\begin{pmatrix}x_1\\ \vdots\\ x_r\\ x_{r+1}\\ \vdots\\ x_n\end{pmatrix}=c_1\begin{pmatrix}-b_{11}\\ \vdots\\ -b_{r1}\\ 1\\ \vdots\\ 0\end{pmatrix}+c_2\begin{pmatrix}-b_{12}\\ \vdots\\ -b_{r2}\\ 0\\ \vdots\\ 0\end{pmatrix}+\cdots+c_{n-r}\begin{pmatrix}-b_{1,n-r}\\ \vdots\\ -b_{r,n-r}\\ 0\\ \vdots\\ 1\end{pmatrix}.$$

把上式记为

$$\boldsymbol{x}=c_1\boldsymbol{\xi}_1+c_2\boldsymbol{\xi}_2+\cdots+c_{n-r}\boldsymbol{\xi}_{n-r}.$$

下面我们来证明 $\boldsymbol{\xi}_1,\boldsymbol{\xi}_2,\cdots,\boldsymbol{\xi}_{n-r}$ 就是原方程组的基础解系.

首先,由于矩阵 $(\boldsymbol{\xi}_1,\boldsymbol{\xi}_2,\cdots,\boldsymbol{\xi}_{n-r})$ 后 $n-r$ 行的元素构成 $n-r$ 阶单位阵 $\boldsymbol{E}_{n-r}$,$|\boldsymbol{E}_{n-r}|\neq 0$ 是矩阵 $(\boldsymbol{\xi}_1,\boldsymbol{\xi}_2,\cdots,\boldsymbol{\xi}_{n-r})$ 的最高阶非零子式,故解向量组 $\boldsymbol{\xi}_1,\boldsymbol{\xi}_2,\cdots,\boldsymbol{\xi}_{n-r}$ 线性无关.

其次,由于 $\boldsymbol{Ax}=\boldsymbol{0}$ 的任一解 $\boldsymbol{x}$ 都可由 $\boldsymbol{\xi}_1,\boldsymbol{\xi}_2,\cdots,\boldsymbol{\xi}_{n-r}$ 线性表示,即

$$\boldsymbol{x}=c_1\boldsymbol{\xi}_1+c_2\boldsymbol{\xi}_2+\cdots+c_{n-r}\boldsymbol{\xi}_{n-r}.$$

因此,解向量组 $\boldsymbol{\xi}_1,\boldsymbol{\xi}_2,\cdots,\boldsymbol{\xi}_{n-r}$ 即为齐次线性方程组 $\boldsymbol{Ax}=\boldsymbol{0}$ 的基础解系. 基础解系中解的个数为 $n-r$ 个,也就是解集的秩为 $n-r$.

如果 $\boldsymbol{\xi}_1,\boldsymbol{\xi}_2,\cdots,\boldsymbol{\xi}_{n-r}$ 为齐次线性方程组 $\boldsymbol{Ax}=\boldsymbol{0}$ 的基础解系,则方程组的全部解(或通解)可以表示为

$$\boldsymbol{x}=c_1\boldsymbol{\xi}_1+c_2\boldsymbol{\xi}_2+\cdots+c_{n-r}\boldsymbol{\xi}_{n-r},\quad c_1,c_2,\cdots,c_{n-r}\text{为任意实数}.$$

这就是齐次线性方程组的解的结构. 由于基础解系不唯一,通解也不唯一.

例 1　求齐次线性方程组

$$\begin{cases}x_1-x_2-x_3+x_4=0,\\ x_1-x_2+x_3-3x_4=0,\\ x_1-x_2-2x_3+3x_4=0\end{cases}$$

的一个基础解系和通解.

解　对系数矩阵 $\boldsymbol{A}$ 施行初等行变换:

$$\boldsymbol{A}=\begin{pmatrix}1&-1&-1&1\\1&-1&1&-3\\1&-1&-2&3\end{pmatrix}\xrightarrow[r_3-r_1]{r_2-r_1}\begin{pmatrix}1&-1&-1&1\\0&0&2&-4\\0&0&-1&2\end{pmatrix}$$

$$\xrightarrow[r_1-r_3]{r_2\times\frac{1}{2}}\begin{pmatrix}1&-1&0&-1\\0&0&1&-2\\0&0&-1&2\end{pmatrix}\xrightarrow{r_3+r_2}\begin{pmatrix}1&-1&0&-1\\0&0&1&-2\\0&0&0&0\end{pmatrix}\triangleq\boldsymbol{B}.$$

可知 $\mathrm{R}(\boldsymbol{A})=2$,则基础解系中解的个数为 $4-2=2$.

由行最简形矩阵 $\boldsymbol{B}$ 得到同解方程组

$$\begin{cases}x_1=x_2+x_4,\\ x_3=2x_4.\end{cases}$$

取 x_2,x_4 为自由未知数,分别令

$$\begin{pmatrix}x_2\\x_4\end{pmatrix}=\begin{pmatrix}1\\0\end{pmatrix},\quad\begin{pmatrix}x_2\\x_4\end{pmatrix}=\begin{pmatrix}0\\1\end{pmatrix},$$

代入同解方程组,可得

$$\begin{pmatrix} x_1 \\ x_3 \end{pmatrix} = \begin{pmatrix} 1 \\ 0 \end{pmatrix}, \quad \begin{pmatrix} x_1 \\ x_3 \end{pmatrix} = \begin{pmatrix} 1 \\ 2 \end{pmatrix},$$

则可得一个基础解系

$$\boldsymbol{\xi}_1 = (1,1,0,0)^{\mathrm{T}}, \quad \boldsymbol{\xi}_2 = (1,0,2,1)^{\mathrm{T}},$$

故所求的通解为

$$\boldsymbol{x} = c_1\boldsymbol{\xi}_1 + c_2\boldsymbol{\xi}_2 = c_1\begin{pmatrix} 1 \\ 1 \\ 0 \\ 0 \end{pmatrix} + c_2\begin{pmatrix} 1 \\ 0 \\ 2 \\ 1 \end{pmatrix}, \quad c_1, c_2 \text{ 为任意实数}.$$

实际上，任意 $n-r$ 个线性无关的解都可以作为齐次线性方程组 $\boldsymbol{Ax}=\boldsymbol{0}$ 的基础解系. 比如，在本例中，分别令

$$\begin{pmatrix} x_2 \\ x_4 \end{pmatrix} = \begin{pmatrix} 1 \\ 1 \end{pmatrix}, \quad \begin{pmatrix} x_2 \\ x_4 \end{pmatrix} = \begin{pmatrix} 1 \\ -1 \end{pmatrix},$$

代入同解方程组，可得

$$\begin{pmatrix} x_1 \\ x_3 \end{pmatrix} = \begin{pmatrix} 2 \\ 2 \end{pmatrix}, \quad \begin{pmatrix} x_1 \\ x_3 \end{pmatrix} = \begin{pmatrix} 0 \\ -2 \end{pmatrix}.$$

此时的基础解系为

$$\boldsymbol{\xi}_1 = (2,1,2,1)^{\mathrm{T}}, \quad \boldsymbol{\xi}_2 = (0,1,-2,-1)^{\mathrm{T}},$$

则通解为

$$\boldsymbol{x} = c_1\boldsymbol{\xi}_1 + c_2\boldsymbol{\xi}_2 = c_1\begin{pmatrix} 2 \\ 1 \\ 2 \\ 1 \end{pmatrix} + c_2\begin{pmatrix} 0 \\ 1 \\ -2 \\ -1 \end{pmatrix}, \quad c_1, c_2 \text{ 为任意实数}.$$

例 2 设 $\boldsymbol{A}_{m\times n}\boldsymbol{B}_{n\times l}=\boldsymbol{O}$，证明：$\mathrm{R}(\boldsymbol{A})+\mathrm{R}(\boldsymbol{B})\leqslant n$.

证明 将矩阵 $\boldsymbol{B}_{n\times l}$ 按列分块，记为 $\boldsymbol{B}_{n\times l}=(\boldsymbol{b}_1,\boldsymbol{b}_2,\cdots,\boldsymbol{b}_l)$. 由 $\boldsymbol{A}_{m\times n}\boldsymbol{B}_{n\times l}=\boldsymbol{O}$ 得

$$\boldsymbol{A}(\boldsymbol{b}_1,\boldsymbol{b}_2,\cdots,\boldsymbol{b}_l) = (\boldsymbol{Ab}_1,\boldsymbol{Ab}_2,\cdots,\boldsymbol{Ab}_l) = (\boldsymbol{0},\boldsymbol{0},\cdots,\boldsymbol{0}),$$

即有

$$\boldsymbol{Ab}_i = \boldsymbol{0}, \quad i=1,2,\cdots,l.$$

上式表示齐次线性方程组 $\boldsymbol{Ax}=\boldsymbol{0}$ 有解 $\boldsymbol{b}_1,\boldsymbol{b}_2,\cdots,\boldsymbol{b}_l$. 设 $\mathrm{R}(\boldsymbol{A})=r$，可知方程组 $\boldsymbol{Ax}=\boldsymbol{0}$ 的任一基础解系所含解的个数为 $n-r$，也就是 $\boldsymbol{Ax}=\boldsymbol{0}$ 的任一组解中最多含 $n-r$ 个线性无关的解，因此有

$$\mathrm{R}(\boldsymbol{B}) = \mathrm{R}(\boldsymbol{b}_1,\boldsymbol{b}_2,\cdots,\boldsymbol{b}_l) \leqslant n-r = n-\mathrm{R}(\boldsymbol{A}).$$

故 $\mathrm{R}(\boldsymbol{A})+\mathrm{R}(\boldsymbol{B})\leqslant n$.

二、非齐次线性方程组的解的结构

设 $\boldsymbol{A}\boldsymbol{x}=\boldsymbol{b}$ 是 n 元非齐次线性方程组. 由上一章所学知识可知, 当 $\mathrm{R}(\boldsymbol{A})=\mathrm{R}(\boldsymbol{A},\boldsymbol{b})<n$ 时, 方程组有无穷多解. 为了研究非齐次线性方程组的解的结构, 我们先讨论非齐次线性方程的解的性质.

性质 3 设 $\boldsymbol{\eta}_1,\boldsymbol{\eta}_2$ 是非齐次线性方程组 $\boldsymbol{A}\boldsymbol{x}=\boldsymbol{b}$ 的任意两个解, 则 $\boldsymbol{\eta}_1-\boldsymbol{\eta}_2$ 是对应齐次线性方程组 $\boldsymbol{A}\boldsymbol{x}=\boldsymbol{0}$ 的解.

证明 由于 $\boldsymbol{A}\boldsymbol{\eta}_1=\boldsymbol{b},\boldsymbol{A}\boldsymbol{\eta}_2=\boldsymbol{b}$, 则

$$\boldsymbol{A}(\boldsymbol{\eta}_1-\boldsymbol{\eta}_2)=\boldsymbol{b}-\boldsymbol{b}=\boldsymbol{0},$$

即 $\boldsymbol{\eta}_1-\boldsymbol{\eta}_2$ 为齐次线性方程组 $\boldsymbol{A}\boldsymbol{x}=\boldsymbol{0}$ 的解.

性质 4 设 $\boldsymbol{\eta}$ 是非齐次线性方程组 $\boldsymbol{A}\boldsymbol{x}=\boldsymbol{b}$ 的一个解, $\boldsymbol{\xi}$ 是对应齐次线性方程组 $\boldsymbol{A}\boldsymbol{x}=\boldsymbol{0}$ 的一个解, 则 $\boldsymbol{\xi}+\boldsymbol{\eta}$ 是非齐次线性方程组 $\boldsymbol{A}\boldsymbol{x}=\boldsymbol{b}$ 的解.

证明 由于 $\boldsymbol{A}\boldsymbol{\xi}=\boldsymbol{0},\boldsymbol{A}\boldsymbol{\eta}=\boldsymbol{b}$, 所以

$$\boldsymbol{A}(\boldsymbol{\xi}+\boldsymbol{\eta})=\boldsymbol{A}\boldsymbol{\xi}+\boldsymbol{A}\boldsymbol{\eta}=\boldsymbol{0}+\boldsymbol{b}=\boldsymbol{b},$$

即 $\boldsymbol{x}=\boldsymbol{\xi}+\boldsymbol{\eta}$ 是非齐次线性方程组 $\boldsymbol{A}\boldsymbol{x}=\boldsymbol{b}$ 的解.

定理 2 设 $\mathrm{R}(\boldsymbol{A})=r$, 则非齐次线性方程组 $\boldsymbol{A}\boldsymbol{x}=\boldsymbol{b}$ 的任一解为

$$\boldsymbol{x}=k_1\boldsymbol{\xi}_1+k_2\boldsymbol{\xi}_2+\cdots+k_{n-r}\boldsymbol{\xi}_{n-r}+\boldsymbol{\eta},\quad k_1,k_2,\cdots,k_{n-r}\text{为任意实数},$$

其中, $\boldsymbol{\xi}_1,\boldsymbol{\xi}_2,\cdots,\boldsymbol{\xi}_{n-r}$ 为对应齐次线性方程组 $\boldsymbol{A}\boldsymbol{x}=\boldsymbol{0}$ 的基础解系, $\boldsymbol{\eta}$ 是 $\boldsymbol{A}\boldsymbol{x}=\boldsymbol{b}$ 的任意一个解.

证明 由于 $\boldsymbol{\xi}_1,\boldsymbol{\xi}_2,\cdots,\boldsymbol{\xi}_{n-r}$ 为齐次线性方程组 $\boldsymbol{A}\boldsymbol{x}=\boldsymbol{0}$ 的基础解系, 则

$$k_1\boldsymbol{\xi}_1+k_2\boldsymbol{\xi}_2+\cdots+k_{n-r}\boldsymbol{\xi}_{n-r},\quad k_1,\cdots,k_{n-r}\text{为任意实数}$$

为齐次线性方程组 $\boldsymbol{A}\boldsymbol{x}=\boldsymbol{0}$ 的通解. 又由于 $\boldsymbol{\eta}$ 是非齐次线性方程组 $\boldsymbol{A}\boldsymbol{x}=\boldsymbol{b}$ 的任意一个特解, 由性质 4 可得定理 2.

定理 2 就是非齐次线性方程组解的结构定理.

例 3 求非齐次线性方程组

$$\begin{cases} x_1+2x_2+2x_3+x_4=2,\\ 2x_1+x_2-2x_3-x_4=3,\\ x_1-x_2-4x_3-2x_4=1 \end{cases}$$

的通解.

解 对增广矩阵 $(\boldsymbol{A},\boldsymbol{b})$ 施行初等行变换化成行最简形矩阵:

$$(\boldsymbol{A},\boldsymbol{b})=\begin{pmatrix} 1 & 2 & 2 & 1 & 2\\ 2 & 1 & -2 & -1 & 3\\ 1 & -1 & -4 & -2 & 1 \end{pmatrix}\xrightarrow[r_3-r_1]{r_2-2r_1}\begin{pmatrix} 1 & 2 & 2 & 1 & 2\\ 0 & -3 & -6 & -3 & -1\\ 0 & -3 & -6 & -3 & -1 \end{pmatrix}$$

$$\xrightarrow[r_2\times\left(-\frac{1}{3}\right)]{r_3-r_2}\begin{pmatrix}1&2&2&1&2\\0&1&2&1&1/3\\0&0&0&0&0\end{pmatrix}\xrightarrow{r_1-2r_2}\begin{pmatrix}1&0&-2&-1&4/3\\0&1&2&1&1/3\\0&0&0&0&0\end{pmatrix}.$$

由此得同解方程组

$$\begin{cases}x_1=\quad 2x_3+x_4+\dfrac{4}{3},\\ x_2=-2x_3-x_4+\dfrac{1}{3}.\end{cases}$$

取 x_3,x_4 为自由未知数,并取

$$\begin{pmatrix}x_3\\x_4\end{pmatrix}=\begin{pmatrix}0\\0\end{pmatrix},$$

得 $\boldsymbol{Ax}=\boldsymbol{b}$ 的一个特解

$$\boldsymbol{\eta}=\left(\frac{4}{3},\frac{1}{3},0,0\right)^{\mathrm{T}}.$$

对应齐次线性方程组 $\boldsymbol{Ax}=\boldsymbol{0}$ 的同解方程组为

$$\begin{cases}x_1=\quad 2x_3+x_4,\\ x_2=-2x_3-x_4.\end{cases}$$

分别取

$$\begin{pmatrix}x_3\\x_4\end{pmatrix}=\begin{pmatrix}1\\0\end{pmatrix},\quad \begin{pmatrix}x_3\\x_4\end{pmatrix}=\begin{pmatrix}0\\1\end{pmatrix},$$

得 $\boldsymbol{Ax}=\boldsymbol{0}$ 的基础解系为

$$\boldsymbol{\xi}_1=(2,-2,1,0)^{\mathrm{T}},\quad \boldsymbol{\xi}_2=(1,-1,0,1)^{\mathrm{T}}.$$

所以通解为

$$\boldsymbol{x}=k_1\boldsymbol{\xi}_1+k_2\boldsymbol{\xi}_2+\boldsymbol{\eta}=k_1\begin{pmatrix}2\\-2\\1\\0\end{pmatrix}+k_2\begin{pmatrix}1\\-1\\0\\1\end{pmatrix}+\begin{pmatrix}4/3\\1/3\\0\\0\end{pmatrix},\quad k_1,k_2\text{ 为任意实数}.$$

例 4 设 $\boldsymbol{A}$ 是 3 阶方阵,$\mathrm{R}(\boldsymbol{A})=2$,线性方程组 $\boldsymbol{Ax}=\boldsymbol{b}(\boldsymbol{b}\neq\boldsymbol{0})$的三个解 $\boldsymbol{\eta}_1,\boldsymbol{\eta}_2,\boldsymbol{\eta}_3$ 满足

$$\boldsymbol{\eta}_1+\boldsymbol{\eta}_2=\begin{pmatrix}2\\0\\-2\end{pmatrix},\quad \boldsymbol{\eta}_1+\boldsymbol{\eta}_3=\begin{pmatrix}3\\1\\-1\end{pmatrix},$$

求线性方程组 $\boldsymbol{Ax}=\boldsymbol{b}$ 的通解.

解 由于 $\mathrm{R}(\boldsymbol{A})=2$,且 $\boldsymbol{A}$ 是 3 阶方阵,那么齐次线性方程组 $\boldsymbol{Ax}=\boldsymbol{0}$ 的基础解系中解的

个数为

$$n-r=3-2=1.$$

由于

$$\boldsymbol{A}[(\boldsymbol{\eta}_1+\boldsymbol{\eta}_2)-(\boldsymbol{\eta}_1+\boldsymbol{\eta}_3)]=\boldsymbol{A}(\boldsymbol{\eta}_2-\boldsymbol{\eta}_3)=\boldsymbol{b}-\boldsymbol{b}=\boldsymbol{0},$$

则

$$\boldsymbol{\xi}=(\boldsymbol{\eta}_1+\boldsymbol{\eta}_2)-(\boldsymbol{\eta}_1+\boldsymbol{\eta}_3)=(-1,-1,-1)^{\mathrm{T}}$$

为齐次线性方程组 $\boldsymbol{Ax}=\boldsymbol{0}$ 的基础解系. 由

$$\boldsymbol{A}(\boldsymbol{\eta}_1+\boldsymbol{\eta}_2)=\boldsymbol{A}\boldsymbol{\eta}_1+\boldsymbol{A}\boldsymbol{\eta}_2=2\boldsymbol{b},\quad 即\quad \boldsymbol{A}\left[\frac{1}{2}(\boldsymbol{\eta}_1+\boldsymbol{\eta}_2)\right]=\boldsymbol{b},$$

可知

$$\boldsymbol{\eta}=\frac{1}{2}(\boldsymbol{\eta}_1+\boldsymbol{\eta}_2)=(1,0,-1)^{\mathrm{T}}$$

为非齐次线性方程组 $\boldsymbol{Ax}=\boldsymbol{b}$ 的一个解.

由非齐次线性方程组解的结构定理(定理 2)可得 $\boldsymbol{Ax}=\boldsymbol{b}$ 的通解为

$$\boldsymbol{x}=k\boldsymbol{\xi}+\boldsymbol{\eta}=k\begin{pmatrix}-1\\-1\\-1\end{pmatrix}+\begin{pmatrix}1\\0\\-1\end{pmatrix},\quad k\text{ 为任意常数}.$$

习 题 4.3

1. 求下列齐次线性方程组的一个基础解系：

(1) $\begin{cases}x_1-x_2-x_3+x_4=0,\\x_1-x_2+x_3+5x_4=0,\\x_1-x_2-2x_3-x_4=0;\end{cases}$ (2) $\begin{cases}x_1+x_2+x_3+x_4+x_5=0,\\2x_1+3x_2+x_3-3x_4-3x_5=0,\\4x_1+5x_2+3x_3-x_4-x_5=0,\\3x_1+4x_2+2x_3-2x_3-2x_5=0.\end{cases}$

2. 求下列线性方程组的通解：

(1) $\begin{cases}x_1-2x_2+5x_3+x_4=5,\\2x_1-x_2+3x_3=0,\\x_1-5x_2+12x_3+3x_4=15;\end{cases}$ (2) $\begin{cases}x_1+x_2-3x_3-x_4=1,\\3x_1-x_2-3x_3+4x_4=4,\\x_1+5x_2-9x_3-8x_4=0.\end{cases}$

3. 设 $\boldsymbol{A}$ 是 5×4 矩阵,$\mathrm{R}(\boldsymbol{A})=3$. 若 $\boldsymbol{\alpha}_1,\boldsymbol{\alpha}_2,\boldsymbol{\alpha}_3$ 是非齐次线性方程组 $\boldsymbol{Ax}=\boldsymbol{b}$ 的三个不同的解,且 $\boldsymbol{\alpha}_1+\boldsymbol{\alpha}_2=(2,1,0,0)^{\mathrm{T}}$,$\boldsymbol{\alpha}_2+\boldsymbol{\alpha}_3=(1,0,-2,0)^{\mathrm{T}}$,求方程组 $\boldsymbol{Ax}=\boldsymbol{b}$ 的通解.

4. 设 $\boldsymbol{\alpha}_1,\boldsymbol{\alpha}_2,\boldsymbol{\alpha}_3$ 是齐次线性方程组 $\boldsymbol{Ax}=\boldsymbol{0}$ 的一个基础解系,证明：

$$\boldsymbol{\alpha}_2-\boldsymbol{\alpha}_3,\quad 3\boldsymbol{\alpha}_1+2\boldsymbol{\alpha}_2+\boldsymbol{\alpha}_3,\quad \boldsymbol{\alpha}_1-2\boldsymbol{\alpha}_2-\boldsymbol{\alpha}_3$$

也是方程组 $\boldsymbol{Ax}=\boldsymbol{0}$ 的一个基础解系.

§4.4 向量空间

一、向量空间的概念

定义 1 设 V 为 n 维向量组成的集合. 如果集合 V 非空,且满足

(1) 若 $\boldsymbol{\alpha}\in V,\boldsymbol{\beta}\in V$,则 $\boldsymbol{\alpha}+\boldsymbol{\beta}\in V$;

(2) 若 $\boldsymbol{\alpha}\in V,\lambda\in\mathbb{R}$,则 $\lambda\boldsymbol{\alpha}\in V$,

那么称集合 V 对于加法及数乘两种线性运算是**封闭**的,这时也称 V 是一个**向量空间**.

由零向量组成的空间称为**零空间**.

3 维向量的全体 $\mathbb{R}^3$ 是一个向量空间. 因为任意两个 3 维向量相加仍然是 3 维向量;任意实数乘以 3 维向量仍然为 3 维向量.

同理,n 维向量的全体 $\mathbb{R}^n$ 也是一个向量空间.

例 1 判定下列集合能否构成向量空间:

(1) $V_1=\{\boldsymbol{\alpha}=(x_1,x_2,0)^{\mathrm{T}}\mid x_1,x_2\in\mathbb{R}\}$;

(2) $V_2=\{\boldsymbol{\alpha}=(x_1,x_2,1)^{\mathrm{T}}\mid x_1,x_2\in\mathbb{R}\}$;

(3) $V_3=\{\boldsymbol{\alpha}=(x_1,x_2,x_3)^{\mathrm{T}}\mid x_1+x_2+x_3=0\}$.

解 (1) 在 V_1 中任取两个向量 $\boldsymbol{\alpha}=(a_1,a_2,0)^{\mathrm{T}},\boldsymbol{\beta}=(b_1,b_2,0)^{\mathrm{T}}$,对于任一实数 k,有

$$\boldsymbol{\alpha}+\boldsymbol{\beta}=(a_1+b_1,a_2+b_2,0)^{\mathrm{T}}\in V_1,\quad k\boldsymbol{\alpha}=(ka_1,ka_2,0)^{\mathrm{T}}\in V_1,$$

故 V_1 是一个向量空间.

(2) 在 V_2 中任取两个向量 $\boldsymbol{\alpha}=(a_1,a_2,1)^{\mathrm{T}},\boldsymbol{\beta}=(b_1,b_2,1)^{\mathrm{T}}$,有

$$\boldsymbol{\alpha}+\boldsymbol{\beta}=(a_1+b_1,a_2+b_2,2)^{\mathrm{T}}\notin V_2,$$

故 V_2 不是一个向量空间.

(3) V_3 是齐次线性方程组 $\boldsymbol{A}\boldsymbol{x}=\boldsymbol{0}$(其中 $\boldsymbol{A}=(1,1,1)$)的解的集合. 在 V_3 中任取两个解 $\boldsymbol{\xi}_1,\boldsymbol{\xi}_2$,对于任一实数 k,有

$$\boldsymbol{A}(\boldsymbol{\xi}_1+\boldsymbol{\xi}_2)=\boldsymbol{A}\boldsymbol{\xi}_1+\boldsymbol{A}\boldsymbol{\xi}_2=\boldsymbol{0}\quad 和\quad \boldsymbol{A}(k\boldsymbol{\xi}_1)=k(\boldsymbol{A}\boldsymbol{\xi}_1)=\boldsymbol{0},$$

故有 $\boldsymbol{\xi}_1+\boldsymbol{\xi}_2\in V_3,k\boldsymbol{\xi}_1\in V_3$. 因此 V_3 是一个向量空间.

类似地,齐次线性方程组的解集 $S=\{\boldsymbol{x}\mid\boldsymbol{A}\boldsymbol{x}=\boldsymbol{0}\}$ 是一个向量空间(S 称为齐次线性方程组的**解空间**). 而非齐次线性方程组的解集 $S=\{\boldsymbol{x}\mid\boldsymbol{A}\boldsymbol{x}=\boldsymbol{b}\}$ 不是向量空间.

例 2 设 $\boldsymbol{\alpha},\boldsymbol{\beta}$ 均为 n 维向量,证明:集合 $V=\{\boldsymbol{x}=\lambda\boldsymbol{\alpha}+\mu\boldsymbol{\beta},\lambda,\mu\in\mathbb{R}\}$ 是一个向量空间.

证明 设 $\boldsymbol{x}_1=\lambda_1\boldsymbol{\alpha}+\mu_1\boldsymbol{\beta}\in V,\boldsymbol{x}_2=\lambda_2\boldsymbol{\alpha}+\mu_2\boldsymbol{\beta}\in V$,对于任一实数 k,有

$$\boldsymbol{x}_1+\boldsymbol{x}_2=(\lambda_1+\lambda_2)\boldsymbol{\alpha}+(\mu_1+\mu_2)\boldsymbol{\beta}\in V,\quad k\boldsymbol{x}_1=k(\lambda_1\boldsymbol{\alpha}+\mu_1\boldsymbol{\beta})=k\lambda_1\boldsymbol{\alpha}+k\mu_1\boldsymbol{\beta}\in V.$$

由向量空间的定义知,V 是一个向量空间.

通常称集合

$$V=\{\boldsymbol{x}=\lambda\boldsymbol{\alpha}+\mu\boldsymbol{\beta}\,|\,\lambda,\ \mu\in\mathbb{R}\}$$

为由向量 $\boldsymbol{\alpha}$ 和 $\boldsymbol{\beta}$ 所生成的空间；称

$$V=\{\boldsymbol{\alpha}=k_1\boldsymbol{\alpha}_1+k_2\boldsymbol{\alpha}_2+\cdots+k_m\boldsymbol{\alpha}_m\,|\,k_1,k_2,\cdots,k_m\in\mathbb{R}\}$$

为由向量组 $\boldsymbol{\alpha}_1,\boldsymbol{\alpha}_2,\cdots,\boldsymbol{\alpha}_m$ 所生成的空间.

对于向量空间 V 和 W，若 $V\subset W$，则称 V 是 W 的**子空间**. 显然，对于任何由 n 维向量构成的向量空间 V，都有 $V\subset\mathbb{R}^n$，因此 V 是 $\mathbb{R}^n$ 的子空间.

二、向量空间的基与维数

定义 2 设 V 是向量空间. 若有 r 个向量 $\boldsymbol{\alpha}_1,\boldsymbol{\alpha}_2,\cdots,\boldsymbol{\alpha}_r\in V$，且满足

(1) $\boldsymbol{\alpha}_1,\boldsymbol{\alpha}_2,\cdots,\boldsymbol{\alpha}_r$ 线性无关；

(2) V 中任一向量 $\boldsymbol{\alpha}$ 都可由 $\boldsymbol{\alpha}_1,\boldsymbol{\alpha}_2,\cdots,\boldsymbol{\alpha}_r$ 线性表示，

则称向量组 $\boldsymbol{\alpha}_1,\boldsymbol{\alpha}_2,\cdots,\boldsymbol{\alpha}_r$ 为向量空间 V 的一组**基**，称 r 为向量空间 V 的**维数**，并称 V 为 **r 维向量空间**. 零空间的维数规定为 0.

若把向量空间 V 看做向量组，那么向量空间 V 的基就是向量组的极大无关组，向量空间 V 的维数就是向量组的秩. 向量空间的基不具有唯一性，对于 r 维向量空间 V，其中的任意 r 个线性无关的向量都可以作为向量空间 V 的基.

要注意向量的维数与向量空间的维数的区别. 向量的维数 n 指的是向量中含有 n 个元素；而向量空间 V 的维数 n 指的是向量空间 V 的基中向量的个数.

容易证明，若向量组 $\boldsymbol{\alpha}_1,\boldsymbol{\alpha}_2,\cdots,\boldsymbol{\alpha}_m$ 是向量空间 V 的一组基，则向量空间 V 可表示为

$$V=\{\boldsymbol{\alpha}=\lambda_1\boldsymbol{\alpha}_1+\lambda_2\boldsymbol{\alpha}_2+\cdots+\lambda_m\boldsymbol{\alpha}_m\,|\,\lambda_1,\lambda_2,\cdots,\lambda_m\in\mathbb{R}\}.$$

这样向量空间 V 的构造就很清晰了.

例 3 求向量空间 $\mathbb{R}^n$ 的一组基，并求它的维数.

解 在 $\mathbb{R}^n$ 中，取单位坐标向量组：

$$\boldsymbol{e}_1=\begin{pmatrix}1\\0\\\vdots\\0\end{pmatrix},\quad \boldsymbol{e}_2=\begin{pmatrix}0\\1\\\vdots\\0\end{pmatrix},\quad \cdots,\quad \boldsymbol{e}_n=\begin{pmatrix}0\\0\\\vdots\\1\end{pmatrix},$$

显然 $\boldsymbol{e}_1,\boldsymbol{e}_2,\cdots,\boldsymbol{e}_n$ 线性无关.

对于任一向量

$$\boldsymbol{x}=(x_1,x_2,\cdots,x_n)^{\mathrm{T}}\in\mathbb{R}^n,$$

有

$$\boldsymbol{x}=\begin{pmatrix}x_1\\x_2\\\vdots\\x_n\end{pmatrix}=x_1\begin{pmatrix}1\\0\\\vdots\\0\end{pmatrix}+x_2\begin{pmatrix}0\\1\\\vdots\\0\end{pmatrix}+\cdots+x_n\begin{pmatrix}0\\0\\\vdots\\1\end{pmatrix}=x_1\boldsymbol{e}_1+x_2\boldsymbol{e}_2+\cdots+x_n\boldsymbol{e}_n,$$

即 $\mathbb{R}^n$ 中的任一向量可由 $\boldsymbol{e}_1,\boldsymbol{e}_2,\cdots,\boldsymbol{e}_n$ 线性表示. 故 $\boldsymbol{e}_1,\boldsymbol{e}_2,\cdots,\boldsymbol{e}_n$ 为 $\mathbb{R}^n$ 的一组基,称为 $\mathbb{R}^n$ 的**自然基**. 显然,$\mathbb{R}^n$ 的维数为 n.

事实上,任意 n 个线性无关的 n 维向量都可作为 $\mathbb{R}^n$ 的一组基.

设 V 是由向量组 $\boldsymbol{\alpha}_1,\boldsymbol{\alpha}_2,\cdots,\boldsymbol{\alpha}_m$ 所生成的空间,即

$$V=\{\boldsymbol{\alpha}=\lambda_1\boldsymbol{\alpha}_1+\lambda_2\boldsymbol{\alpha}_2+\cdots+\lambda_m\boldsymbol{\alpha}_m\,|\,\lambda_1,\lambda_2,\cdots,\lambda_m\in\mathbb{R}\},$$

那么 $\boldsymbol{\alpha}_1,\boldsymbol{\alpha}_2,\cdots,\boldsymbol{\alpha}_m$ 的任一极大无关组都是 V 的一组基,$\boldsymbol{\alpha}_1,\boldsymbol{\alpha}_2,\cdots,\boldsymbol{\alpha}_m$ 的秩等于向量空间 V 的维数. 所以可通过求极大无关组的方法来确定向量空间 V 的基和维数.

例如,已知 $\boldsymbol{\alpha}_1,\boldsymbol{\alpha}_2,\boldsymbol{\alpha}_3,\boldsymbol{\alpha}_4$ 是 4 个线性无关的 5 维向量,由它们生成的空间为

$$V=\{\boldsymbol{\beta}=k_1\boldsymbol{\alpha}_1+k_2\boldsymbol{\alpha}_2+k_3\boldsymbol{\alpha}_3+k_4\boldsymbol{\alpha}_4\,|\,k_1,k_2,k_3,k_4\in\mathbb{R}\}.$$

由于 $\boldsymbol{\alpha}_1,\boldsymbol{\alpha}_2,\boldsymbol{\alpha}_3,\boldsymbol{\alpha}_4$ 线性无关,它们可以作为 V 的一组基,因此 V 是 4 维向量空间.

三、向量在基下的坐标

定义 3 设 $\boldsymbol{\alpha}_1,\boldsymbol{\alpha}_2,\cdots,\boldsymbol{\alpha}_r$ 是向量空间 V 的一组基,那么向量空间 V 中的任一向量 $\boldsymbol{x}$ 都可由 $\boldsymbol{\alpha}_1,\boldsymbol{\alpha}_2,\cdots,\boldsymbol{\alpha}_r$ 唯一地线性表示为

$$\boldsymbol{x}=x_1\boldsymbol{\alpha}_1+x_2\boldsymbol{\alpha}_2+\cdots+x_r\boldsymbol{\alpha}_r,\quad x_1,x_2,\cdots,x_r\in\mathbb{R},$$

其中数组 $x_1,x_2,\cdots,x_r$ 称为向量 $\boldsymbol{x}$ 在这组基下的**坐标**.

由于向量空间 $\mathbb{R}^n$ 中的任一向量 $\boldsymbol{x}=(x_1,x_2,\cdots,x_n)^{\mathrm{T}}$ 都可由自然基 $\boldsymbol{e}_1,\boldsymbol{e}_2,\cdots,\boldsymbol{e}_n$ 线性表示为

$$\boldsymbol{x}=x_1\boldsymbol{e}_1+x_2\boldsymbol{e}_2+\cdots+x_n\boldsymbol{e}_n,$$

因此向量 $\boldsymbol{x}$ 在自然基 $\boldsymbol{e}_1,\boldsymbol{e}_2,\cdots,\boldsymbol{e}_n$ 下的坐标就是 $x_1,x_2,\cdots,x_n$.

例 4 证明向量组 $\boldsymbol{\alpha}_1=(1,1,0)^{\mathrm{T}},\boldsymbol{\alpha}_2=(0,1,1)^{\mathrm{T}},\boldsymbol{\alpha}_3=(1,-1,2)^{\mathrm{T}}$ 为 $\mathbb{R}^3$ 的一组基,并求向量 $\boldsymbol{\beta}=(1,0,1)^{\mathrm{T}}$ 在这组基下的坐标.

解 要证 $\boldsymbol{\alpha}_1,\boldsymbol{\alpha}_2,\boldsymbol{\alpha}_3$ 是 $\mathbb{R}^3$ 的一组基,只要证 $\boldsymbol{\alpha}_1,\boldsymbol{\alpha}_2,\boldsymbol{\alpha}_3$ 线性无关;求 $\boldsymbol{\beta}$ 在基 $\boldsymbol{\alpha}_1,\boldsymbol{\alpha}_2,\boldsymbol{\alpha}_3$ 下的坐标,就是求非齐次线性方程组 $x_1\boldsymbol{\alpha}_1+x_2\boldsymbol{\alpha}_2+x_3\boldsymbol{\alpha}_3=\boldsymbol{\beta}$ 的解.

对矩阵 $(\boldsymbol{\alpha}_1,\boldsymbol{\alpha}_2,\boldsymbol{\alpha}_3,\boldsymbol{\beta})$ 施行初等行变换:

$$(\boldsymbol{\alpha}_1,\boldsymbol{\alpha}_2,\boldsymbol{\alpha}_3,\boldsymbol{\beta})=\begin{pmatrix}1&0&1&1\\1&1&-1&0\\0&1&2&1\end{pmatrix}\xrightarrow{r_2-r_1}\begin{pmatrix}1&0&1&1\\0&1&-2&-1\\0&1&2&1\end{pmatrix}$$

$$\xrightarrow{r_3-r_2}\begin{pmatrix}1&0&1&1\\0&1&-2&-1\\0&0&4&2\end{pmatrix}\xrightarrow{r_3\times\frac{1}{4}}\begin{pmatrix}1&0&1&1\\0&1&-2&-1\\0&0&1&1/2\end{pmatrix}$$

$$\xrightarrow[r_2+2r_3]{r_1-r_3}\begin{pmatrix}1&0&0&1/2\\0&1&0&0\\0&0&1&1/2\end{pmatrix}.$$

由此可知 $R(\boldsymbol{\alpha}_1,\boldsymbol{\alpha}_2,\boldsymbol{\alpha}_3)=3$，得 $\boldsymbol{\alpha}_1,\boldsymbol{\alpha}_2,\boldsymbol{\alpha}_3$ 线性无关，故 $\boldsymbol{\alpha}_1,\boldsymbol{\alpha}_2,\boldsymbol{\alpha}_3$ 为 $\mathbb{R}^3$ 的一组基. 还可以看出

$$\boldsymbol{\beta}=\frac{1}{2}\boldsymbol{\alpha}_1+0\boldsymbol{\alpha}_2+\frac{1}{2}\boldsymbol{\alpha}_3,$$

即 $\boldsymbol{\beta}$ 在这组基下的坐标为 $\frac{1}{2},0,\frac{1}{2}$.

任意 n 个线性无关的 n 维向量都可以作为 $\mathbb{R}^n$ 的一组基，同一个向量在不同基下的坐标是不相同的.

定义 4 设 $\boldsymbol{\alpha}_1,\boldsymbol{\alpha}_2,\cdots,\boldsymbol{\alpha}_n$ 与 $\boldsymbol{\beta}_1,\boldsymbol{\beta}_2,\cdots,\boldsymbol{\beta}_n$ 是 $\mathbb{R}^n$ 的两组基. 若

$$(\boldsymbol{\beta}_1,\boldsymbol{\beta}_2,\cdots,\boldsymbol{\beta}_n)=(\boldsymbol{\alpha}_1,\boldsymbol{\alpha}_2,\cdots,\boldsymbol{\alpha}_n)\boldsymbol{P},$$

则矩阵 $\boldsymbol{P}$ 称为由基 $\boldsymbol{\alpha}_1,\boldsymbol{\alpha}_2,\cdots,\boldsymbol{\alpha}_n$ 到基 $\boldsymbol{\beta}_1,\boldsymbol{\beta}_2,\cdots,\boldsymbol{\beta}_n$ 的**过渡矩阵**.

由定义 4 不难得到下面的结论：

定理 如果向量 $\boldsymbol{\gamma}$ 在基 $\boldsymbol{\alpha}_1,\boldsymbol{\alpha}_2,\cdots,\boldsymbol{\alpha}_n$ 下的坐标为 $x_1,x_2,\cdots,x_n$，向量 $\boldsymbol{\gamma}$ 在基 $\boldsymbol{\beta}_1,\boldsymbol{\beta}_2,\cdots,\boldsymbol{\beta}_n$ 下的坐标为 $y_1,y_2,\cdots,y_n$，则有**坐标变换公式**

$$\begin{pmatrix}y_1\\y_2\\\vdots\\y_n\end{pmatrix}=\boldsymbol{P}^{-1}\begin{pmatrix}x_1\\x_2\\\vdots\\x_n\end{pmatrix}\quad(\text{或 }\boldsymbol{y}=\boldsymbol{P}^{-1}\boldsymbol{x}),$$

其中矩阵 $\boldsymbol{P}$ 为由基 $\boldsymbol{\alpha}_1,\boldsymbol{\alpha}_2,\cdots,\boldsymbol{\alpha}_n$ 到基 $\boldsymbol{\beta}_1,\boldsymbol{\beta}_2,\cdots,\boldsymbol{\beta}_n$ 的过渡矩阵.

例 5 求从 $\mathbb{R}^2$ 的一组基

$$\boldsymbol{\alpha}_1=(1,0)^{\mathrm{T}},\quad \boldsymbol{\alpha}_2=(1,-1)^{\mathrm{T}}$$

到另一组基

$$\boldsymbol{\beta}_1=(1,1)^{\mathrm{T}},\quad \boldsymbol{\beta}_2=(1,2)^{\mathrm{T}}$$

的过渡矩阵 $\boldsymbol{P}$.

解 由于向量组 $\boldsymbol{\alpha}_1,\boldsymbol{\alpha}_2$ 线性无关，故向量 $\boldsymbol{\beta}_1,\boldsymbol{\beta}_2$ 分别可由向量组 $\boldsymbol{\alpha}_1,\boldsymbol{\alpha}_2$ 线性表示. 经计算可得

$$\boldsymbol{\beta}_1=2\boldsymbol{\alpha}_1-\boldsymbol{\alpha}_2,\quad \boldsymbol{\beta}_2=3\boldsymbol{\alpha}_1-2\boldsymbol{\alpha}_2,$$

则有

$$(\boldsymbol{\beta}_1,\boldsymbol{\beta}_2)=(\boldsymbol{\alpha}_1,\boldsymbol{\alpha}_2)\begin{bmatrix}2&3\\-1&-2\end{bmatrix},$$

那么从一组基 $\boldsymbol{\alpha}_1,\boldsymbol{\alpha}_2$ 到另一组基 $\boldsymbol{\beta}_1,\boldsymbol{\beta}_2$ 的过渡矩阵为

$$\boldsymbol{P}=\begin{bmatrix}2&3\\-1&-2\end{bmatrix}.$$

注意 本例比较简单,很容易计算出向量 $\boldsymbol{\beta}_1,\boldsymbol{\beta}_2$ 由向量组 $\boldsymbol{\alpha}_1,\boldsymbol{\alpha}_2$ 的线性表示.对于一般情况,可通过求解矩阵方程 $\boldsymbol{AX}=\boldsymbol{B}$ 来求过渡矩阵 $\boldsymbol{P}=\boldsymbol{X}$,其中

$$\boldsymbol{A}=(\boldsymbol{\alpha}_1,\boldsymbol{\alpha}_2,\cdots,\boldsymbol{\alpha}_n),\quad \boldsymbol{B}=(\boldsymbol{\beta}_1,\boldsymbol{\beta}_2,\cdots,\boldsymbol{\beta}_n).$$

习 题 4.4

1. 设向量集合

$$V_1=\{\boldsymbol{x}=(x_1,x_2,\cdots,x_n)^{\mathrm{T}}\mid x_1+x_2+\cdots+x_n=0,\text{其中 }x_1,x_2,\cdots,x_n\in\mathbb{R}\},$$
$$V_2=\{\boldsymbol{x}=(x_1,x_2,\cdots,x_n)^{\mathrm{T}}\mid x_1+x_2+\cdots+x_n=1,\text{其中 }x_1,x_2,\cdots,x_n\in\mathbb{R}\}.$$

问:V_1,V_2 是不是向量空间?为什么?

2. 已知向量组

$$\boldsymbol{\alpha}_1=(1,1,1)^{\mathrm{T}},\quad \boldsymbol{\alpha}_2=(0,1,1)^{\mathrm{T}},\quad \boldsymbol{\alpha}_3=(0,0,1)^{\mathrm{T}},$$

验证 $\boldsymbol{\alpha}_1,\boldsymbol{\alpha}_2,\boldsymbol{\alpha}_3$ 是 $\mathbb{R}^3$ 的一组基,并求向量 $\boldsymbol{\alpha}=(1,2,3)^{\mathrm{T}}$ 在这组基下的坐标.

3. 由向量组

$$\boldsymbol{\alpha}_1=(1,1,0,0)^{\mathrm{T}},\quad \boldsymbol{\alpha}_2=(1,0,1,1)^{\mathrm{T}}$$

所生成的向量空间记做 V_1;由向量组

$$\boldsymbol{\alpha}_3=(2,-1,3,3)^{\mathrm{T}},\quad \boldsymbol{\alpha}_4=(0,1,-1,-1)^{\mathrm{T}}$$

所生成的向量空间记做 V_2.证明:$V_1=V_2$.

4. 已知向量组

$$\boldsymbol{\alpha}_1=(1,0,2,1)^{\mathrm{T}},\quad \boldsymbol{\alpha}_2=(1,2,0,1)^{\mathrm{T}},\quad \boldsymbol{\alpha}_3=(2,1,3,0)^{\mathrm{T}},$$
$$\boldsymbol{\alpha}_4=(2,5,-1,4)^{\mathrm{T}},\quad \boldsymbol{\alpha}_5=(1,-1,3,-1)^{\mathrm{T}}.$$

设 V 为由向量组 $\boldsymbol{\alpha}_1,\boldsymbol{\alpha}_2,\boldsymbol{\alpha}_3,\boldsymbol{\alpha}_4,\boldsymbol{\alpha}_5$ 所生成的空间,求 V 的维数.

5. 已知

$$\boldsymbol{\alpha}_1=(1,1,0)^{\mathrm{T}},\quad \boldsymbol{\alpha}_2=(0,1,1)^{\mathrm{T}},\quad \boldsymbol{\alpha}_3=(1,-1,2)^{\mathrm{T}}$$

和

$$\boldsymbol{\beta}_1=(1,0,1)^{\mathrm{T}},\quad \boldsymbol{\beta}_2=(0,1,1)^{\mathrm{T}},\quad \boldsymbol{\beta}_3=(1,1,4)^{\mathrm{T}}$$

为 $\mathbb{R}^3$ 的两组基.若向量 $\boldsymbol{\gamma}=\boldsymbol{\alpha}_1+\boldsymbol{\alpha}_2+\boldsymbol{\alpha}_3$,求 $\boldsymbol{\gamma}$ 在基 $\boldsymbol{\beta}_1,\boldsymbol{\beta}_2,\boldsymbol{\beta}_3$ 下的坐标.

§4.5 $\mathbb{R}^n$的标准正交基与正交矩阵

一、向量的内积与长度

在解析几何中,向量有长度与向量之间夹角的概念. 在向量空间$\mathbb{R}^n$中也可建立n维向量的长度和向量之间夹角的概念. 首先引进向量内积的定义.

定义1 设两个n维向量$\boldsymbol{\alpha}=(a_1,a_2,\cdots,a_n)^{\mathrm{T}}$,$\boldsymbol{\beta}=(b_1,b_2,\cdots,b_n)^{\mathrm{T}}$,把

$$[\boldsymbol{\alpha},\boldsymbol{\beta}]=a_1b_1+a_2b_2+\cdots+a_nb_n$$

称为向量$\boldsymbol{\alpha}$与$\boldsymbol{\beta}$的**内积**.

由于这里$\boldsymbol{\alpha},\boldsymbol{\beta}$均为列向量,故有

$$[\boldsymbol{\alpha},\boldsymbol{\beta}]=\boldsymbol{\alpha}^{\mathrm{T}}\boldsymbol{\beta}=(a_1,a_2,\cdots,a_n)\begin{pmatrix}b_1\\b_2\\\vdots\\b_n\end{pmatrix}=a_1b_1+a_2b_2+\cdots+a_nb_n=\boldsymbol{\beta}^{\mathrm{T}}\boldsymbol{\alpha}.$$

内积是两个向量之间的一种运算,其运算结果是一个实数. 例如,设

$$\boldsymbol{\alpha}=(1,2,3,4)^{\mathrm{T}},\quad \boldsymbol{\beta}=(1,1,1,1)^{\mathrm{T}},\quad \boldsymbol{\gamma}=(-3,0,1,0)^{\mathrm{T}},$$

则内积

$$\boldsymbol{\alpha}^{\mathrm{T}}\boldsymbol{\beta}=10,\quad \boldsymbol{\alpha}^{\mathrm{T}}\boldsymbol{\gamma}=0.$$

由向量(矩阵)的运算法则和内积的定义,可得到以下性质:

(1) $\boldsymbol{\alpha}^{\mathrm{T}}\boldsymbol{\beta}=\boldsymbol{\beta}^{\mathrm{T}}\boldsymbol{\alpha}$;

(2) $(k\boldsymbol{\alpha})^{\mathrm{T}}\boldsymbol{\beta}=k\boldsymbol{\alpha}^{\mathrm{T}}\boldsymbol{\beta}(k\in\mathbb{R})$;

(3) $(\boldsymbol{\alpha}+\boldsymbol{\beta})^{\mathrm{T}}\boldsymbol{\gamma}=\boldsymbol{\alpha}^{\mathrm{T}}\boldsymbol{\gamma}+\boldsymbol{\beta}^{\mathrm{T}}\boldsymbol{\gamma}$;

(4) 当$\boldsymbol{\alpha}=\boldsymbol{0}$时,$\boldsymbol{\alpha}^{\mathrm{T}}\boldsymbol{\alpha}=0$;当$\boldsymbol{\alpha}\neq\boldsymbol{0}$时,$\boldsymbol{\alpha}^{\mathrm{T}}\boldsymbol{\alpha}>0$.

利用这些性质可以证明向量的内积满足**施瓦茨**(Schwarz)**不等式**(证明略):

$$[\boldsymbol{\alpha},\boldsymbol{\beta}]^2\leqslant[\boldsymbol{\alpha},\boldsymbol{\alpha}][\boldsymbol{\beta},\boldsymbol{\beta}].$$

定义2 设$\boldsymbol{\alpha}=(a_1,a_2,\cdots,a_n)^{\mathrm{T}}$是$n$维向量,则称

$$\|\boldsymbol{\alpha}\|=\sqrt{\boldsymbol{\alpha}^{\mathrm{T}}\boldsymbol{\alpha}}=\sqrt{a_1^2+a_2^2+\cdots+a_n^2}$$

为n维向量$\boldsymbol{\alpha}$的**长度**(或**模**). 若$\|\boldsymbol{\alpha}\|=1$,则称向量$\boldsymbol{\alpha}$为**单位向量**.

例如,向量$\boldsymbol{\alpha}=(1,0,0,0)^{\mathrm{T}}$,$\boldsymbol{\beta}=\left(\frac{\sqrt{2}}{2},0,-\frac{\sqrt{2}}{2},0\right)^{\mathrm{T}}$均为单位向量.

可以证明,向量的长度具有以下性质:

(1) **非负性**: $\|\boldsymbol{\alpha}\|\geqslant0$,当且仅当$\boldsymbol{\alpha}=\boldsymbol{0}$时,$\|\boldsymbol{\alpha}\|=0$;

(2) **齐次性**：$\|k\boldsymbol{\alpha}\| = |k|\,\|\boldsymbol{\alpha}\|\ (k\in\mathbb{R})$；

(3) **三角不等式**：$\|\boldsymbol{\alpha}+\boldsymbol{\beta}\| \leqslant \|\boldsymbol{\alpha}\| + \|\boldsymbol{\beta}\|$.

对于任一 n 维向量 $\boldsymbol{\alpha}$，当 $\boldsymbol{\alpha}\neq\boldsymbol{0}$ 时，$\dfrac{\boldsymbol{\alpha}}{\|\boldsymbol{\alpha}\|}$是一个单位向量，称这一运算为将向量 $\boldsymbol{\alpha}$ **标准化**或**单位化**. 这是由于

$$\left\|\frac{\boldsymbol{\alpha}}{\|\boldsymbol{\alpha}\|}\right\| = \frac{1}{\|\boldsymbol{\alpha}\|}\|\boldsymbol{\alpha}\| = 1.$$

例如，向量 $\boldsymbol{\alpha}=(1,1,1)^{\mathrm{T}}$ 的长度为 $\|\boldsymbol{\alpha}\| = \sqrt{3}$，则向量

$$\frac{\boldsymbol{\alpha}}{\|\boldsymbol{\alpha}\|} = \frac{1}{\sqrt{3}}\begin{pmatrix}1\\1\\1\end{pmatrix} = \begin{pmatrix}1/\sqrt{3}\\1/\sqrt{3}\\1/\sqrt{3}\end{pmatrix}$$

为单位向量.

二、向量的正交

由施瓦茨不等式有

$$\left|\frac{[\boldsymbol{\alpha},\boldsymbol{\beta}]}{\|\boldsymbol{\alpha}\|\cdot\|\boldsymbol{\beta}\|}\right| \leqslant 1,$$

令$\dfrac{[\boldsymbol{\alpha},\boldsymbol{\beta}]}{\|\boldsymbol{\alpha}\|\cdot\|\boldsymbol{\beta}\|}=\cos\theta$，可得到向量夹角的定义.

定义 3 设 $\boldsymbol{\alpha},\boldsymbol{\beta}$ 为 n 维向量. 若 $\boldsymbol{\alpha}\neq\boldsymbol{0},\boldsymbol{\beta}\neq\boldsymbol{0}$，则称

$$\theta = \arccos\frac{[\boldsymbol{\alpha},\boldsymbol{\beta}]}{\|\boldsymbol{\alpha}\|\cdot\|\boldsymbol{\beta}\|}$$

为向量 $\boldsymbol{\alpha}$ 与 $\boldsymbol{\beta}$ 之间的**夹角**.

若 $\theta=\dfrac{\pi}{2}$，即$[\boldsymbol{\alpha},\boldsymbol{\beta}]=0$，则称 $\boldsymbol{\alpha}$ 与 $\boldsymbol{\beta}$ **正交**. 对于零向量，由于$[\boldsymbol{0},\boldsymbol{\alpha}]=0$，可知零向量与任意 n 维向量 $\boldsymbol{\alpha}$ 都正交.

例 1 设向量 $\boldsymbol{\alpha}=(1,2,2,3)^{\mathrm{T}}$，$\boldsymbol{\beta}=(3,1,5,1)^{\mathrm{T}}$，求 $\boldsymbol{\alpha}$ 与 $\boldsymbol{\beta}$ 之间的夹角.

解 由于$[\boldsymbol{\alpha},\boldsymbol{\beta}]=\boldsymbol{\alpha}^{\mathrm{T}}\boldsymbol{\beta}=1\times3+2\times1+2\times5+3\times1=18$，且

$$\|\boldsymbol{\alpha}\| = \sqrt{1+4+4+9} = 3\sqrt{2},\quad \|\boldsymbol{\beta}\| = \sqrt{9+1+25+1} = 6.$$

故 $\boldsymbol{\alpha}$ 与 $\boldsymbol{\beta}$ 之间的夹角为

$$\theta = \arccos\frac{[\boldsymbol{\alpha},\boldsymbol{\beta}]}{\|\boldsymbol{\alpha}\|\cdot\|\boldsymbol{\beta}\|} = \arccos\frac{18}{3\sqrt{2}\times6} = \arccos\frac{\sqrt{2}}{2} = \frac{\pi}{4}.$$

定义 4 如果非零向量组 $\boldsymbol{\alpha}_1,\boldsymbol{\alpha}_2,\cdots,\boldsymbol{\alpha}_m$ 两两正交，即

$$[\boldsymbol{\alpha}_i,\boldsymbol{\alpha}_j] = \boldsymbol{\alpha}_i^{\mathrm{T}}\boldsymbol{\alpha}_j = 0\quad (i\neq j;i,j=1,2,\cdots,m),$$

则称该向量组为**正交向量组**.

若正交向量组中的每一个向量都是单位向量,则称此正交向量组为**单位正交向量组**,即单位正交向量组中的向量满足

$$\boldsymbol{\alpha}_i^{\mathrm{T}}\boldsymbol{\alpha}_j = 0\ (i \neq j), \quad 且 \quad \|\boldsymbol{\alpha}_i\| = \sqrt{\boldsymbol{\alpha}_i^{\mathrm{T}}\boldsymbol{\alpha}_i} = 1.$$

例如,向量组

$$\boldsymbol{\alpha} = (1,1,1)^{\mathrm{T}}, \quad \boldsymbol{\beta} = (0,1,-1)^{\mathrm{T}}, \quad \boldsymbol{\gamma} = (-2,1,1)^{\mathrm{T}}$$

为正交向量组;而向量组

$$\boldsymbol{\eta} = \left(\frac{\sqrt{3}}{3},\frac{\sqrt{3}}{3},\frac{\sqrt{3}}{3}\right), \quad \boldsymbol{\xi} = \left(0,\frac{\sqrt{2}}{2},-\frac{\sqrt{2}}{2}\right), \quad \boldsymbol{\upsilon} = \left(-\frac{\sqrt{6}}{3},\frac{\sqrt{6}}{6},\frac{\sqrt{6}}{6}\right)$$

为单位正交向量组.

定理 1 若 n 维向量组 $\boldsymbol{\alpha}_1,\boldsymbol{\alpha}_2,\cdots,\boldsymbol{\alpha}_m$ 为正交向量组,则 $\boldsymbol{\alpha}_1,\boldsymbol{\alpha}_2,\cdots,\boldsymbol{\alpha}_m$ 线性无关.

证明 设存在数 $k_1,k_2,\cdots,k_m$,使得

$$k_1\boldsymbol{\alpha}_1 + k_2\boldsymbol{\alpha}_2 + \cdots + k_m\boldsymbol{\alpha}_m = \mathbf{0}.$$

将向量 $\boldsymbol{\alpha}_1$ 与上式两边做内积运算,有

$$\boldsymbol{\alpha}_1^{\mathrm{T}}(k_1\boldsymbol{\alpha}_1 + k_2\boldsymbol{\alpha}_2 + \cdots + k_m\boldsymbol{\alpha}_m) = 0\ .$$

由于正交的向量内积为 0,可得

$$k_1\boldsymbol{\alpha}_1^{\mathrm{T}}\boldsymbol{\alpha}_1 = 0.$$

由于 $\boldsymbol{\alpha}_1 \neq \mathbf{0}$,则 $\boldsymbol{\alpha}_1^{\mathrm{T}}\boldsymbol{\alpha}_1 \neq 0$,从而有 $k_1 = 0$.

同理,可得 $k_2 = \cdots = k_m = 0$. 由线性无关性的定义知,$\boldsymbol{\alpha}_1,\boldsymbol{\alpha}_2,\cdots,\boldsymbol{\alpha}_m$ 线性无关.

由定理 1 知,正交向量组必定是线性无关的向量组. 但是,线性无关的向量组未必是正交的,不过可以从线性无关的向量组中构造出正交向量组.

三、$\mathbb{R}^n$ 的标准正交基与施密特正交化方法

定义 5 设 n 维向量组 $\boldsymbol{\alpha}_1,\boldsymbol{\alpha}_2,\cdots,\boldsymbol{\alpha}_n$ 为 $\mathbb{R}^n$ 的一组基,如果 $\boldsymbol{\alpha}_1,\boldsymbol{\alpha}_2,\cdots,\boldsymbol{\alpha}_n$ 为单位正交向量组,则称 $\boldsymbol{\alpha}_1,\boldsymbol{\alpha}_2,\cdots,\boldsymbol{\alpha}_n$ 为 $\mathbb{R}^n$ 的**标准正交基**.

由定义 5 可以看出,如果 $\boldsymbol{\alpha}_1,\boldsymbol{\alpha}_2,\cdots,\boldsymbol{\alpha}_n$ 为 $\mathbb{R}^n$ 的标准正交基,则有

$$[\boldsymbol{\alpha}_i,\boldsymbol{\alpha}_j] = \begin{cases} 1, & i = j, \\ 0, & i \neq j \end{cases} \quad (i,j = 1,2,\cdots,n).$$

例如,自然基

$$\boldsymbol{e}_1 = (1,0,0)^{\mathrm{T}}, \quad \boldsymbol{e}_2 = (0,1,0)^{\mathrm{T}}, \quad \boldsymbol{e}_3 = (0,0,1)^{\mathrm{T}}$$

是 $\mathbb{R}^3$ 的标准正交基;向量组

$$\boldsymbol{\xi}_1 = \left(\frac{\sqrt{2}}{2},\frac{\sqrt{2}}{2},0\right), \quad \boldsymbol{\xi}_2 = \left(-\frac{\sqrt{2}}{2},\frac{\sqrt{2}}{2},0\right), \quad \boldsymbol{\xi}_3 = (0,0,1)$$

也是$\mathbb{R}^3$的标准正交基.

对于线性无关的向量组$\boldsymbol{\alpha}_1,\boldsymbol{\alpha}_2,\cdots,\boldsymbol{\alpha}_r$,可以使用**施密特正交化方法**生成与之等价的正交向量组. 施密特正交化方法的具体做法如下:

取

$$\boldsymbol{\beta}_1=\boldsymbol{\alpha}_1,$$

$$\boldsymbol{\beta}_2=\boldsymbol{\alpha}_2-\frac{[\boldsymbol{\beta}_1,\boldsymbol{\alpha}_2]}{[\boldsymbol{\beta}_1,\boldsymbol{\beta}_1]}\boldsymbol{\beta}_1,$$

$$\boldsymbol{\beta}_3=\boldsymbol{\alpha}_3-\frac{[\boldsymbol{\beta}_1,\boldsymbol{\alpha}_3]}{[\boldsymbol{\beta}_1,\boldsymbol{\beta}_1]}\boldsymbol{\beta}_1-\frac{[\boldsymbol{\beta}_2,\boldsymbol{\alpha}_3]}{[\boldsymbol{\beta}_2,\boldsymbol{\beta}_2]}\boldsymbol{\beta}_2,$$

$$\cdots\cdots\cdots\cdots\cdots\cdots\cdots\cdots\cdots$$

$$\boldsymbol{\beta}_r=\boldsymbol{\alpha}_r-\frac{[\boldsymbol{\beta}_1,\boldsymbol{\alpha}_r]}{[\boldsymbol{\beta}_1,\boldsymbol{\beta}_1]}\boldsymbol{\beta}_1-\frac{[\boldsymbol{\beta}_2,\boldsymbol{\alpha}_r]}{[\boldsymbol{\beta}_2,\boldsymbol{\beta}_2]}\boldsymbol{\beta}_2-\cdots-\frac{[\boldsymbol{\beta}_{r-1},\boldsymbol{\alpha}_r]}{[\boldsymbol{\beta}_{r-1},\boldsymbol{\beta}_{r-1}]}\boldsymbol{\beta}_{r-1}.$$

可以验证,$\boldsymbol{\beta}_1,\boldsymbol{\beta}_2,\cdots,\boldsymbol{\beta}_r$ 是与向量组 $\boldsymbol{\alpha}_1,\boldsymbol{\alpha}_2,\cdots,\boldsymbol{\alpha}_r$ 等价的正交向量组.

进一步,将 $\boldsymbol{\beta}_1,\boldsymbol{\beta}_2,\cdots,\boldsymbol{\beta}_r$ 都单位化,令

$$\boldsymbol{\xi}_1=\frac{\boldsymbol{\beta}_1}{\|\boldsymbol{\beta}_1\|},\quad \boldsymbol{\xi}_2=\frac{\boldsymbol{\beta}_2}{\|\boldsymbol{\beta}_2\|},\quad \cdots,\quad \boldsymbol{\xi}_r=\frac{\boldsymbol{\beta}_r}{\|\boldsymbol{\beta}_r\|},$$

则 $\boldsymbol{\xi}_1,\boldsymbol{\xi}_2,\cdots,\boldsymbol{\xi}_r$ 就是与 $\boldsymbol{\alpha}_1,\boldsymbol{\alpha}_2,\cdots,\boldsymbol{\alpha}_r$ 等价的 $\mathbb{R}^r$ 的标准正交基.

例 2 设 $\boldsymbol{\alpha}_1=(1,0,1)^{\mathrm{T}},\boldsymbol{\alpha}_2=(1,1,0)^{\mathrm{T}},\boldsymbol{\alpha}_3=(0,1,1)^{\mathrm{T}}$ 为 $\mathbb{R}^3$的一组基,求与之等价的标准正交基.

解 先利用施密特正交化方法将 $\boldsymbol{\alpha}_1,\boldsymbol{\alpha}_2,\boldsymbol{\alpha}_3$ 正交化,即取

$$\boldsymbol{\beta}_1=\boldsymbol{\alpha}_1=(1,0,1)^{\mathrm{T}},$$

$$\boldsymbol{\beta}_2=\boldsymbol{\alpha}_2-\frac{[\boldsymbol{\beta}_1,\boldsymbol{\alpha}_2]}{[\boldsymbol{\beta}_1,\boldsymbol{\beta}_1]}\boldsymbol{\beta}_1=(1,1,0)^{\mathrm{T}}-\frac{1}{2}(1,0,1)^{\mathrm{T}}=\left(\frac{1}{2},1,-\frac{1}{2}\right)^{\mathrm{T}},$$

$$\boldsymbol{\beta}_3=\boldsymbol{\alpha}_3-\frac{[\boldsymbol{\beta}_1,\boldsymbol{\alpha}_3]}{[\boldsymbol{\beta}_1,\boldsymbol{\beta}_1]}\boldsymbol{\beta}_1-\frac{[\boldsymbol{\beta}_2,\boldsymbol{\alpha}_3]}{[\boldsymbol{\beta}_2,\boldsymbol{\beta}_2]}\boldsymbol{\beta}_2$$

$$=(0,1,1)^{\mathrm{T}}-\frac{1}{2}(1,0,1)^{\mathrm{T}}-\frac{1/2}{3/2}\left(\frac{1}{2},1,-\frac{1}{2}\right)^{\mathrm{T}}=\left(-\frac{2}{3},\frac{2}{3},\frac{2}{3}\right)^{\mathrm{T}},$$

则 $\boldsymbol{\beta}_1,\boldsymbol{\beta}_2,\boldsymbol{\beta}_3$ 为与基 $\boldsymbol{\alpha}_1,\boldsymbol{\alpha}_2,\boldsymbol{\alpha}_3$ 等价的正交向量组.

再将 $\boldsymbol{\beta}_1,\boldsymbol{\beta}_2,\boldsymbol{\beta}_3$ 单位化,即令

$$\boldsymbol{\xi}_1=\frac{\boldsymbol{\beta}_1}{\|\boldsymbol{\beta}_1\|}=\frac{1}{\sqrt{2}}(1,0,1)^{\mathrm{T}}=\left(\frac{1}{\sqrt{2}},0,\frac{1}{\sqrt{2}}\right)^{\mathrm{T}},$$

$$\boldsymbol{\xi}_2=\frac{\boldsymbol{\beta}_2}{\|\boldsymbol{\beta}_2\|}=\frac{1}{\sqrt{3/2}}\left(\frac{1}{2},1,-\frac{1}{2}\right)^{\mathrm{T}}=\left(\frac{1}{\sqrt{6}},\frac{2}{\sqrt{6}},-\frac{1}{\sqrt{6}}\right)^{\mathrm{T}},$$

$$\boldsymbol{\xi}_3=\frac{\boldsymbol{\beta}_3}{\|\boldsymbol{\beta}_3\|}=\frac{1}{\sqrt{4/3}}\left(-\frac{2}{3},\frac{2}{3},\frac{2}{3}\right)^{\mathrm{T}}=\left(-\frac{1}{\sqrt{3}},\frac{1}{\sqrt{3}},\frac{1}{\sqrt{3}}\right)^{\mathrm{T}},$$

则 $\boldsymbol{\xi}_1,\boldsymbol{\xi}_2,\boldsymbol{\xi}_3$ 即为$\mathbb{R}^3$的一组与 $\boldsymbol{\alpha}_1,\boldsymbol{\alpha}_2,\boldsymbol{\alpha}_3$ 等价的标准正交基.

例 3 已知$\mathbb{R}^3$中两个向量

$$\boldsymbol{\alpha}_1=(1,1,1)^{\mathrm{T}},\quad \boldsymbol{\alpha}_2=(1,-2,1)^{\mathrm{T}},$$

试求 $\boldsymbol{\alpha}_3$,使得 $\boldsymbol{\alpha}_1,\boldsymbol{\alpha}_2,\boldsymbol{\alpha}_3$ 为$\mathbb{R}^3$的一组正交基,并求与之等价的标准正交基.

解 由题意知 $\boldsymbol{\alpha}_1,\boldsymbol{\alpha}_2,\boldsymbol{\alpha}_3$ 两两正交. 设 $\boldsymbol{\alpha}_3=(x_1,x_2,x_3)^{\mathrm{T}}\neq\boldsymbol{0}$,由 $\boldsymbol{\alpha}_3$ 分别与 $\boldsymbol{\alpha}_1,\boldsymbol{\alpha}_2$ 正交有

$$\begin{cases}\boldsymbol{\alpha}_1^{\mathrm{T}}\boldsymbol{\alpha}_3=0,\\ \boldsymbol{\alpha}_2^{\mathrm{T}}\boldsymbol{\alpha}_3=0.\end{cases}$$

也就是 $\boldsymbol{\alpha}_3$ 满足齐次线性方程组

$$\begin{cases}x_1+\ \ x_2+x_3=0,\\ x_1-2x_2+x_3=0.\end{cases}$$

此方程组的同解方程组为

$$\begin{cases}x_1=-x_3,\\ x_2=0,\end{cases}$$

求得基础解系为

$$\boldsymbol{\xi}=(1,0,-1)^{\mathrm{T}},$$

即 $\boldsymbol{\alpha}_3=\boldsymbol{\xi}=(1,0,-1)^{\mathrm{T}}$.

由于 $\boldsymbol{\alpha}_1,\boldsymbol{\alpha}_2,\boldsymbol{\alpha}_3$ 两两正交,只需要将它们单位化,就可得到 $\mathbb{R}^3$ 的一组标准正交基. 令

$$\boldsymbol{\xi}_1=\frac{\boldsymbol{\alpha}_1}{\|\boldsymbol{\alpha}_1\|}=\begin{pmatrix}\sqrt{3}/3\\ \sqrt{3}/3\\ \sqrt{3}/3\end{pmatrix},\quad \boldsymbol{\xi}_2=\frac{\boldsymbol{\alpha}_2}{\|\boldsymbol{\alpha}_2\|}=\begin{pmatrix}\sqrt{6}/6\\ -\sqrt{6}/3\\ \sqrt{6}/6\end{pmatrix},\quad \boldsymbol{\xi}_3=\frac{\boldsymbol{\alpha}_3}{\|\boldsymbol{\alpha}_3\|}=\begin{pmatrix}\sqrt{2}/2\\ 0\\ -\sqrt{2}/2\end{pmatrix},$$

则 $\boldsymbol{\xi}_1,\boldsymbol{\xi}_2,\boldsymbol{\xi}_3$ 为 $\mathbb{R}^3$ 的一组与 $\boldsymbol{\alpha}_1,\boldsymbol{\alpha}_2,\boldsymbol{\alpha}_3$ 等价的标准正交基.

四、正交矩阵

定义 6 若 n 阶方阵 $\boldsymbol{A}$ 满足 $\boldsymbol{A}^{\mathrm{T}}\boldsymbol{A}=\boldsymbol{E}$,则称 $\boldsymbol{A}$ 为**正交矩阵**.

显然,若 $\boldsymbol{A}$ 是正交矩阵,则 $\boldsymbol{A}^{\mathrm{T}}$ 也为正交矩阵.

例如,矩阵

$$\begin{pmatrix}1&0\\0&1\end{pmatrix},\quad \begin{pmatrix}\frac{\sqrt{2}}{2}&\frac{\sqrt{2}}{2}\\ \frac{\sqrt{2}}{2}&-\frac{\sqrt{2}}{2}\end{pmatrix},\quad \begin{pmatrix}\frac{\sqrt{2}}{2}&0&\frac{\sqrt{2}}{2}\\ \frac{\sqrt{2}}{2}&0&-\frac{\sqrt{2}}{2}\\ 0&1&0\end{pmatrix}$$

都是正交矩阵.

由正交矩阵的定义知,如果 $\boldsymbol{A}$ 为正交矩阵,那么 $\boldsymbol{A}$ 必可逆,且

$$A^{-1} = A^{\mathrm{T}}.$$

可见正交矩阵的逆矩阵是很容易求得的.

定理 2 n 阶方阵 $\boldsymbol{A}$ 为正交矩阵的充分必要条件是其列(行)向量组是单位正交向量组.

证明 将方阵 $\boldsymbol{A}$ 按列分块,有

$$\boldsymbol{A} = (\boldsymbol{\alpha}_1, \boldsymbol{\alpha}_2, \cdots, \boldsymbol{\alpha}_n), \quad \text{其中 } \boldsymbol{\alpha}_1, \boldsymbol{\alpha}_2, \cdots, \boldsymbol{\alpha}_n \text{ 为 } \boldsymbol{A} \text{ 的列向量组.}$$

$\boldsymbol{A}$ 为正交矩阵,也就是 $\boldsymbol{A}^{\mathrm{T}}\boldsymbol{A}=\boldsymbol{E}$,即

$$\begin{pmatrix} \boldsymbol{\alpha}_1^{\mathrm{T}} \\ \boldsymbol{\alpha}_2^{\mathrm{T}} \\ \vdots \\ \boldsymbol{\alpha}_n^{\mathrm{T}} \end{pmatrix} (\boldsymbol{\alpha}_1, \boldsymbol{\alpha}_2, \cdots, \boldsymbol{\alpha}_n) = \begin{pmatrix} \boldsymbol{\alpha}_1^{\mathrm{T}}\boldsymbol{\alpha}_1 & \boldsymbol{\alpha}_1^{\mathrm{T}}\boldsymbol{\alpha}_2 & \cdots & \boldsymbol{\alpha}_1^{\mathrm{T}}\boldsymbol{\alpha}_n \\ \boldsymbol{\alpha}_2^{\mathrm{T}}\boldsymbol{\alpha}_1 & \boldsymbol{\alpha}_2^{\mathrm{T}}\boldsymbol{\alpha}_2 & \cdots & \boldsymbol{\alpha}_2^{\mathrm{T}}\boldsymbol{\alpha}_n \\ \vdots & \vdots & & \vdots \\ \boldsymbol{\alpha}_n^{\mathrm{T}}\boldsymbol{\alpha}_1 & \boldsymbol{\alpha}_n^{\mathrm{T}}\boldsymbol{\alpha}_2 & \cdots & \boldsymbol{\alpha}_n^{\mathrm{T}}\boldsymbol{\alpha}_n \end{pmatrix} = \boldsymbol{E},$$

于是

$$\begin{cases} \boldsymbol{\alpha}_i^{\mathrm{T}}\boldsymbol{\alpha}_i = 1, \\ \boldsymbol{\alpha}_i^{\mathrm{T}}\boldsymbol{\alpha}_j = 0 \end{cases} \quad (i \neq j; i, j = 1, 2, \cdots, n),$$

即 $\boldsymbol{A}$ 的列向量组是单位正交向量组.

同理,可以证明 $\boldsymbol{A}$ 为正交矩阵的充分必要条件是 $\boldsymbol{A}$ 的行向量组是单位正交向量组.

定义 7 若 $\boldsymbol{P}$ 为正交矩阵,则线性变换 $\boldsymbol{x}=\boldsymbol{P}\boldsymbol{y}$ 称为**正交变换**.

性质 正交变换保持变换前后向量的长度不变.

证明 设 $\boldsymbol{x}=\boldsymbol{P}\boldsymbol{y}$ 为正交变换,有

$$\|\boldsymbol{x}\| = \sqrt{\boldsymbol{x}^{\mathrm{T}}\boldsymbol{x}} = \sqrt{\boldsymbol{y}^{\mathrm{T}}\boldsymbol{P}^{\mathrm{T}}\boldsymbol{P}\boldsymbol{y}} = \sqrt{\boldsymbol{y}^{\mathrm{T}}\boldsymbol{y}} = \|\boldsymbol{y}\|.$$

例 4 判别下列矩阵是否为正交矩阵:

$$(1)\ \boldsymbol{A} = \begin{pmatrix} 1 & -\frac{1}{2} & \frac{1}{3} \\ -\frac{1}{2} & 1 & \frac{1}{2} \\ \frac{1}{3} & \frac{1}{2} & -1 \end{pmatrix}; \qquad (2)\ \boldsymbol{B} = \begin{pmatrix} \frac{1}{9} & -\frac{8}{9} & -\frac{4}{9} \\ -\frac{8}{9} & \frac{1}{9} & -\frac{4}{9} \\ -\frac{4}{9} & -\frac{4}{9} & \frac{7}{9} \end{pmatrix}.$$

解 (1) 矩阵 $\boldsymbol{A}$ 的第 1 列与第 2 列的内积为

$$1 \times \left(-\frac{1}{2}\right) + \left(-\frac{1}{2}\right) \times 1 + \frac{1}{3} \times \frac{1}{2} \neq 0,$$

所以它不是正交矩阵.

(2) 由于

$$B^{\mathrm{T}}B=\begin{pmatrix}\frac{1}{9} & -\frac{8}{9} & -\frac{4}{9}\\ -\frac{8}{9} & \frac{1}{9} & -\frac{4}{9}\\ -\frac{4}{9} & -\frac{4}{9} & \frac{7}{9}\end{pmatrix}\begin{pmatrix}\frac{1}{9} & -\frac{8}{9} & -\frac{4}{9}\\ -\frac{8}{9} & \frac{1}{9} & -\frac{4}{9}\\ -\frac{4}{9} & -\frac{4}{9} & \frac{7}{9}\end{pmatrix}=\begin{pmatrix}1 & 0 & 0\\ 0 & 1 & 0\\ 0 & 0 & 1\end{pmatrix}=E,$$

所以矩阵 B 是正交矩阵.

或者,由于矩阵 B 的列向量的长度均为 1,且列向量两两正交,根据定理 2 也可得矩阵 B 是正交矩阵.

习 题 4.5

1. 试用施密特正交化方法把下列向量组正交化:

(1) $\alpha_1=(1,1,1)^{\mathrm{T}},\alpha_2=(1,2,3)^{\mathrm{T}},\alpha_3=(1,4,9)^{\mathrm{T}}$;

(2) $\alpha_1=(1,0,1,0)^{\mathrm{T}},\alpha_2=(0,1,2,1)^{\mathrm{T}},\alpha_3=(0,-1,0,1)^{\mathrm{T}}$.

2. 求实数 a,使下面的两个向量正交:

$$\alpha=(1,0,a,3),\quad \beta=(-2,3,2,1).$$

3. 试用施密特正交化方法把下列向量组化为单位正交向量组:

(1) $\alpha_1=(0,1,1)^{\mathrm{T}},\alpha_2=(1,1,0)^{\mathrm{T}},\alpha_3=(1,0,1)^{\mathrm{T}}$;

(2) $\alpha_1=(-1,-1,1)^{\mathrm{T}},\alpha_2=(-1,1,0)^{\mathrm{T}},\alpha_3=(1,0,1)^{\mathrm{T}}$.

4. 设 A 为正交矩阵,证明:$|A|$ 为 1 或 -1.

5. 设 A,B 均为 n 阶正交矩阵,证明:AB 也是正交矩阵.

6. 设 x 是 n 维列向量,且 $x^{\mathrm{T}}x=1$.令 $H=E-2xx^{\mathrm{T}}$,证明:H 是对称的正交矩阵.

§4.6 综 合 例 题

例 1 设有如下两个向量组:

(Ⅰ):$\alpha_1=(1,0,2)^{\mathrm{T}},\alpha_2=(1,1,3)^{\mathrm{T}},\alpha_3=(1,-1,a+2)^{\mathrm{T}}$;

(Ⅱ):$\beta_1=(1,2,a+3)^{\mathrm{T}},\beta_2=(2,1,a+6)^{\mathrm{T}},\beta_3=(2,1,a+4)^{\mathrm{T}}$.

试问:当 a 为何值时,向量组(Ⅰ)与(Ⅱ)等价?当 a 为何值时,向量组(Ⅰ)与(Ⅱ)不等价?

解 假设 $A=(\alpha_1,\alpha_2,\alpha_3),B=(\beta_1,\beta_2,\beta_3)$,则

$$\text{向量组(Ⅰ)与(Ⅱ)等价}\Leftrightarrow \mathrm{R}(A)=\mathrm{R}(B)=\mathrm{R}(A,B).$$

对 (A,B) 施行初等行变换:

$$(A,B)=\begin{pmatrix}1 & 1 & 1 & 1 & 2 & 2\\ 0 & 1 & -1 & 2 & 1 & 1\\ 2 & 3 & a+2 & a+3 & a+6 & a+4\end{pmatrix}\xrightarrow{r_3-2r_1}\begin{pmatrix}1 & 1 & 1 & 1 & 2 & 2\\ 0 & 1 & -1 & 2 & 1 & 1\\ 0 & 1 & a & a+1 & a+2 & a\end{pmatrix}$$

$$\xrightarrow{r_3-r_2}\begin{pmatrix}1&1&1&1&2&2\\0&1&-1&2&1&1\\0&0&a+1&a-1&a+1&a-1\end{pmatrix}.$$

当 $a\neq-1$ 时，$\mathrm{R}(\boldsymbol{A})=\mathrm{R}(\boldsymbol{A},\boldsymbol{B})=3$. 又因为当 $a\neq-1$ 时，有

$$\boldsymbol{B}=\begin{pmatrix}1&2&2\\2&1&1\\a+3&a+6&a+4\end{pmatrix}\xrightarrow[r_3-(a+3)r_1]{r_2-2r_1}\begin{pmatrix}1&2&2\\0&-3&-3\\0&-a&-a-2\end{pmatrix}$$

$$\xrightarrow{r_2\times\left(-\frac{1}{3}\right)}\begin{pmatrix}1&2&2\\0&1&1\\0&-a&-a-2\end{pmatrix}\xrightarrow{r_3+ar_2}\begin{pmatrix}1&2&2\\0&1&1\\0&0&-2\end{pmatrix},$$

于是 $\mathrm{R}(\boldsymbol{B})=3$. 因此，当 $a\neq-1$ 时，有 $\mathrm{R}(\boldsymbol{A})=\mathrm{R}(\boldsymbol{B})=\mathrm{R}(\boldsymbol{A},\boldsymbol{B})$，即向量组（Ⅰ）与（Ⅱ）等价.

当 $a=-1$ 时，有 $\mathrm{R}(\boldsymbol{A})=2\neq\mathrm{R}(\boldsymbol{A},\boldsymbol{B})=3$，即向量组（Ⅰ）与（Ⅱ）不等价.

例 2 设 3 维向量

$$\boldsymbol{\alpha}_1=\begin{pmatrix}1+\lambda\\1\\1\end{pmatrix},\quad\boldsymbol{\alpha}_2=\begin{pmatrix}1\\1+\lambda\\1\end{pmatrix},\quad\boldsymbol{\alpha}_3=\begin{pmatrix}1\\1\\1+\lambda\end{pmatrix},\quad\boldsymbol{\beta}=\begin{pmatrix}0\\\lambda\\\lambda^2\end{pmatrix},$$

问：λ 为何值时，

(1) $\boldsymbol{\beta}$ 可由向量组 $\boldsymbol{\alpha}_1,\boldsymbol{\alpha}_2,\boldsymbol{\alpha}_3$ 线性表示，且表示式唯一？

(2) $\boldsymbol{\beta}$ 可由向量组 $\boldsymbol{\alpha}_1,\boldsymbol{\alpha}_2,\boldsymbol{\alpha}_3$ 线性表示，但表示式不唯一？

(3) $\boldsymbol{\beta}$ 不可由向量组 $\boldsymbol{\alpha}_1,\boldsymbol{\alpha}_2,\boldsymbol{\alpha}_3$ 线性表示？

解 求 $\boldsymbol{\beta}$ 由向量组 $\boldsymbol{\alpha}_1,\boldsymbol{\alpha}_2,\boldsymbol{\alpha}_3$ 线性表示的系数，即求非齐次线性方程组

$$x_1\boldsymbol{\alpha}_1+x_2\boldsymbol{\alpha}_2+x_3\boldsymbol{\alpha}_3=\boldsymbol{\beta}$$

的解. 设 $\boldsymbol{A}=(\boldsymbol{\alpha}_1,\boldsymbol{\alpha}_2,\boldsymbol{\alpha}_3)$. 对 $(\boldsymbol{A},\boldsymbol{\beta})$ 施行初等行变换：

$$(\boldsymbol{A},\boldsymbol{\beta})=\begin{pmatrix}1+\lambda&1&1&0\\1&1+\lambda&1&\lambda\\1&1&1+\lambda&\lambda^2\end{pmatrix}\xrightarrow{r_1\leftrightarrow r_3}\begin{pmatrix}1&1&1+\lambda&\lambda^2\\1&1+\lambda&1&\lambda\\1+\lambda&1&1&0\end{pmatrix}$$

$$\xrightarrow[r_3-(1+\lambda)r_1]{r_2-r_1}\begin{pmatrix}1&1&1+\lambda&\lambda^2\\0&\lambda&-\lambda&\lambda-\lambda^2\\0&-\lambda&-\lambda^2-2\lambda&-\lambda^3-\lambda^2\end{pmatrix}$$

$$\xrightarrow{r_3+r_2}\begin{pmatrix}1&1&1+\lambda&\lambda^2\\0&\lambda&-\lambda&\lambda-\lambda^2\\0&0&-\lambda^2-3\lambda&-\lambda^3-2\lambda^2+\lambda\end{pmatrix}.$$

(1) 当 $\lambda\neq0$，且 $\lambda\neq-3$ 时，$\mathrm{R}(\boldsymbol{A})=\mathrm{R}(\boldsymbol{A},\boldsymbol{\beta})=3$，可知非齐次线性方程组

$$x_1\boldsymbol{\alpha}_1+x_2\boldsymbol{\alpha}_2+x_3\boldsymbol{\alpha}_3=\boldsymbol{\beta}$$

仅有唯一解，即 $\boldsymbol{\beta}$ 可由 $\boldsymbol{\alpha}_1,\boldsymbol{\alpha}_2,\boldsymbol{\alpha}_3$ 线性表示，且表示式唯一.

(2) 当 $\lambda=0$ 时，$R(\boldsymbol{A})=R(\boldsymbol{A},\boldsymbol{\beta})=1<3$，可知非齐次线性方程组

$$x_1\boldsymbol{\alpha}_1+x_2\boldsymbol{\alpha}_2+x_3\boldsymbol{\alpha}_3=\boldsymbol{\beta}$$

有无穷多解，即 $\boldsymbol{\beta}$ 可由 $\boldsymbol{\alpha}_1,\boldsymbol{\alpha}_2,\boldsymbol{\alpha}_3$ 线性表示，且表示式不唯一.

(3) 当 $\lambda=-3$ 时，$R(\boldsymbol{A})=2<R(\boldsymbol{A},\boldsymbol{\beta})=3$，可知非齐次线性方程组

$$x_1\boldsymbol{\alpha}_1+x_2\boldsymbol{\alpha}_2+x_3\boldsymbol{\alpha}_3=\boldsymbol{\beta}$$

无解，即 $\boldsymbol{\beta}$ 不可由 $\boldsymbol{\alpha}_1,\boldsymbol{\alpha}_2,\boldsymbol{\alpha}_3$ 线性表示.

例 3 设 3 阶方阵

$$\boldsymbol{A}=\begin{pmatrix}1&2&-2\\2&1&2\\3&0&4\end{pmatrix},$$

3 维列向量

$$\boldsymbol{\alpha}=(a,1,1)^{\mathrm{T}},$$

已知 $\boldsymbol{A\alpha}$ 与 $\boldsymbol{\alpha}$ 线性相关，求 a 的值.

解 两个向量线性相关的充分必要条件是这两个向量的分量成比例. 由于

$$\boldsymbol{A\alpha}=\begin{pmatrix}1&2&-2\\2&1&2\\3&0&4\end{pmatrix}\begin{pmatrix}a\\1\\1\end{pmatrix}=\begin{pmatrix}a\\2a+3\\3a+4\end{pmatrix},$$

所以由 $\boldsymbol{A\alpha}$ 与 $\boldsymbol{\alpha}$ 线性相关有

$$\frac{a}{a}=\frac{2a+3}{1}=\frac{3a+4}{1},$$

可解出

$$a=-1.$$

例 4 设 4 维向量组

$$\boldsymbol{\alpha}_1=(1+a,1,1,1)^{\mathrm{T}},\quad \boldsymbol{\alpha}_2=(2,2+a,2,a)^{\mathrm{T}},$$
$$\boldsymbol{\alpha}_3=(3,3,3+a,3)^{\mathrm{T}},\quad \boldsymbol{\alpha}_4=(4,4,4,4+a)^{\mathrm{T}},$$

问：a 为何值时，$\boldsymbol{\alpha}_1,\boldsymbol{\alpha}_2,\boldsymbol{\alpha}_3,\boldsymbol{\alpha}_4$ 线性相关？当 $\boldsymbol{\alpha}_1,\boldsymbol{\alpha}_2,\boldsymbol{\alpha}_3,\boldsymbol{\alpha}_4$ 线性相关时，求其一个极大无关组，并将其余向量用该极大无关组线性表示.

解 记 $\boldsymbol{A}=(\boldsymbol{\alpha}_1,\boldsymbol{\alpha}_2,\boldsymbol{\alpha}_3,\boldsymbol{\alpha}_4)$，它是方阵. 当 $|\boldsymbol{A}|=0$ 时，$\boldsymbol{\alpha}_1,\boldsymbol{\alpha}_2,\boldsymbol{\alpha}_3,\boldsymbol{\alpha}_4$ 线性相关，由于

$$|\boldsymbol{A}|=\begin{vmatrix}1+a&2&3&4\\1&2+a&3&4\\1&2&3+a&4\\1&2&3&4+a\end{vmatrix}=(a+10)a^3,$$

所以当 $a=0$ 或 $a=-10$ 时，$\boldsymbol{\alpha}_1,\boldsymbol{\alpha}_2,\boldsymbol{\alpha}_3,\boldsymbol{\alpha}_4$ 线性相关.

当 $a=0$ 时，对 $\boldsymbol{A}$ 施行初等行变换：

$$\boldsymbol{A}=\begin{pmatrix}1&2&3&4\\1&2&3&4\\1&2&3&4\\1&2&3&4\end{pmatrix}\xrightarrow[r_4-r_1]{\substack{r_2-r_1\\r_3-r_1}}\begin{pmatrix}1&2&3&4\\0&0&0&0\\0&0&0&0\\0&0&0&0\end{pmatrix}.$$

可见，$\boldsymbol{\alpha}_1$ 为向量组 $\boldsymbol{\alpha}_1,\boldsymbol{\alpha}_2,\boldsymbol{\alpha}_3,\boldsymbol{\alpha}_4$ 的一个极大无关组，且 $\boldsymbol{\alpha}_2=2\boldsymbol{\alpha}_1,\boldsymbol{\alpha}_3=3\boldsymbol{\alpha}_1,\boldsymbol{\alpha}_4=4\boldsymbol{\alpha}_1$.

当 $a=-10$ 时，对 $\boldsymbol{A}$ 施行初等行变换：

$$\boldsymbol{A}=\begin{pmatrix}-9&2&3&4\\1&-8&3&4\\1&2&-7&4\\1&2&3&-6\end{pmatrix}\xrightarrow[r_4-r_1]{\substack{r_2-r_1\\r_3-r_1}}\begin{pmatrix}-9&2&3&4\\10&-10&0&0\\10&0&-10&0\\10&0&0&-10\end{pmatrix}$$

$$\xrightarrow[r_4\times\frac{1}{10}]{\substack{r_2\times\frac{1}{10}\\r_3\times\frac{1}{10}}}\begin{pmatrix}-9&2&3&4\\1&-1&0&0\\1&0&-1&0\\1&0&0&-1\end{pmatrix}\xrightarrow{r_1+2r_2+3r_3+4r_4}\begin{pmatrix}0&0&0&0\\1&-1&0&0\\1&0&-1&0\\1&0&0&-1\end{pmatrix}$$

$$\triangleq(\boldsymbol{\beta}_1,\boldsymbol{\beta}_2,\boldsymbol{\beta}_3,\boldsymbol{\beta}_4).$$

易知 $\boldsymbol{\beta}_2,\boldsymbol{\beta}_3,\boldsymbol{\beta}_4$ 是 $\boldsymbol{\beta}_1,\boldsymbol{\beta}_2,\boldsymbol{\beta}_3,\boldsymbol{\beta}_4$ 的一个极大无关组，且

$$\boldsymbol{\beta}_1=-\boldsymbol{\beta}_2-\boldsymbol{\beta}_3-\boldsymbol{\beta}_4,$$

故 $\boldsymbol{\alpha}_2,\boldsymbol{\alpha}_3,\boldsymbol{\alpha}_4$ 是 $\boldsymbol{\alpha}_1,\boldsymbol{\alpha}_2,\boldsymbol{\alpha}_3,\boldsymbol{\alpha}_4$ 的一个极大无关组，且

$$\boldsymbol{\alpha}_1=-\boldsymbol{\alpha}_2-\boldsymbol{\alpha}_3-\boldsymbol{\alpha}_4.$$

例 5 已知 4 阶方阵 $\boldsymbol{A}=(\boldsymbol{\alpha}_1,\boldsymbol{\alpha}_2,\boldsymbol{\alpha}_3,\boldsymbol{\alpha}_4)$，其中 $\boldsymbol{\alpha}_2,\boldsymbol{\alpha}_3,\boldsymbol{\alpha}_4$ 线性无关，且 $\boldsymbol{\alpha}_1=2\boldsymbol{\alpha}_2-\boldsymbol{\alpha}_3$. 如果 $\boldsymbol{\beta}=\boldsymbol{\alpha}_1+\boldsymbol{\alpha}_2+\boldsymbol{\alpha}_3+\boldsymbol{\alpha}_4$，求线性方程组 $\boldsymbol{A}\boldsymbol{x}=\boldsymbol{\beta}$ 的通解.

解 由于 $\boldsymbol{\alpha}_1=2\boldsymbol{\alpha}_2-\boldsymbol{\alpha}_3$，有 $\boldsymbol{\alpha}_1,\boldsymbol{\alpha}_2,\boldsymbol{\alpha}_3$ 线性相关，故 $\boldsymbol{\alpha}_1,\boldsymbol{\alpha}_2,\boldsymbol{\alpha}_3,\boldsymbol{\alpha}_4$ 线性相关. 又因为 $\boldsymbol{\alpha}_2$，$\boldsymbol{\alpha}_3,\boldsymbol{\alpha}_4$ 线性无关，从而

$$\mathrm{R}(\boldsymbol{A})=\mathrm{R}(\boldsymbol{\alpha}_1,\boldsymbol{\alpha}_2,\boldsymbol{\alpha}_3,\boldsymbol{\alpha}_4)=3.$$

那么，齐次线性方程组 $\boldsymbol{A}\boldsymbol{x}=\boldsymbol{0}$ 的基础解系所含解的个数为

$$n-\mathrm{R}(\boldsymbol{A})=4-3=1.$$

由于 $\boldsymbol{\alpha}_1=2\boldsymbol{\alpha}_2-\boldsymbol{\alpha}_3$，即 $\boldsymbol{\alpha}_1-2\boldsymbol{\alpha}_2+\boldsymbol{\alpha}_3=\boldsymbol{0}$，也就是

$$(\boldsymbol{\alpha}_1,\boldsymbol{\alpha}_2,\boldsymbol{\alpha}_3,\boldsymbol{\alpha}_4)\begin{pmatrix}1\\-2\\1\\0\end{pmatrix}=\boldsymbol{0},$$

所以齐次线性方程组 $\boldsymbol{Ax}=\boldsymbol{0}$ 的一个基础解系为

$$\boldsymbol{\xi}=(1,-2,1,0)^{\mathrm{T}}.$$

由于

$$\boldsymbol{\beta}=\boldsymbol{\alpha}_1+\boldsymbol{\alpha}_2+\boldsymbol{\alpha}_3+\boldsymbol{\alpha}_4=(\boldsymbol{\alpha}_1,\boldsymbol{\alpha}_2,\boldsymbol{\alpha}_3,\boldsymbol{\alpha}_4)\begin{pmatrix}1\\1\\1\\1\end{pmatrix},$$

可知

$$\boldsymbol{\eta}=(1,1,1,1)^{\mathrm{T}}$$

为非齐次线性方程组 $\boldsymbol{Ax}=\boldsymbol{\beta}$ 的一个特解. 故方程组 $\boldsymbol{Ax}=\boldsymbol{\beta}$ 的通解为

$$\boldsymbol{x}=c\boldsymbol{\xi}+\boldsymbol{\eta}=c\begin{pmatrix}1\\-2\\1\\0\end{pmatrix}+\begin{pmatrix}1\\1\\1\\1\end{pmatrix},\quad c\text{ 为任意实数}.$$

例 6 已知单位正交向量组

$$\boldsymbol{\alpha}_1=\left(\frac{1}{2},\frac{1}{2},\frac{1}{2},\frac{1}{2}\right)^{\mathrm{T}},\quad \boldsymbol{\alpha}_2=\left(\frac{1}{2},\frac{1}{2},-\frac{1}{2},-\frac{1}{2}\right)^{\mathrm{T}}.$$

(1) 求向量 $\boldsymbol{\alpha}_3,\boldsymbol{\alpha}_4$，使得 $\boldsymbol{\alpha}_1,\boldsymbol{\alpha}_2,\boldsymbol{\alpha}_3,\boldsymbol{\alpha}_4$ 是单位正交向量组；

(2) 求一个分别以 $\boldsymbol{\alpha}_1,\boldsymbol{\alpha}_2$ 为第 1,2 列的正交矩阵.

解 (1) $\boldsymbol{\alpha}_3,\boldsymbol{\alpha}_4$ 应满足方程组

$$\begin{cases}\boldsymbol{\alpha}_1^{\mathrm{T}}\boldsymbol{x}=0,\\ \boldsymbol{\alpha}_2^{\mathrm{T}}\boldsymbol{x}=0,\end{cases}\quad \text{即}\quad \begin{pmatrix}\boldsymbol{\alpha}_1^{\mathrm{T}}\\ \boldsymbol{\alpha}_2^{\mathrm{T}}\end{pmatrix}\boldsymbol{x}=\boldsymbol{0}.$$

对此齐次线性方程组的系数矩阵 $\boldsymbol{A}=\begin{pmatrix}\boldsymbol{\alpha}_1^{\mathrm{T}}\\ \boldsymbol{\alpha}_2^{\mathrm{T}}\end{pmatrix}$ 施行初等行变换化成行最简形矩阵：

$$\boldsymbol{A}=\begin{pmatrix}\boldsymbol{\alpha}_1^{\mathrm{T}}\\ \boldsymbol{\alpha}_2^{\mathrm{T}}\end{pmatrix}=\begin{pmatrix}\frac{1}{2}&\frac{1}{2}&\frac{1}{2}&\frac{1}{2}\\ \frac{1}{2}&\frac{1}{2}&-\frac{1}{2}&-\frac{1}{2}\end{pmatrix}\xrightarrow[r_2\times(-2)]{\substack{r_1+r_2\\ r_2-\frac{1}{2}r_1}}\begin{pmatrix}1&1&0&0\\0&0&1&1\end{pmatrix}.$$

可得齐次线性方程组的一组基础解系

$$\boldsymbol{\xi}_1=(-1,1,0,0)^{\mathrm{T}},\quad \boldsymbol{\xi}_2=(0,0,-1,1)^{\mathrm{T}}.$$

由于 $\boldsymbol{\xi}_1,\boldsymbol{\xi}_2$ 已正交，只需要将它们单位化，并分别取为 $\boldsymbol{\alpha}_3,\boldsymbol{\alpha}_4$，即可得与 $\boldsymbol{\alpha}_1,\boldsymbol{\alpha}_2$ 两两正交的单位向量 $\boldsymbol{\alpha}_3,\boldsymbol{\alpha}_4$，即

$$\boldsymbol{\alpha}_3=\frac{\boldsymbol{\xi}_1}{\|\boldsymbol{\xi}_1\|}=\begin{pmatrix}-\sqrt{2}/2\\ \sqrt{2}/2\\ 0\\ 0\end{pmatrix},\quad \boldsymbol{\alpha}_4=\frac{\boldsymbol{\xi}_2}{\|\boldsymbol{\xi}_2\|}=\begin{pmatrix}0\\ 0\\ -\sqrt{2}/2\\ \sqrt{2}/2\end{pmatrix}.$$

(2) 由于向量组 $\boldsymbol{\alpha}_1,\boldsymbol{\alpha}_2,\boldsymbol{\alpha}_3,\boldsymbol{\alpha}_4$ 为单位正交向量组,因此分别以 $\boldsymbol{\alpha}_1,\boldsymbol{\alpha}_2$ 为第 1,2 列的正交矩阵为

$$(\boldsymbol{\alpha}_1,\boldsymbol{\alpha}_2,\boldsymbol{\alpha}_3,\boldsymbol{\alpha}_4)=\begin{pmatrix}1/2 & 1/2 & -\sqrt{2}/2 & 0\\ 1/2 & 1/2 & \sqrt{2}/2 & 0\\ 1/2 & -1/2 & 0 & -\sqrt{2}/2\\ 1/2 & -1/2 & 0 & \sqrt{2}/2\end{pmatrix}.$$

总 习 题 四

1. 填空题:

(1) 若向量组

$$\boldsymbol{\alpha}_1=(3,1,5,2)^{\mathrm{T}},\quad \boldsymbol{\alpha}_2=(10,5,1,10)^{\mathrm{T}},\quad \boldsymbol{\alpha}_3=(1,-1,1,4)^{\mathrm{T}}$$

满足 $3(\boldsymbol{\alpha}_1-\boldsymbol{\beta})+2(\boldsymbol{\alpha}_2-\boldsymbol{\beta})=5\boldsymbol{\alpha}_3+\boldsymbol{\beta}$,则 $\boldsymbol{\beta}=$________;

(2) 已知向量组

$$\boldsymbol{\alpha}_1=(1,2,3,4)^{\mathrm{T}},\quad \boldsymbol{\alpha}_2=(2,3,4,5)^{\mathrm{T}},$$
$$\boldsymbol{\alpha}_3=(3,4,5,6)^{\mathrm{T}},\quad \boldsymbol{\alpha}_4=(4,5,6,7)^{\mathrm{T}},$$

则该向量组的秩是________;

(3) 已知 3 维向量空间 $\mathbb{R}^3$ 的一组基为

$$\boldsymbol{\alpha}_1=(1,1,0)^{\mathrm{T}},\quad \boldsymbol{\alpha}_2=(1,0,1)^{\mathrm{T}},\quad \boldsymbol{\alpha}_3=(0,1,1)^{\mathrm{T}},$$

则向量 $\boldsymbol{\beta}=(2,0,0)^{\mathrm{T}}$ 在这组基下的坐标是________;

(4) 设向量组

$$\boldsymbol{\alpha}_1=(1,4,2)^{\mathrm{T}},\quad \boldsymbol{\alpha}_2=(2,7,3)^{\mathrm{T}},\quad \boldsymbol{\alpha}_3=(1,0,a)^{\mathrm{T}}$$

可以表示任一个 3 维向量,则 a 取值为________;

(5) 对 5 元线性方程组 $\boldsymbol{Ax}=\boldsymbol{b}$,若 $\mathrm{R}(\boldsymbol{A})=3$,则当增广矩阵的秩满足________时,方程组 $\boldsymbol{Ax}=\boldsymbol{b}$ 无解.

2. 选择题:

(1) 向量组 $\boldsymbol{\alpha}_1,\boldsymbol{\alpha}_2,\cdots,\boldsymbol{\alpha}_r$ 线性无关的充分必要条件是(　　);

A. 存在全为 0 的数 $k_1,k_2,\cdots,k_r$,使得 $k_1\boldsymbol{\alpha}_1+k_2\boldsymbol{\alpha}_2+\cdots+k_r\boldsymbol{\alpha}_r=\boldsymbol{0}$

B. 存在不全为 0 的数 $k_1,k_2,\cdots,k_r$，使得 $k_1\boldsymbol{\alpha}_1+k_2\boldsymbol{\alpha}_2+\cdots+k_r\boldsymbol{\alpha}_r=\mathbf{0}$

C. 每个 $\boldsymbol{\alpha}_i$ 都不能由其余 $r-1$ 个向量线性表示

D. 有线性无关的部分组

(2) 若向量组 $\boldsymbol{\alpha},\boldsymbol{\beta},\boldsymbol{\gamma}$ 线性无关，$\boldsymbol{\alpha},\boldsymbol{\beta},\boldsymbol{\delta}$ 线性相关，则有(　　)；

A. $\boldsymbol{\alpha}$ 必可由 $\boldsymbol{\beta},\boldsymbol{\gamma},\boldsymbol{\delta}$ 线性表示　　B. $\boldsymbol{\beta}$ 必不可由 $\boldsymbol{\alpha},\boldsymbol{\gamma},\boldsymbol{\delta}$ 线性表示

C. $\boldsymbol{\delta}$ 必可由 $\boldsymbol{\alpha},\boldsymbol{\beta},\boldsymbol{\gamma}$ 线性表示　　D. $\boldsymbol{\delta}$ 必不可由 $\boldsymbol{\alpha},\boldsymbol{\beta},\boldsymbol{\gamma}$ 线性表示

(3) 设向量组 $\boldsymbol{\alpha}_1,\boldsymbol{\alpha}_2,\cdots,\boldsymbol{\alpha}_m$ 有两个极大无关组

$$(\text{Ⅰ}):\boldsymbol{\alpha}_{i_1},\ \boldsymbol{\alpha}_{i_2},\ \cdots,\ \boldsymbol{\alpha}_{i_r}\quad 和\quad (\text{Ⅱ}):\boldsymbol{\alpha}_{i_1},\ \boldsymbol{\alpha}_{i_2},\ \cdots,\ \boldsymbol{\alpha}_{i_s},$$

则有(　　)；

A. r,s 不一定相等

B. (Ⅰ)中的向量可由(Ⅱ)中的向量线性表示，(Ⅱ)中的向量也可由(Ⅰ)中的向量线性表示

C. $r+s=m$

D. $r+s<m$

(4) 设 $V=\{\boldsymbol{x}=(x_1,x_2,x_3)^{\mathrm{T}}\mid x_1+x_2+x_3=0,x_1,x_2,x_3\in\mathbb{R}\}$，则(　　)；

A. V 是 1 维向量空间　　B. V 是 2 维向量空间

C. V 是 3 维向量空间　　D. V 不是向量空间

(5) 设 $\boldsymbol{\beta}_1,\boldsymbol{\beta}_2$ 是非齐次线性方程组 $\boldsymbol{Ax}=\boldsymbol{b}$ 的两个不同解，$\boldsymbol{\alpha}_1,\boldsymbol{\alpha}_2$ 是齐次线性方程组 $\boldsymbol{Ax}=\mathbf{0}$ 的基础解系，k_1,k_2 是任意常数，则 $\boldsymbol{Ax}=\boldsymbol{b}$ 的通解是(　　)；

A. $k_1\boldsymbol{\alpha}_1+k_2(\boldsymbol{\alpha}_1+\boldsymbol{\alpha}_2)+\dfrac{1}{2}(\boldsymbol{\beta}_1-\boldsymbol{\beta}_2)$　　B. $k_1\boldsymbol{\alpha}_1+k_2(\boldsymbol{\alpha}_1-\boldsymbol{\alpha}_2)+\dfrac{1}{2}(\boldsymbol{\beta}_1+\boldsymbol{\beta}_2)$

C. $k_1\boldsymbol{\alpha}_1+k_2(\boldsymbol{\beta}_1-\boldsymbol{\beta}_2)+\dfrac{1}{2}(\boldsymbol{\beta}_1-\boldsymbol{\beta}_2)$　　D. $k_1\boldsymbol{\alpha}_1+k_2(\boldsymbol{\beta}_1-\boldsymbol{\beta}_2)+\dfrac{1}{2}(\boldsymbol{\beta}_1+\boldsymbol{\beta}_2)$

(6) 设 $\boldsymbol{A}$ 是 n 阶方阵. 若 $\mathrm{R}(\boldsymbol{A})=n-2$，则齐次线性方程组 $\boldsymbol{Ax}=\mathbf{0}$ 的基础解系所含解的个数为(　　).

A. 0　　B. 1　　C. 2　　D. 3

3. 设向量组 $\boldsymbol{\alpha}_1,\boldsymbol{\alpha}_2,\boldsymbol{\alpha}_3$ 线性无关，试证明：

(1) $\boldsymbol{\beta}_1=\boldsymbol{\alpha}_1+\boldsymbol{\alpha}_2-2\boldsymbol{\alpha}_3,\boldsymbol{\beta}_2=\boldsymbol{\alpha}_1-\boldsymbol{\alpha}_2-\boldsymbol{\alpha}_3,\boldsymbol{\beta}_3=\boldsymbol{\alpha}_1+\boldsymbol{\alpha}_2$ 线性无关；

(2) $\boldsymbol{\beta}_1=2\boldsymbol{\alpha}_1+\boldsymbol{\alpha}_2+3\boldsymbol{\alpha}_3,\boldsymbol{\beta}_2=\boldsymbol{\alpha}_1+\boldsymbol{\alpha}_3,\boldsymbol{\beta}_3=\boldsymbol{\alpha}_2+\boldsymbol{\alpha}_3$ 线性相关.

4. 求一个齐次线性方程组，使它的基础解系为

$$\boldsymbol{\xi}_1=(0,1,2,3)^{\mathrm{T}},\quad \boldsymbol{\xi}_2=(3,2,1,0)^{\mathrm{T}}.$$

5. 已知非齐次线性方程组

$$\begin{cases} x_1+x_2+x_3+x_4=-1, \\ 4x_1+3x_2+5x_3-x_4=-1, \\ ax_1+x_2+3x_3+bx_4=1 \end{cases}$$

有 3 个线性无关的解.

(1) 证明：方程组的系数矩阵 $\boldsymbol{A}$ 的秩 $R(\boldsymbol{A})=2$；

(2) 求 a,b 的值及此方程组的通解.

6. 设矩阵

$$\boldsymbol{A}=\begin{pmatrix}1&2&1&2\\0&1&a&a\\1&a&0&1\end{pmatrix},$$

若齐次线性方程组 $\boldsymbol{Ax}=\boldsymbol{0}$ 的基础解系中有 2 个解,试求方程组 $\boldsymbol{Ax}=\boldsymbol{0}$ 的通解.

7. 设 $\boldsymbol{\alpha}_1,\boldsymbol{\alpha}_2,\boldsymbol{\alpha}_3$ 是 4 元齐次线性方程组 $\boldsymbol{Ax}=\boldsymbol{b}$ 的 3 个解,且秩 $R(\boldsymbol{A})=3$.若

$$\boldsymbol{\alpha}_1=(1,2,3,4)^{\mathrm{T}},\quad 2\boldsymbol{\alpha}_2-3\boldsymbol{\alpha}_3=(0,1,-1,0)^{\mathrm{T}},$$

求方程组 $\boldsymbol{Ax}=\boldsymbol{b}$ 的通解.

8. 在 $\mathbb{R}^3$ 中,求由基

$$\boldsymbol{\alpha}_1=(1,0,0)^{\mathrm{T}},\quad \boldsymbol{\alpha}_2=(1,1,0)^{\mathrm{T}},\quad \boldsymbol{\alpha}_3=(1,1,1)^{\mathrm{T}}$$

通过过渡矩阵

$$\boldsymbol{P}=\begin{pmatrix}1&-1&0\\0&1&-1\\0&0&1\end{pmatrix}$$

所得到的新基 $\boldsymbol{\beta}_1,\boldsymbol{\beta}_2,\boldsymbol{\beta}_3$,并求 $\boldsymbol{\alpha}=-\boldsymbol{\alpha}_1-2\boldsymbol{\alpha}_2+5\boldsymbol{\alpha}_3$ 在基 $\boldsymbol{\beta}_1,\boldsymbol{\beta}_2,\boldsymbol{\beta}_3$ 下的坐标.

9. 已知向量 $\boldsymbol{\alpha}_1=(1,1,1)^{\mathrm{T}}$,求一组非零向量 $\boldsymbol{\alpha}_2,\boldsymbol{\alpha}_3$,使 $\boldsymbol{\alpha}_1,\boldsymbol{\alpha}_2,\boldsymbol{\alpha}_3$ 两两正交.

10. 把 $\mathbb{R}^3$ 的一组基

$$\boldsymbol{\alpha}_1=(1,-1,1)^{\mathrm{T}},\quad \boldsymbol{\alpha}_2=(-1,1,1)^{\mathrm{T}},\quad \boldsymbol{\alpha}_3=(1,1,-1)^{\mathrm{T}}$$

化为标准正交基,且求向量 $\boldsymbol{\beta}=(1,-1,0)^{\mathrm{T}}$ 在此标准正交基下的坐标.

第五章 矩阵的特征值与特征向量

本章介绍在工程技术、经济管理、计算机网络技术以及数学本身都有广泛应用的重要的数学概念——特征值与特征向量. 本章§5.1 给出方阵的特征值与特征向量的定义、计算步骤与基本性质；§5.2 给出相似矩阵的定义，并讨论矩阵可对角化的条件；§5.3 给出实对称矩阵正交相似对角化的步骤.

§5.1 矩阵的特征值与特征向量

一、特征值与特征向量的概念

定义 1 设 $\boldsymbol{A}$ 为 n 阶方阵. 如果存在一个数 λ 和 n 维非零列向量 $\boldsymbol{x}$，使得

$$\boldsymbol{A}\boldsymbol{x} = \lambda\boldsymbol{x}, \tag{1}$$

则称 λ 为矩阵 $\boldsymbol{A}$ 的一个**特征值**，$\boldsymbol{x}$ 为 $\boldsymbol{A}$ 的对应于(或属于)λ 的**特征向量**.

这里要求特征向量 $\boldsymbol{x}\neq\boldsymbol{0}$ 是必要的. 否则，因为对任何数 λ 总有

$$\boldsymbol{A}\boldsymbol{0} = \lambda\boldsymbol{0},$$

也就没有什么"特征"可言了.

例如，对于矩阵

$$\boldsymbol{A} = \begin{pmatrix} 1 & 2 & 2 \\ 1 & -1 & 1 \\ 4 & -12 & 1 \end{pmatrix},$$

由于

$$\begin{pmatrix} 1 & 2 & 2 \\ 1 & -1 & 1 \\ 4 & -12 & 1 \end{pmatrix}\begin{pmatrix} 3 \\ 1 \\ -1 \end{pmatrix} = 1\cdot\begin{pmatrix} 3 \\ 1 \\ -1 \end{pmatrix},$$

所以 1 是矩阵 $\boldsymbol{A}$ 的一个特征值，$\boldsymbol{\xi}=(3,1,-1)^{\mathrm{T}}$ 是 $\boldsymbol{A}$ 的对应于特征值 1 的特征向量. 那么，这个特征值与特征向量是如何求出来的呢？除此以

外，有没有其他的特征值与特征向量呢？

二、特征值与特征向量的求法

下面讨论怎样求出一个 n 阶方阵 $\boldsymbol{A}=(a_{ij})$ 的特征值 λ 及其对应的特征向量 $\boldsymbol{x}$. 显然(1)式等价于

$$(\lambda\boldsymbol{E}-\boldsymbol{A})\boldsymbol{x}=\boldsymbol{0}. \tag{2}$$

这是一个以 $\lambda\boldsymbol{E}-\boldsymbol{A}$ 为系数矩阵的 n 元齐次线性方程组，特征向量 $\boldsymbol{x}$ 是它的一个非零解. 由齐次线性方程组有非零解的充分必要条件得

$$|\lambda\boldsymbol{E}-\boldsymbol{A}|=0, \tag{3}$$

即

$$\begin{vmatrix} \lambda-a_{11} & -a_{12} & \cdots & -a_{1n} \\ -a_{21} & \lambda-a_{22} & \cdots & -a_{2n} \\ \vdots & \vdots & & \vdots \\ -a_{n1} & -a_{n2} & \cdots & \lambda-a_{nn} \end{vmatrix}=0.$$

这就是说，$\boldsymbol{A}$ 的特征值 λ 一定满足代数方程(3). 反之，若 λ 满足方程(3)，即 λ 是方程(3)的一个根，则齐次线性方程组(2)必有非零解 $\boldsymbol{x}$，从而 λ 是 $\boldsymbol{A}$ 的一个特征值，$\boldsymbol{x}$ 是 $\boldsymbol{A}$ 的对应于 λ 的特征向量.

注意到，$\lambda\boldsymbol{E}-\boldsymbol{A}$ 是 n 阶方阵，行列式 $|\lambda\boldsymbol{E}-\boldsymbol{A}|$ 是关于 λ 的一元 n 次多项式，而(3)式是一元 n 次代数方程.

定义 2 设 $\boldsymbol{A}$ 为 n 阶方阵，则

$$\lambda\boldsymbol{E}-\boldsymbol{A}, \quad |\lambda\boldsymbol{E}-\boldsymbol{A}|, \quad |\lambda\boldsymbol{E}-\boldsymbol{A}|=0$$

分别称为 $\boldsymbol{A}$ 的**特征矩阵**、**特征多项式**和**特征方程**.

由代数学基本定理知，特征方程(3)在复数范围内有 n 个根(重根按重数计算)，所以 n 阶方阵 $\boldsymbol{A}$ 有 n 个特征值.

如果 λ_i 为特征方程(3)的 k_i 重根，则称 λ_i 为 $\boldsymbol{A}$ 的 k_i **重特征值**(特别当 $k_i=1$ 时，称 λ_i 为 $\boldsymbol{A}$ 的**单重特征值**)，并称 k_i 为 λ_i 的**代数重数**. 此时，$\boldsymbol{A}$ 的对应于 λ_i 的特征向量 $\boldsymbol{x}$ 是齐次线性方程组

$$(\lambda_i\boldsymbol{E}-\boldsymbol{A})\boldsymbol{x}=\boldsymbol{0} \tag{4}$$

的非零解. 因此，若要求出对应于特征值 λ_i 的全部特征向量，只要求出齐次线性方程组(4)的全部非零解. 记 $r_i=\mathrm{R}(\lambda_i\boldsymbol{E}-\boldsymbol{A})<n$，则方程组(4)的基础解系所含解的个数为 $n_i=n-r_i$，它就是 $\boldsymbol{A}$ 的对应于 λ_i 的极大无关特征向量组所含向量的个数. 称 n_i 为 λ_i 的**几何重数**.

由以上的分析，并根据齐次线性方程组的解的结构，可以得到求 n 阶方阵 $\boldsymbol{A}$ 的全部特征值和特征向量的步骤：

第 1 步 计算特征多项式 $|\lambda\boldsymbol{E}-\boldsymbol{A}|$，求出特征方程(3)的全部 n 个根，它们就是 $\boldsymbol{A}$ 的全部特征值. 设 $\lambda_1,\lambda_2,\cdots,\lambda_s$ 是 $\boldsymbol{A}$ 的 s 个不同的特征值($s\leqslant n$)，其代数重数分别为 $k_1,k_2,\cdots,k_s$，则

$$k_1+k_2+\cdots+k_s=n.$$

第 2 步 对 $\boldsymbol{A}$ 的特征值 $\lambda_i\ (i=1,2,\cdots,s)$，求出齐次线性方程组(4)的基础解系

$$\boldsymbol{\xi}_{i1},\ \boldsymbol{\xi}_{i2},\ \cdots,\boldsymbol{\xi}_{in_i},$$

则 $\boldsymbol{A}$ 的对应于特征值 λ_i 的全部特征向量为

$$c_1\boldsymbol{\xi}_{i1}+c_2\boldsymbol{\xi}_{i2}+\cdots+c_{n_i}\boldsymbol{\xi}_{in_i},$$

其中 $c_1,c_2,\cdots,c_{n_i}$ 是不全为 0 的任意常数.

例 1 求 2 阶方阵 $\boldsymbol{A}=\begin{pmatrix}5&2\\1&4\end{pmatrix}$ 的特征值和特征向量.

解 特征多项式为

$$|\lambda\boldsymbol{E}-\boldsymbol{A}|=\begin{vmatrix}\lambda-5&-2\\-1&\lambda-4\end{vmatrix}=(\lambda-5)(\lambda-4)-2$$
$$=\lambda^2-9\lambda+18=(\lambda-3)(\lambda-6),$$

则特征方程为

$$(\lambda-3)(\lambda-6)=0,$$

它有两个单根 $\lambda_1=3$，$\lambda_2=6$. 因此，$\boldsymbol{A}$ 的两个特征值分别为

$$\lambda_1=3,\quad \lambda_2=6,$$

它们的代数重数 k_1，k_2 都等于 1.

对于 $\lambda_1=3$，求解齐次线性方程组

$$(3\boldsymbol{E}-\boldsymbol{A})\boldsymbol{x}=\boldsymbol{0},$$

即

$$\begin{pmatrix}-2&-2\\-1&-1\end{pmatrix}\begin{pmatrix}x_1\\x_2\end{pmatrix}=\begin{pmatrix}0\\0\end{pmatrix},$$

得基础解系为 $\boldsymbol{\xi}_1=(-1,1)^{\mathrm{T}}$，从而 $\boldsymbol{A}$ 的对应于特征值 $\lambda_1=3$ 的全部特征向量为

$$c_1\boldsymbol{\xi}_1,\quad c_1 \text{ 是不为 0 的任意常数}.$$

对于 $\lambda_2=6$，求解齐次线性方程组

$$(6\boldsymbol{E}-\boldsymbol{A})\boldsymbol{x}=\boldsymbol{0},$$

即

$$\begin{pmatrix}1&-2\\-1&2\end{pmatrix}\begin{pmatrix}x_1\\x_2\end{pmatrix}=\begin{pmatrix}0\\0\end{pmatrix},$$

得基础解系为 $\boldsymbol{\xi}_2=(2,1)^{\mathrm{T}}$，从而 $\boldsymbol{A}$ 的对应于特征值 $\lambda_2=6$ 的全部特征向量为

$$c_2\boldsymbol{\xi}_2,\quad c_2\text{ 是不为 0 的任意常数}.$$

显然，特征值 λ_1，λ_2 的几何重数 n_1，n_2 也都等于 1.

例 2 求下列方阵的特征值：

(1) $\boldsymbol{A}=\begin{pmatrix}0&1\\-1&0\end{pmatrix}$； (2) $\boldsymbol{B}=\begin{pmatrix}1&-2&-4\\-2&-2&2\\-4&2&1\end{pmatrix}$； (3) $\boldsymbol{C}=\mathrm{diag}(a_1,a_2,\cdots,a_n)$.

解 (1) 由特征方程

$$|\lambda\boldsymbol{E}-\boldsymbol{A}|=\begin{vmatrix}\lambda&-1\\1&\lambda\end{vmatrix}=\lambda^2+1=0,$$

可得 $\boldsymbol{A}$ 的两个特征值分别为

$$\lambda_1=\mathrm{i},\quad \lambda_2=-\mathrm{i}\quad(\mathrm{i}\text{ 为虚数单位，即 }\mathrm{i}^2=-1).$$

这说明实矩阵可能不存在实特征值.

(2) 特征多项式为

$$|\lambda\boldsymbol{E}-\boldsymbol{B}|=\begin{vmatrix}\lambda-1&2&4\\2&\lambda+2&-2\\4&-2&\lambda-1\end{vmatrix}=\begin{vmatrix}\lambda-1&2&4\\-(\lambda+3)(\lambda-2)/2&0&-2(\lambda+3)\\\lambda+3&0&\lambda+3\end{vmatrix}$$

$$=-2\begin{vmatrix}-(\lambda+3)(\lambda-2)/2&-2(\lambda+3)\\\lambda+3&\lambda+3\end{vmatrix}=(\lambda+3)^2\begin{vmatrix}\lambda-2&4\\1&1\end{vmatrix}$$

$$=(\lambda+3)^2(\lambda-6),$$

故 $\boldsymbol{B}$ 的不同的特征值为

$$\lambda_1=-3,\quad \lambda_2=6,$$

其代数重数分别为

$$k_1=2,\quad k_2=1.$$

(3) 由于特征方程为

$$|\lambda\boldsymbol{E}-\boldsymbol{C}|=|\mathrm{diag}(\lambda-a_1,\lambda-a_2,\cdots,\lambda-a_n)|=\prod_{k=1}^{n}(\lambda-a_k)=0,$$

故 $\boldsymbol{C}$ 的特征值为 $a_1,a_2,\cdots,a_n$. 这说明对角矩阵的特征值就是它的主对角线上的全部元素.

例 3 求 3 阶方阵

$$\boldsymbol{A}=\begin{pmatrix}2&0&-2\\0&3&0\\0&0&3\end{pmatrix}$$

的特征值和特征向量.

解 由特征方程

$$|\lambda\boldsymbol{E}-\boldsymbol{A}|=\begin{vmatrix}\lambda-2 & 0 & 2\\ 0 & \lambda-3 & 0\\ 0 & 0 & \lambda-3\end{vmatrix}=(\lambda-3)^2(\lambda-2)=0$$

可得 $\boldsymbol{A}$ 的不同的特征值为

$$\lambda_1=3,\quad \lambda_2=2,$$

它们的代数重数分别为

$$k_1=2,\quad k_2=1.$$

对于 $\lambda_1=3$，由特征矩阵

$$3\boldsymbol{E}-\boldsymbol{A}=\begin{pmatrix}1 & 0 & 2\\ 0 & 0 & 0\\ 0 & 0 & 0\end{pmatrix}$$

可知 $\mathrm{R}(3\boldsymbol{E}-\boldsymbol{A})=1$，则 λ_1 的几何重数为

$$n_1=3-1=2.$$

求得齐次线性方程组

$$(3\boldsymbol{E}-\boldsymbol{A})\boldsymbol{x}=\boldsymbol{0}$$

的一个基础解系为

$$\boldsymbol{\xi}_1=(0,1,0)^{\mathrm{T}},\quad \boldsymbol{\xi}_2=(-2,0,1)^{\mathrm{T}},$$

从而 $\boldsymbol{A}$ 的对应于 $\lambda_1=3$ 的全部特征向量为

$$c_1\boldsymbol{\xi}_1+c_2\boldsymbol{\xi}_2,\quad c_1,c_2\text{ 是不全为 0 的任意常数.}$$

对于 $\lambda_2=2$，由特征矩阵

$$2\boldsymbol{E}-\boldsymbol{A}=\begin{pmatrix}0 & 0 & 2\\ 0 & -1 & 0\\ 0 & 0 & -1\end{pmatrix}\xrightarrow{r}\begin{pmatrix}0 & 1 & 0\\ 0 & 0 & 1\\ 0 & 0 & 0\end{pmatrix}$$

可知 $\mathrm{R}(2\boldsymbol{E}-\boldsymbol{A})=2$，则 λ_2 的几何重数为

$$n_2=3-2=1.$$

求得齐次线性方程组

$$(2\boldsymbol{E}-\boldsymbol{A})\boldsymbol{x}=\boldsymbol{0}$$

的一个基础解系为

$$\boldsymbol{\xi}_3=(1,0,0)^{\mathrm{T}},$$

从而 $\boldsymbol{A}$ 的对应于 $\lambda_2=2$ 的全部特征向量为

$$c_3\boldsymbol{\xi}_3,\quad c_3\text{ 是不为 0 的任意常数.}$$

例 4 求下面 3 阶方阵的特征值和特征向量：

$$A=\begin{pmatrix}2&0&0\\0&3&-2\\0&0&3\end{pmatrix}.$$

解 类似于例3，由特征方程$|\lambda E-A|=0$得到A的不同的特征值为

$$\lambda_1=3,\quad \lambda_2=2,$$

它们的代数重数分别为

$$k_1=2,\quad k_2=1.$$

对于$\lambda_1=3$，由特征矩阵

$$3E-A=\begin{pmatrix}1&0&0\\0&0&2\\0&0&0\end{pmatrix}$$

可知$\mathrm{R}(3E-A)=2$,故λ_1的几何重数为

$$n_1=3-2=1.$$

求得齐次线性方程组

$$(3E-A)x=0$$

的一个基础解系为

$$\xi_1=(0,1,0)^{\mathrm{T}},$$

从而A的对应于$\lambda_1=3$的全部特征向量为

$$c_1\xi_1,\quad c_1\text{ 是不为 }0\text{ 的任意常数}.$$

对于$\lambda_2=2$，由

$$2E-A=\begin{pmatrix}0&0&0\\0&-1&2\\0&0&-1\end{pmatrix}\xrightarrow{\text{初等行变换}}\begin{pmatrix}0&1&0\\0&0&1\\0&0&0\end{pmatrix}$$

可知$\mathrm{R}(2E-A)=2$,故λ_2的几何重数为

$$n_2=3-2=1.$$

求得齐次线性方程组

$$(2E-A)x=0$$

的一个基础解系为

$$\xi_2=(1,0,0)^{\mathrm{T}},$$

从而A的对应于$\lambda_2=2$的全部特征向量为

$$c_2\xi_2,\quad c_2\text{ 是不为 }0\text{ 的任意常数}.$$

三、特征值与特征向量的性质

从上述例题可以看到,对方阵A的单重特征值λ,其几何重数都为1;对A的2重特征值

λ,其几何重数等于1或等于2.一般地,有

定理 方阵$\boldsymbol{A}$的任一特征值λ的几何重数不超过其代数重数.(证明略)

以下我们再给出矩阵的特征值和特征向量的几个基本性质.

性质1 设$\boldsymbol{\xi}_1,\boldsymbol{\xi}_2,\cdots,\boldsymbol{\xi}_t$都是方阵$\boldsymbol{A}$的对应于特征值$\lambda$的特征向量,$c_1,c_2,\cdots,c_t$是不全为0的任意常数.若线性组合

$$\boldsymbol{x}=c_1\boldsymbol{\xi}_1+c_2\boldsymbol{\xi}_2+\cdots+c_t\boldsymbol{\xi}_t\neq\boldsymbol{0},$$

则$\boldsymbol{x}$仍是$\boldsymbol{A}$的对应于特征值λ的特征向量.

证明 特征向量$\boldsymbol{\xi}_1,\boldsymbol{\xi}_2,\cdots,\boldsymbol{\xi}_t$都是齐次线性方程组(2)的非零解,由齐次线性方程组解的性质知,$\boldsymbol{x}$也是方程组(2)的非零解,从而$\boldsymbol{x}$仍是$\boldsymbol{A}$的对应于特征值λ的特征向量.

性质1告诉我们,一个特征值可以对应多个特征向量.但一个特征向量只能对应一个特征值,即若

$$\boldsymbol{A}\boldsymbol{\xi}=\lambda_1\boldsymbol{\xi},\quad \boldsymbol{A}\boldsymbol{\xi}=\lambda_2\boldsymbol{\xi},$$

则必有$\lambda_1=\lambda_2$.

设n阶方阵$\boldsymbol{A}=(a_{ij})$,则称$a_{11}+a_{22}+\cdots+a_{nn}$为矩阵$\boldsymbol{A}$的**迹**(trail),记做$\mathrm{tr}(\boldsymbol{A})$,即

$$\mathrm{tr}(\boldsymbol{A})=a_{11}+a_{22}+\cdots+a_{nn}.$$

性质2 设n阶方阵$\boldsymbol{A}=(a_{ij})$.如果$\boldsymbol{A}$的特征值为$\lambda_1,\lambda_2,\cdots,\lambda_n$,则

(1) $\lambda_1+\lambda_2+\cdots+\lambda_n=\mathrm{tr}(\boldsymbol{A})=a_{11}+a_{22}+\cdots+a_{nn}$;

(2) $\lambda_1\lambda_2\cdots\lambda_n=|\boldsymbol{A}|$.

证明 $\boldsymbol{A}$的特征多项式$|\lambda\boldsymbol{E}-\boldsymbol{A}|$是一元$n$次多项式,且其$n$次项和$n-1$次项的系数产生于$|\lambda\boldsymbol{E}-\boldsymbol{A}|$的主对角线上元素的乘积

$$(\lambda-a_{11})(\lambda-a_{22})\cdots(\lambda-a_{nn})$$

之中,故可设$f(\lambda)=|\lambda\boldsymbol{E}-\boldsymbol{A}|$为

$$f(\lambda)=\lambda^n-(a_{11}+a_{22}+\cdots+a_{nn})\lambda^{n-1}+\cdots+a_0,\tag{5}$$

其中常数项为

$$a_0=f(0)=|-\boldsymbol{A}|=(-1)^n\,|\boldsymbol{A}|.$$

另一方面,特征值$\lambda_1,\lambda_2,\cdots,\lambda_n$就是特征方程$|\lambda\boldsymbol{E}-\boldsymbol{A}|=0$的全部根,故由因式分解定理得到

$$|\lambda\boldsymbol{E}-\boldsymbol{A}|=(\lambda-\lambda_1)(\lambda-\lambda_2)\cdots(\lambda-\lambda_n),$$

即

$$f(\lambda)=\lambda^n-(\lambda_1+\lambda_2+\cdots+\lambda_n)\lambda^{n-1}+\cdots+(-1)^n\lambda_1\lambda_2\cdots\lambda_n.\tag{6}$$

比较(5),(6)两式的系数,得

$$a_{11}+a_{22}+\cdots+a_{nn}=\lambda_1+\lambda_2+\cdots+\lambda_n,$$
$$a_0=(-1)^n\,|\boldsymbol{A}|=(-1)^n\lambda_1\lambda_2\cdots\lambda_n,$$

即性质 2 的(1),(2)成立.

例 5 设 3 阶方阵 $\boldsymbol{A}=\begin{pmatrix}1&2&2\\2&1&-2\\2&-2&1\end{pmatrix}$,则 $\boldsymbol{A}$ 的全部特征值为(　　).

A. 3,3,−3　　B. 1,1,7　　C. 3,1,−1　　D. 3,1,7

解 设 $\boldsymbol{A}$ 的特征值为 $\lambda_1,\lambda_2,\lambda_3$,则由性质 2 必有

$$\lambda_1+\lambda_2+\lambda_3=\operatorname{tr}(\boldsymbol{A})=1+1+1=3,$$

$$\lambda_1\lambda_2\lambda_3=|\boldsymbol{A}|=\begin{vmatrix}1&2&2\\2&1&-2\\2&-2&1\end{vmatrix}=\begin{vmatrix}3&3&0\\2&1&-2\\2&-2&1\end{vmatrix}$$

$$=\begin{vmatrix}3&0&0\\2&-1&-2\\2&-4&1\end{vmatrix}=3\begin{vmatrix}-1&-2\\-4&1\end{vmatrix}=-27.$$

而选项 B,D 均不满足第一个关系式,选项 C 不满足第二个关系式,从而应选择 A.

性质 3 n 阶方阵 $\boldsymbol{A}$ 的对应于不同特征值的特征向量线性无关.

也就是说,如果 $\lambda_1,\lambda_2,\cdots,\lambda_s$ 是 $\boldsymbol{A}$ 的 s 个不同的特征值,而 $\boldsymbol{\xi}_{i1},\boldsymbol{\xi}_{i2},\cdots,\boldsymbol{\xi}_{in_i}$ 是 $\boldsymbol{A}$ 的对应于特征值 $\lambda_i(i=1,2,\cdots,s)$ 的线性无关的特征向量,则向量组

$$\boldsymbol{\xi}_{11},\boldsymbol{\xi}_{12},\cdots,\boldsymbol{\xi}_{1n_1},\boldsymbol{\xi}_{21},\boldsymbol{\xi}_{22},\cdots,\boldsymbol{\xi}_{2n_2},\cdots,\boldsymbol{\xi}_{s1},\boldsymbol{\xi}_{s2},\cdots,\boldsymbol{\xi}_{sn_s}$$

也线性无关.(证明略)

特别地,若 $\boldsymbol{\xi}_i$ 为 $\boldsymbol{A}$ 的对应于特征值 $\lambda_i(i=1,2,\cdots,s)$ 的特征向量,则 $\boldsymbol{\xi}_1,\boldsymbol{\xi}_2,\cdots,\boldsymbol{\xi}_s$ 线性无关.

性质 4 设 $\boldsymbol{A}$ 是一个方阵,$f(x)$是一个多项式,则

(1) 如果 λ 是方阵 $\boldsymbol{A}$ 的一个特征值,那么 $f(\lambda)$是方阵 $f(\boldsymbol{A})$的一个特征值;

(2) $f(\boldsymbol{A})$的每个特征值必形如 $f(\lambda)$,其中 λ 是 $\boldsymbol{A}$ 的一个特征值.

证明 (1) 设 $\boldsymbol{\xi}\neq\boldsymbol{0}$ 是 $\boldsymbol{A}$ 的对应于 λ 的特征向量,即 $\boldsymbol{A}\boldsymbol{\xi}=\lambda\boldsymbol{\xi}$,则

$$\boldsymbol{A}^2\boldsymbol{\xi}=\boldsymbol{A}(\boldsymbol{A}\boldsymbol{\xi})=\boldsymbol{A}(\lambda\boldsymbol{\xi})=\lambda(\boldsymbol{A}\boldsymbol{\xi})=\lambda^2\boldsymbol{\xi}.$$

用数学归纳法可得:对任意正整数 k,成立

$$\boldsymbol{A}^k\boldsymbol{\xi}=\lambda^k\boldsymbol{\xi}.$$

若多项式

$$f(x)=\sum_{k=0}^{t}a_kx^k,\quad a_t\neq 0,$$

则有

$$f(\boldsymbol{A})\boldsymbol{\xi}=\sum_{k=0}^{t}a_k\boldsymbol{A}^k\boldsymbol{\xi}=\sum_{k=0}^{t}a_k\lambda^k\boldsymbol{\xi}=f(\lambda)\boldsymbol{\xi},$$

即 $f(\lambda)$是 $f(\boldsymbol{A})$的特征值,$\boldsymbol{\xi}$ 仍是对应的特征向量.

(2) 设 μ 是 $f(\boldsymbol{A})$的一个特征值,则$|\mu\boldsymbol{E}-f(\boldsymbol{A})|=0$.设多项式 $\mu-f(x)$的因式分解为

$$\mu-f(x)=-a_t(x-v_1)(x-v_2)\cdots(x-v_t),$$

于是

$$|\mu\boldsymbol{E}-f(\boldsymbol{A})|=|-a_t(\boldsymbol{A}-v_1\boldsymbol{E})(\boldsymbol{A}-v_2\boldsymbol{E})\cdots(\boldsymbol{A}-v_t\boldsymbol{E})|=0.$$

由行列式乘积定理知,右端至少有一个$|\boldsymbol{A}-v_i\boldsymbol{E}|=0$,即$|v_i\boldsymbol{E}-\boldsymbol{A}|=0$.这就是说,存在 $\lambda=v_i$ 是 $\boldsymbol{A}$ 的特征值.注意到,此 $\lambda=v_i$ 是 $\mu-f(x)$的一个根,得知 $\mu=f(\lambda)$.

例 6 设 3 阶方阵 $\boldsymbol{A}$ 的特征值为 0,−1,2,矩阵 $\boldsymbol{B}=\boldsymbol{A}^3-3\boldsymbol{A}^2+2\boldsymbol{E}$,求$|\boldsymbol{B}|$.

解 设 $f(x)=x^3-3x^2+2$,则 $\boldsymbol{B}=f(\boldsymbol{A})$.由性质 4 知,$\boldsymbol{B}$ 的全部特征值为

$$f(0)=0^3-3\times0^2+2=2,$$
$$f(-1)=(-1)^3-3(-1)^2+2=-2,$$
$$f(2)=2^3-3\times2^2+2=-2.$$

从而由性质 2 可得

$$|\boldsymbol{B}|=2\times(-2)\times(-2)=8.$$

习 题 5.1

1. 求下列矩阵 $\boldsymbol{A}$ 的特征值和特征向量:

(1) $\boldsymbol{A}=\begin{pmatrix}3&4\\5&2\end{pmatrix}$; (2) $\boldsymbol{A}=\begin{pmatrix}1&2\\0&1\end{pmatrix}$; (3) $\boldsymbol{A}=\begin{pmatrix}1&0&-1\\0&1&0\\0&0&2\end{pmatrix}$;

(4) $\boldsymbol{A}=\begin{pmatrix}1&-1&0\\0&1&0\\0&0&2\end{pmatrix}$; (5) $\boldsymbol{A}=\begin{pmatrix}1&-2&-4\\-2&-2&2\\-4&2&1\end{pmatrix}$; (6) $\boldsymbol{A}=\begin{pmatrix}-1&1&0\\-4&3&0\\1&0&2\end{pmatrix}$.

2. 证明下列结论:

(1) 设方阵 $\boldsymbol{A}$ 满足 $\boldsymbol{A}^2=\boldsymbol{O}$,则 $\boldsymbol{A}$ 的特征值只能是 0;

(2) 设方阵 $\boldsymbol{B}$ 满足 $\boldsymbol{B}^2=\boldsymbol{B}$,则 $\boldsymbol{B}$ 的特征值只能是 0 或 1;

(3) 设方阵 $\boldsymbol{C}$ 满足 $\boldsymbol{C}^2=\boldsymbol{E}$,则 $\boldsymbol{C}$ 的特征值只能是 1 或−1.

3. 设 $\boldsymbol{A}$ 为 n 阶方阵,证明:$\boldsymbol{A}$ 与 $\boldsymbol{A}^{\mathrm{T}}$ 有相同的特征多项式,从而有相同的特征值.

4. 证明:n 阶方阵 $\boldsymbol{A}$ 可逆的充分必要条件是 $\boldsymbol{A}$ 的特征值都不为 0.

5. 设 λ 是可逆矩阵 $\boldsymbol{A}$ 的特征值,证明:λ^{-1}是 $\boldsymbol{A}^{-1}$的特征值.

6. 设 3 阶方阵 $\boldsymbol{A}$ 的特征值是 1,−1,2,分别求出下列矩阵的特征值:

$$\boldsymbol{A}^{\mathrm{T}},\quad \boldsymbol{A}^{-1},\quad f(\boldsymbol{A})=2\boldsymbol{A}^2-3\boldsymbol{A}-\boldsymbol{E}.$$

7. 设 $\boldsymbol{\xi}_1,\boldsymbol{\xi}_2$ 分别为 n 阶方阵 $\boldsymbol{A}$ 的对应于不同特征值 λ_1 和 λ_2 的特征向量,证明:

(1) $\boldsymbol{\xi}_1,\boldsymbol{\xi}_2$ 线性无关；　　(2) $\boldsymbol{\xi}_1+\boldsymbol{\xi}_2$ 不是 $\boldsymbol{A}$ 的特征向量.

§5.2　相似矩阵与矩阵的相似对角化

一、矩阵相似

定义 1　设 $\boldsymbol{A},\boldsymbol{B}$ 都是 n 阶方阵. 如果存在 n 阶可逆矩阵 $\boldsymbol{P}$，使得

$$\boldsymbol{P}^{-1}\boldsymbol{A}\boldsymbol{P}=\boldsymbol{B},$$

则称矩阵 $\boldsymbol{A}$ 与 $\boldsymbol{B}$ **相似**，并称由 $\boldsymbol{A}$ 到 $\boldsymbol{B}$ 的变换 $\boldsymbol{B}=\boldsymbol{P}^{-1}\boldsymbol{A}\boldsymbol{P}$ 为**相似变换**，称 $\boldsymbol{P}$ 为**相似变换矩阵**.

例如，对于矩阵

$$\boldsymbol{A}=\begin{pmatrix}2&2\\3&1\end{pmatrix},$$

若取相似变换矩阵

$$\boldsymbol{P}_1=\begin{pmatrix}2&1\\1&1\end{pmatrix},\quad \boldsymbol{P}_1^{-1}=\begin{pmatrix}1&-1\\-1&2\end{pmatrix},$$

则

$$\boldsymbol{P}_1^{-1}\boldsymbol{A}\boldsymbol{P}_1=\begin{pmatrix}1&-1\\-1&2\end{pmatrix}\begin{pmatrix}2&2\\3&1\end{pmatrix}\begin{pmatrix}2&1\\1&1\end{pmatrix}=\begin{pmatrix}-1&0\\8&4\end{pmatrix}=\boldsymbol{B}_1.$$

这时 $\boldsymbol{A}$ 与 $\boldsymbol{B}_1$ 相似. 若取相似变换矩阵

$$\boldsymbol{P}_2=\begin{pmatrix}1&2\\1&-3\end{pmatrix},\quad \boldsymbol{P}_2^{-1}=\frac{1}{5}\begin{pmatrix}3&2\\1&-1\end{pmatrix},$$

则

$$\boldsymbol{P}_2^{-1}\boldsymbol{A}\boldsymbol{P}_2=\frac{1}{5}\begin{pmatrix}3&2\\1&-1\end{pmatrix}\begin{pmatrix}2&2\\3&1\end{pmatrix}\begin{pmatrix}1&2\\1&-3\end{pmatrix}=\begin{pmatrix}4&0\\0&-1\end{pmatrix}=\boldsymbol{B}_2,$$

这时 $\boldsymbol{A}$ 与 $\boldsymbol{B}_2$ 相似. 这说明，在不同的相似变换矩阵下，与 $\boldsymbol{A}$ 相似的矩阵也是不同的.

由定义可知，矩阵的相似关系也是一种等价关系，并且可以证明(留作练习)，相似关系也具有下列基本性质：

(1) **反身性**：$\boldsymbol{A}$ 与 $\boldsymbol{A}$ 相似；

(2) **对称性**：若 $\boldsymbol{A}$ 与 $\boldsymbol{B}$ 相似，则 $\boldsymbol{B}$ 与 $\boldsymbol{A}$ 也相似；

(3) **传递性**：若 $\boldsymbol{A}$ 与 $\boldsymbol{B}$ 相似，$\boldsymbol{B}$ 与 $\boldsymbol{C}$ 相似，则 $\boldsymbol{A}$ 与 $\boldsymbol{C}$ 相似.

因此，n 阶方阵可以按照相似关系进行分类，所有彼此相似的矩阵构成一个“等价类”. 那么，每一个等价类中的矩阵具有哪些共同性质呢？

定理 1 设 n 阶方阵 $\boldsymbol{A}$ 与 $\boldsymbol{B}$ 相似,则

(1) 矩阵 $\boldsymbol{A}$ 与 $\boldsymbol{B}$ 有相同的特征多项式,从而也有相同的特征值;

(2) $\mathrm{R}(\boldsymbol{A})=\mathrm{R}(\boldsymbol{B})$.

证明 (1) 由 $\boldsymbol{A}$ 与 $\boldsymbol{B}$ 相似知,存在 n 阶可逆矩阵 $\boldsymbol{P}$,使得

$$\boldsymbol{P}^{-1}\boldsymbol{A}\boldsymbol{P}=\boldsymbol{B},$$

则

$$\begin{aligned}|\lambda\boldsymbol{E}-\boldsymbol{B}|&=|\lambda\boldsymbol{E}-\boldsymbol{P}^{-1}\boldsymbol{A}\boldsymbol{P}|=|\boldsymbol{P}^{-1}(\lambda\boldsymbol{E}-\boldsymbol{A})\boldsymbol{P}|\\&=|\boldsymbol{P}^{-1}|\cdot|\lambda\boldsymbol{E}-\boldsymbol{A}|\cdot|\boldsymbol{P}|=|\boldsymbol{P}^{-1}|\cdot|\boldsymbol{P}|\cdot|\lambda\boldsymbol{E}-\boldsymbol{A}|\\&=|\boldsymbol{P}^{-1}\boldsymbol{P}|\cdot|\lambda\boldsymbol{E}-\boldsymbol{A}|=|\lambda\boldsymbol{E}-\boldsymbol{A}|,\end{aligned}$$

即 $\boldsymbol{A}$ 与 $\boldsymbol{B}$ 有相同的特征多项式,从而有相同的特征值.

(2) 因为 $\boldsymbol{P}^{-1}\boldsymbol{A}\boldsymbol{P}=\boldsymbol{B}$,$\boldsymbol{P}$,$\boldsymbol{P}^{-1}$ 均为可逆矩阵,故 $\boldsymbol{A}$ 与 $\boldsymbol{B}$ 等价,从而

$$\mathrm{R}(\boldsymbol{A})=\mathrm{R}(\boldsymbol{B}).$$

但是请注意,这个定理的逆命题不成立(参见下面的例 1).

还可以证明 $\boldsymbol{A}$ 与 $\boldsymbol{B}$ 有相同的行列式 $|\boldsymbol{A}|=|\boldsymbol{B}|$ 等性质(留作习题).

二、矩阵的相似对角化

相似矩阵有许多共同的性质. 因此,在一类相似矩阵中,如果有一个比较简单的矩阵,则通过研究这个简单矩阵的性质,就可以得到其他矩阵的性质,并且简化了矩阵的计算. 例如,单位矩阵或数量矩阵就是最简单的矩阵. 但是与单位矩阵或数量矩阵相似的只能是单位矩阵或数量矩阵本身. 因此,对角矩阵就是剩下的一种比较简单的矩阵了.

定义 2 如果 n 阶方阵 $\boldsymbol{A}$ 与一个对角矩阵 $\boldsymbol{D}$ 相似,则称 $\boldsymbol{A}$ **可以相似对角化**,简称 $\boldsymbol{A}$ **可对角化**;否则,称 $\boldsymbol{A}$ **不可对角化**.

由于对角矩阵的特征值就是其主对角线上的全部元素,因此,若 $\boldsymbol{A}$ 与 $\boldsymbol{D}$ 相似,而

$$\boldsymbol{D}=\mathrm{diag}(\lambda_1,\lambda_2,\cdots,\lambda_n),$$

则由定理 1 得 $\boldsymbol{A}$ 的全部特征值为 $\lambda_1,\lambda_2,\cdots,\lambda_n$.

然而并非任何矩阵都相似于对角矩阵.

例 1 证明:矩阵 $\boldsymbol{A}=\begin{pmatrix}1&1\\0&1\end{pmatrix}$ 不可对角化.

证明 由特征多项式

$$|\lambda\boldsymbol{E}-\boldsymbol{A}|=\begin{vmatrix}\lambda-1&-1\\0&\lambda-1\end{vmatrix}=(\lambda-1)^2,$$

可得 $\boldsymbol{A}$ 的特征值为

$$\lambda_1=\lambda_2=1.$$

用反证法. 假定 $\boldsymbol{A}$ 可对角化,则 $\boldsymbol{A}$ 与对角矩阵 $\boldsymbol{D}$ 相似. 由定理 1 得 $\boldsymbol{D}$ 的特征值也是 $\lambda_1=\lambda_2=1$,故 $\boldsymbol{D}=\boldsymbol{E}$,即存在可逆矩阵 $\boldsymbol{P}$,使得

$$\boldsymbol{P}^{-1}\boldsymbol{A}\boldsymbol{P}=\boldsymbol{E},$$

从而

$$\boldsymbol{A}=\boldsymbol{P}\boldsymbol{E}\boldsymbol{P}^{-1}=\boldsymbol{P}\boldsymbol{P}^{-1}=\boldsymbol{E},$$

与已知矛盾. 所以 $\boldsymbol{A}$ 不可对角化.

这个例子也让我们看到,虽然 $\boldsymbol{A}$ 与 $\boldsymbol{E}$ 有相同的特征多项式 $(\lambda-1)^2$,从而有相同的特征值,又有相同的秩 2,但它们不相似,因为与单位阵 $\boldsymbol{E}$ 相似的矩阵只能是单位阵 $\boldsymbol{E}$. 所以定理 1 的逆命题不成立. 那么,矩阵要具备什么条件才可对角化呢?

三、矩阵可对角化的充分必要条件

定理 2 n 阶方阵 $\boldsymbol{A}$ 可对角化的充分必要条件是 $\boldsymbol{A}$ 有 n 个线性无关的特征向量.

证明 *必要性* 设 n 阶方阵 $\boldsymbol{A}$ 可对角化,即存在 n 阶可逆矩阵 $\boldsymbol{P}$,使得

$$\boldsymbol{P}^{-1}\boldsymbol{A}\boldsymbol{P}=\boldsymbol{D} \quad 或 \quad \boldsymbol{A}\boldsymbol{P}=\boldsymbol{P}\boldsymbol{D}, \tag{1}$$

其中 $\boldsymbol{D}$ 为对角矩阵,不妨设 $\boldsymbol{D}=\mathrm{diag}(\lambda_1,\lambda_2,\cdots,\lambda_n)$. 将可逆矩阵 $\boldsymbol{P}$ 按列分为 n 块,即

$$\boldsymbol{P}=(\boldsymbol{\xi}_1,\boldsymbol{\xi}_2,\cdots,\boldsymbol{\xi}_n),$$

则 $\boldsymbol{P}$ 的列向量组 $\boldsymbol{\xi}_1,\boldsymbol{\xi}_2,\cdots,\boldsymbol{\xi}_n$ 线性无关. 可以将(1)式等价地写成

$$\boldsymbol{A}(\boldsymbol{\xi}_1,\boldsymbol{\xi}_2,\cdots,\boldsymbol{\xi}_n)=(\boldsymbol{\xi}_1,\boldsymbol{\xi}_2,\cdots,\boldsymbol{\xi}_n)\begin{pmatrix}\lambda_1 & & & \\ & \lambda_2 & & \\ & & \ddots & \\ & & & \lambda_n\end{pmatrix}$$

(这里主对角线以外空白处未写出的元素均为 0),即

$$(\boldsymbol{A}\boldsymbol{\xi}_1,\boldsymbol{A}\boldsymbol{\xi}_2,\cdots,\boldsymbol{A}\boldsymbol{\xi}_n)=(\lambda_1\boldsymbol{\xi}_1,\lambda_2\boldsymbol{\xi}_2,\cdots,\lambda_n\boldsymbol{\xi}_n),$$

有

$$\boldsymbol{A}\boldsymbol{\xi}_i=\lambda_i\boldsymbol{\xi}_i \quad (i=1,2,\cdots,n).$$

这说明,$\lambda_1,\lambda_2,\cdots,\lambda_n$ 是矩阵 $\boldsymbol{A}$ 的特征值,且 $\boldsymbol{P}$ 的列向量组 $\boldsymbol{\xi}_1,\boldsymbol{\xi}_2,\cdots,\boldsymbol{\xi}_n$ 是依次对应于特征值 $\lambda_1,\lambda_2,\cdots,\lambda_n$ 的线性无关的特征向量组. 所以 $\boldsymbol{A}$ 有 n 个线性无关的特征向量.

充分性 设 $\boldsymbol{A}$ 有 n 个线性无关的特征向量 $\boldsymbol{\xi}_1,\boldsymbol{\xi}_2,\cdots,\boldsymbol{\xi}_n$,对应的特征值为 $\lambda_1,\lambda_2,\cdots,\lambda_n$. 将以上的证明倒推上去,就得到(1)式,故 $\boldsymbol{A}$ 可对角化.

从这个定理的证明过程还可看到:若 n 阶方阵 $\boldsymbol{A}$ 相似于对角矩阵,则相似变换矩阵 $\boldsymbol{P}$ 即为 $\boldsymbol{A}$ 的 n 个线性无关的特征向量作为列向量构成的矩阵.

推论 若 n 阶方阵 $\boldsymbol{A}$ 有 n 个互异的特征值,则 $\boldsymbol{A}$ 可对角化.

事实上,若 $\lambda_1,\lambda_2,\cdots,\lambda_n$ 为 $\boldsymbol{A}$ 的 n 个互异的特征值,则对应的特征向量 $\boldsymbol{\xi}_1,\boldsymbol{\xi}_2,\cdots,\boldsymbol{\xi}_n$ 即为

$\boldsymbol{A}$ 的 n 个线性无关的特征向量(见§5.1中的性质3),所以 $\boldsymbol{A}$ 可对角化.

设 $\lambda_1,\lambda_2,\cdots,\lambda_s$ 是 n 阶方阵 $\boldsymbol{A}$ 的 $s(s\leqslant n)$ 个互不相同的特征值,λ_i 的代数重数为 k_i,几何重数为 $n_i(i=1,2,\cdots,s)$,则

$$k_1+k_2+\cdots+k_s=n.$$

又设对应于 λ_i 的极大无关特征向量组为 $\boldsymbol{\xi}_{i1},\boldsymbol{\xi}_{i2},\cdots,\boldsymbol{\xi}_{in_i}(i=1,2,\cdots,s)$,则向量组

$$\boldsymbol{\xi}_{11},\boldsymbol{\xi}_{12},\cdots,\boldsymbol{\xi}_{1n_1},\boldsymbol{\xi}_{21},\boldsymbol{\xi}_{22},\cdots,\boldsymbol{\xi}_{2n_2},\cdots,\boldsymbol{\xi}_{s1},\boldsymbol{\xi}_{s2},\cdots,\boldsymbol{\xi}_{sn_s}$$

仍线性无关(见§5.1中的性质3),它就是 $\boldsymbol{A}$ 的极大无关特征向量组.这就是说,$\boldsymbol{A}$ 有且只有 $n_1+n_2+\cdots+n_s$ 个线性无关的特征向量.由定理2,$\boldsymbol{A}$ 可对角化的充分必要条件是

$$n_1+n_2+\cdots+n_s=n=k_1+k_2+\cdots+k_s.$$

再由§5.1中的定理1知 $1\leqslant n_i\leqslant k_i$,便可推出 $\boldsymbol{A}$ 可对角化的充分必要条件是

$$n_i=k_i\quad(i=1,2,\cdots,s),$$

即有下面的定理:

定理3 n 阶方阵 $\boldsymbol{A}$ 可对角化的充分必要条件是对 $\boldsymbol{A}$ 的每一个特征值 λ_i,其几何重数 n_i 等于其代数重数 k_i.

例2 分别考查§5.1例3和例4中的矩阵 $\boldsymbol{A}$ 是否可对角化.如果可以,求出相似变换矩阵 $\boldsymbol{P}$ 和对角矩阵 $\boldsymbol{D}$,使得 $\boldsymbol{P}^{-1}\boldsymbol{AP}=\boldsymbol{D}$.

解 §5.1例3中的矩阵 $\boldsymbol{A}$ 的不同的特征值为

$$\lambda_1=3,\quad\lambda_2=2,$$

它们的代数重数分别为

$$k_1=2,\quad k_2=1.$$

通过求解方程组 $(\lambda_1\boldsymbol{E}-\boldsymbol{A})\boldsymbol{x}=\boldsymbol{0}$ 可知,λ_1 的几何重数 $n_1=2=k_1$;而因为 $k_2=1$,必有 λ_2 的几何重数 $n_2=1$.故 $\boldsymbol{A}$ 可对角化.

对应于 λ_1 的线性无关的特征向量为 $\boldsymbol{\xi}_1=(0,1,0)^{\mathrm{T}}$, $\boldsymbol{\xi}_2=(-2,0,1)^{\mathrm{T}}$,对应于 λ_2 的线性无关的特征向量为 $\boldsymbol{\xi}_3=(1,0,0)^{\mathrm{T}}$,所以有

$$\boldsymbol{P}=(\boldsymbol{\xi}_1,\boldsymbol{\xi}_2,\boldsymbol{\xi}_3)=\begin{pmatrix}0&-2&1\\1&0&0\\0&1&0\end{pmatrix},\quad\boldsymbol{D}=\begin{pmatrix}\lambda_1&0&0\\0&\lambda_1&0\\0&0&\lambda_2\end{pmatrix}=\begin{pmatrix}3&0&0\\0&3&0\\0&0&2\end{pmatrix}.$$

§5.1例4中的矩阵 $\boldsymbol{A}$ 的不同的特征值为

$$\lambda_1=3,\quad\lambda_2=2,$$

它们的代数重数分别为

$$k_1=2,\quad k_2=1.$$

通过求解方程组 $(\lambda_1\boldsymbol{E}-\boldsymbol{A})\boldsymbol{x}=\boldsymbol{0}$ 可知,λ_1 的几何重数 $n_1=1\neq k_1$,故 $\boldsymbol{A}$ 不可对角化.

例3 已知2阶矩阵 $\boldsymbol{A}$ 的特征值为3和6,对应的特征向量分别为

$$\boldsymbol{\xi}_1=(-1,1)^{\mathrm{T}},\quad \boldsymbol{\xi}_2=(2,1)^{\mathrm{T}},$$

试求 $\boldsymbol{A}$ 与 $\boldsymbol{A}^{100}$.

解 令

$$\boldsymbol{P}=(\boldsymbol{\xi}_1,\boldsymbol{\xi}_2)=\begin{pmatrix}-1&2\\1&1\end{pmatrix},\quad \boldsymbol{D}=\begin{pmatrix}3&0\\0&6\end{pmatrix},$$

则 $\boldsymbol{P}^{-1}\boldsymbol{AP}=\boldsymbol{D}$. 故

$$\begin{aligned}\boldsymbol{A}=\boldsymbol{PDP}^{-1}&=\begin{pmatrix}-1&2\\1&1\end{pmatrix}\begin{pmatrix}3&0\\0&6\end{pmatrix}\begin{pmatrix}-1&2\\1&1\end{pmatrix}^{-1}\\&=-\frac{1}{3}\begin{pmatrix}-3&12\\3&6\end{pmatrix}\begin{pmatrix}1&-2\\-1&-1\end{pmatrix}=\begin{pmatrix}5&2\\1&4\end{pmatrix},\end{aligned}$$

$$\begin{aligned}\boldsymbol{A}^{100}&=\boldsymbol{PDP}^{-1}\boldsymbol{PDP}^{-1}\cdots\boldsymbol{PDP}^{-1}=\boldsymbol{PDD}\cdots\boldsymbol{DP}^{-1}=\boldsymbol{PD}^{100}\boldsymbol{P}^{-1}\\&=\begin{pmatrix}-1&2\\1&1\end{pmatrix}\begin{pmatrix}3&0\\0&6\end{pmatrix}^{100}\begin{pmatrix}-1&2\\1&1\end{pmatrix}^{-1}\\&=-\frac{1}{3}\begin{pmatrix}-1&2\\1&1\end{pmatrix}\begin{pmatrix}3^{100}&0\\0&6^{100}\end{pmatrix}\begin{pmatrix}1&-2\\-1&-1\end{pmatrix}\\&=3^{99}\begin{pmatrix}-1&2^{101}\\1&2^{100}\end{pmatrix}\begin{pmatrix}-1&2\\1&1\end{pmatrix}=3^{99}\begin{pmatrix}2^{101}+1&2^{101}-2\\2^{100}-1&2^{100}+2\end{pmatrix}.\end{aligned}$$

此例求 $\boldsymbol{A}$ 实际上是 §5.1 中例 1 的反演. 可以看出,先把矩阵 $\boldsymbol{A}$ 对角化,大大简化了求 $\boldsymbol{A}^{100}$ 的计算.

习 题 5.2

1. 判定习题 5.1 第 1 题中的各矩阵 $\boldsymbol{A}$ 是否可对角化. 如果可以,求出可逆矩阵 $\boldsymbol{P}$ 和对角矩阵 $\boldsymbol{D}$,使得 $\boldsymbol{P}^{-1}\boldsymbol{AP}=\boldsymbol{D}$.

2. 已知 2 阶矩阵 $\boldsymbol{A}$ 的特征值为 4 和 -2,对应的特征向量分别为

$$\boldsymbol{\xi}_1=(1,1)^{\mathrm{T}},\quad \boldsymbol{\xi}_2=(1,-5)^{\mathrm{T}},$$

试求 $\boldsymbol{A}$ 和 $\boldsymbol{A}^{20}$.

3. 设矩阵

$$\boldsymbol{A}=\begin{pmatrix}-2&0&0\\2&a&2\\3&1&1\end{pmatrix},\quad \boldsymbol{B}=\begin{pmatrix}-1&0&0\\0&2&0\\0&0&b\end{pmatrix},$$

且已知 $\boldsymbol{A}$ 与 $\boldsymbol{B}$ 相似,求 a, b 的值.

4. 证明:若 n 阶方阵 $\boldsymbol{A}$ 与 $\boldsymbol{B}$ 相似,则 $|\boldsymbol{A}|=|\boldsymbol{B}|$.

5. 证明：若 n 阶方阵 $\boldsymbol{A}$ 与 $\boldsymbol{B}$ 相似，则 $\boldsymbol{A}$ 与 $\boldsymbol{B}$ 同时可逆或同时不可逆；而当 $\boldsymbol{A},\boldsymbol{B}$ 都可逆时，$\boldsymbol{A}^{-1}$ 和 $\boldsymbol{B}^{-1}$ 也相似.

6. 设矩阵 $\boldsymbol{A}=\begin{pmatrix}2 & -2 & 1\\ 0 & 3 & 0\\ 0 & 0 & -1\end{pmatrix}$，且 $\boldsymbol{A}$ 与 $\boldsymbol{B}$ 相似，分别求 $\boldsymbol{B}^{-1}$ 和 $\boldsymbol{B}^2-3\boldsymbol{B}+2\boldsymbol{E}$ 的特征值.

§5.3 实对称矩阵的正交相似对角化

元素都是实数的对称矩阵称为实对称矩阵. 从前面的讨论我们知道，并非所有实矩阵都相似于对角矩阵. 但是，实对称矩阵却是必可对角化的一类矩阵，因此也是应用上非常重要的一类矩阵.

设 $\boldsymbol{A}$, $\boldsymbol{B}$ 均为 n 阶方阵. 若存在正交矩阵 $\boldsymbol{Q}$，使得 $\boldsymbol{Q}^{-1}\boldsymbol{A}\boldsymbol{Q}=\boldsymbol{B}$，则称 $\boldsymbol{A}$ 与 $\boldsymbol{B}$ **正交相似**，或称 $\boldsymbol{A}$ 正交相似于 $\boldsymbol{B}$. 本节我们将指出，实对称矩阵必正交相似于对角矩阵，即实对称矩阵必可正交相似对角化.

一、实对称矩阵的性质

先来看实对称矩阵的性质.

性质 1 实对称矩阵的特征值均为实数.（证明略）

性质 2 实对称矩阵的对应于不同特征值的特征向量必正交.

证明 设 $\boldsymbol{A}$ 为实对称矩阵，λ_1 和 λ_2 为 $\boldsymbol{A}$ 的两个不同的特征值，$\boldsymbol{\xi}_1$ 和 $\boldsymbol{\xi}_2$ 为分别对应于 λ_1 和 λ_2 的特征向量. 我们要证明 $\boldsymbol{\xi}_1$ 与 $\boldsymbol{\xi}_2$ 正交，即成立

$$\boldsymbol{\xi}_1^{\mathrm{T}}\boldsymbol{\xi}_2=0.$$

由假设有

$$\boldsymbol{A}\boldsymbol{\xi}_1=\lambda_1\boldsymbol{\xi}_1,$$

此式两端取转置，并注意到 $\boldsymbol{A}^{\mathrm{T}}=\boldsymbol{A}$，得

$$\boldsymbol{\xi}_1^{\mathrm{T}}\boldsymbol{A}=\lambda_1\boldsymbol{\xi}_1^{\mathrm{T}}.$$

用 $\boldsymbol{\xi}_2$ 右乘此式两端，得

$$\boldsymbol{\xi}_1^{\mathrm{T}}\boldsymbol{A}\boldsymbol{\xi}_2=\lambda_1\boldsymbol{\xi}_1^{\mathrm{T}}\boldsymbol{\xi}_2.$$

因 $\boldsymbol{A}\boldsymbol{\xi}_2=\lambda_2\boldsymbol{\xi}_2$，得

$$\lambda_2\boldsymbol{\xi}_1^{\mathrm{T}}\boldsymbol{\xi}_2=\lambda_1\boldsymbol{\xi}_1^{\mathrm{T}}\boldsymbol{\xi}_2,$$

即

$$(\lambda_1-\lambda_2)\boldsymbol{\xi}_1^{\mathrm{T}}\boldsymbol{\xi}_2=0.$$

由于 $\lambda_1\neq\lambda_2$，故 $\boldsymbol{\xi}_1^{\mathrm{T}}\boldsymbol{\xi}_2=0$.

性质 3 实对称矩阵的任一特征值的几何重数等于其代数重数.(证明略)

因此,由§5.2中的定理3知,实对称矩阵 $\boldsymbol{A}$ 必可对角化,即存在可逆矩阵 $\boldsymbol{P}$,使得

$$\boldsymbol{P}^{-1}\boldsymbol{A}\boldsymbol{P} = \boldsymbol{D},$$

其中 $\boldsymbol{D}$ 为对角矩阵.

进一步,我们希望用正交矩阵使之对角化,即求正交矩阵 $\boldsymbol{Q}$,使得 $\boldsymbol{Q}^{-1}\boldsymbol{A}\boldsymbol{Q}$ 成为对角矩阵.这就是本节的主要结果:

定理 设 $\boldsymbol{A}$ 为 n 阶实对称矩阵,则存在 n 阶正交矩阵 $\boldsymbol{Q}$,使得

$$\boldsymbol{Q}^{-1}\boldsymbol{A}\boldsymbol{Q} = \boldsymbol{Q}^{\mathrm{T}}\boldsymbol{A}\boldsymbol{Q} = \boldsymbol{D},$$

其中 $\boldsymbol{D}$ 为对角矩阵.(证明在下一段给出)

二、实对称矩阵正交相似对角化步骤

利用上述三条性质,下面我们给出把 n 阶实对称矩阵 $\boldsymbol{A}$ 正交相似对角化的具体步骤,同时实际上也证明了上述定理.

第 1 步 计算 $|\lambda\boldsymbol{E}-\boldsymbol{A}|$,求出 $\boldsymbol{A}$ 的全部互不相同的特征值

$$\lambda_1, \lambda_2, \cdots, \lambda_s \quad (s \leqslant n),$$

它们的代数重数依次为

$$k_1, k_2, \cdots, k_s \quad (k_1 + k_2 + \cdots + k_s = n).$$

第 2 步 对 $\boldsymbol{A}$ 的每一个 k_i 重特征值 λ_i,解方程组

$$(\lambda_i\boldsymbol{E} - \boldsymbol{A})\boldsymbol{x} = \boldsymbol{0}.$$

由性质3,可得到 $\boldsymbol{A}$ 的 k_i 个对应于 λ_i 的线性无关的特征向量

$$\boldsymbol{\xi}_{i1}, \boldsymbol{\xi}_{i2}, \cdots, \boldsymbol{\xi}_{ik_i}.$$

用施密特正交化方法将它们正交化,再单位化,由§5.1中的性质1得到 $\boldsymbol{A}$ 的 k_i 个对应于 λ_i 的单位正交特征向量

$$\boldsymbol{\eta}_{i1}, \boldsymbol{\eta}_{i2}, \cdots, \boldsymbol{\eta}_{ik_i} \quad (i = 1,2,\cdots,s),$$

则由性质2得

$$\boldsymbol{\eta}_{11}, \boldsymbol{\eta}_{12}, \cdots, \boldsymbol{\eta}_{1k_1}, \boldsymbol{\eta}_{21}, \boldsymbol{\eta}_{22}, \cdots, \boldsymbol{\eta}_{2k_2}, \cdots, \boldsymbol{\eta}_{s1}, \boldsymbol{\eta}_{s2}, \cdots, \boldsymbol{\eta}_{sk_s}$$

是 $\boldsymbol{A}$ 的 $k_1+k_2+\cdots+k_s=n$ 个单位正交特征向量.

第 3 步 构造 n 阶正交矩阵

$$\boldsymbol{Q} = (\boldsymbol{\eta}_{11}, \boldsymbol{\eta}_{12}, \cdots, \boldsymbol{\eta}_{1k_1}, \boldsymbol{\eta}_{21}, \boldsymbol{\eta}_{22}, \cdots, \boldsymbol{\eta}_{2k_2}, \cdots, \boldsymbol{\eta}_{s1}, \boldsymbol{\eta}_{s2}, \cdots, \boldsymbol{\eta}_{sk_s}),$$

则由§5.2中的定理2及其证明知 $\boldsymbol{Q}^{-1}\boldsymbol{A}\boldsymbol{Q}=\boldsymbol{Q}^{\mathrm{T}}\boldsymbol{A}\boldsymbol{Q}=\boldsymbol{D}$ 为对角矩阵,其中

$$\boldsymbol{D} = \mathrm{diag}(\lambda_1, \lambda_1, \cdots, \lambda_1, \lambda_2, \lambda_2, \cdots, \lambda_2, \cdots, \lambda_s, \lambda_s, \cdots, \lambda_s),$$

这里 $\boldsymbol{D}$ 的主对角线上的元素的排列次序与 $\boldsymbol{Q}$ 中列向量的排列次序相对应.

例 设矩阵

$$A=\begin{pmatrix}1&-2&-4\\-2&-2&2\\-4&2&1\end{pmatrix},$$

求一个正交矩阵 Q,使得 $Q^{-1}AQ$ 为对角阵.

解 由§5.1中的例2(2)知,A 的不同的特征值为

$$\lambda_1=-3,\quad \lambda_2=6,$$

其代数重数分别为

$$k_1=2,\quad k_2=1.$$

对于 $\lambda_1=-3$,解方程组

$$(-3E-A)x=0.$$

由于

$$-3E-A=\begin{pmatrix}-4&2&4\\2&-1&-2\\4&-2&-4\end{pmatrix}\xrightarrow{\text{初等行变换}}\begin{pmatrix}2&-1&-2\\0&0&0\\0&0&0\end{pmatrix},$$

可求得对应于 $\lambda_1=-3$ 的线性无关的特征向量为

$$\xi_1=(1,0,1)^{\mathrm T},\quad \xi_2=(1,2,0)^{\mathrm T}.$$

将 ξ_1,ξ_2 正交化:令

$$\zeta_1=\xi_1=(1,0,1)^{\mathrm T},$$

$$\zeta_2=\xi_2-\frac{(\xi_2,\zeta_1)}{(\zeta_1,\zeta_1)}\zeta_1=(1,2,0)^{\mathrm T}-\frac{1}{2}(1,0,1)^{\mathrm T}=\frac{1}{2}(1,4,-1)^{\mathrm T};$$

再将 ζ_1,ζ_2 单位化,得

$$\eta_1=\left(\frac{1}{\sqrt2},0,\frac{1}{\sqrt2}\right)^{\mathrm T},\quad \eta_2=\left(\frac{1}{3\sqrt2},\frac{4}{3\sqrt2},-\frac{1}{3\sqrt2}\right)^{\mathrm T}.$$

对于 $\lambda_2=6$,解方程组

$$(6E-A)x=0.$$

由于

$$6E-A=\begin{pmatrix}5&2&4\\2&8&-2\\4&-2&5\end{pmatrix}\xrightarrow{\text{初等行变换}}\begin{pmatrix}1&4&-1\\0&-18&9\\0&0&0\end{pmatrix}\xrightarrow{\text{初等行变换}}\begin{pmatrix}1&0&1\\0&1&-1/2\\0&0&0\end{pmatrix},$$

可求得对应于 $\lambda_2=6$ 的线性无关的特征向量

$$\xi_3=(2,-1,-2)^{\mathrm T}.$$

再将 ξ_3 单位化,得

$$\boldsymbol{\eta}_3=\left(\frac{2}{3},-\frac{1}{3},-\frac{2}{3}\right)^{\mathrm{T}}.$$

令

$$\boldsymbol{Q}=(\boldsymbol{\eta}_1,\boldsymbol{\eta}_2,\boldsymbol{\eta}_3)=\begin{pmatrix}\frac{1}{\sqrt{2}} & \frac{1}{3\sqrt{2}} & \frac{2}{3}\\ 0 & \frac{4}{3\sqrt{2}} & -\frac{1}{3}\\ \frac{1}{\sqrt{2}} & -\frac{1}{3\sqrt{2}} & -\frac{2}{3}\end{pmatrix},$$

则

$$\boldsymbol{Q}^{-1}\boldsymbol{A}\boldsymbol{Q}=\boldsymbol{Q}^{\mathrm{T}}\boldsymbol{A}\boldsymbol{Q}=\boldsymbol{D}=\begin{pmatrix}\lambda_1 & 0 & 0\\ 0 & \lambda_1 & 0\\ 0 & 0 & \lambda_2\end{pmatrix}=\begin{pmatrix}-3 & 0 & 0\\ 0 & -3 & 0\\ 0 & 0 & 6\end{pmatrix}.$$

习　题　5.3

1. 对下列各实对称矩阵 $\boldsymbol{A}$，求正交矩阵 $\boldsymbol{Q}$ 和对角矩阵 $\boldsymbol{D}$，使得 $\boldsymbol{Q}^{-1}\boldsymbol{A}\boldsymbol{Q}=\boldsymbol{D}$：

(1) $\boldsymbol{A}=\begin{pmatrix}2 & 1\\ 1 & 2\end{pmatrix}$；　(2) $\boldsymbol{A}=\begin{pmatrix}2 & 1 & 0\\ 1 & 2 & 0\\ 0 & 0 & 3\end{pmatrix}$；　(3) $\boldsymbol{A}=\begin{pmatrix}3 & 2 & 0\\ 2 & 4 & -2\\ 0 & -2 & 5\end{pmatrix}$；

(4) $\boldsymbol{A}=\begin{pmatrix}0 & 0 & 1\\ 0 & -1 & 0\\ 1 & 0 & 0\end{pmatrix}$；　(5) $\boldsymbol{A}=\begin{pmatrix}1 & -2 & 2\\ -2 & 4 & -4\\ 2 & -4 & 4\end{pmatrix}$；　(6) $\boldsymbol{A}=\begin{pmatrix}-1 & 2 & 2\\ 2 & -1 & -2\\ 2 & -2 & -1\end{pmatrix}$.

2. 证明：设 $\boldsymbol{A}$ 为 n 阶实矩阵，且存在 n 阶正交矩阵 $\boldsymbol{Q}$，使得 $\boldsymbol{Q}^{-1}\boldsymbol{A}\boldsymbol{Q}=\boldsymbol{D}$ 为对角矩阵，则 $\boldsymbol{A}$ 必为对称矩阵.

3. 设 2 阶实对称矩阵 $\boldsymbol{A}$ 的特征值为 1 和 2，且 $\boldsymbol{A}$ 的对应于特征值 1 的特征向量为

$$\boldsymbol{\xi}_1=(-1,1)^{\mathrm{T}}.$$

求：(1) $\boldsymbol{A}$ 的对应于特征值 2 的特征向量；

(2) 矩阵 $\boldsymbol{A}$.

§5.4　综 合 例 题

例 1　在某一个城市里有甲、乙两个体育俱乐部，甲俱乐部的会员中每年有 15%转去乙俱乐部，其余的仍留在甲俱乐部；而乙俱乐部的会员中每年有 20%转去甲俱乐部，其余的仍留在乙俱乐部. 设某一年(第 1 年)甲俱乐部拥有会员 400 人，乙俱乐部拥有会员 500 人，两

俱乐部的总会员数(900 人)保持不变,问:第 2 年这两个俱乐部的会员数各为多少?第 n 年这两个俱乐部的会员数各为多少($n>2$)?很多年以后这两个俱乐部的会员数最终趋势如何?

解 设第 n 年甲、乙两个俱乐部的会员数各为 x_n, y_n,则依题意有

$$x_{n+1} = 0.85x_n + 0.2y_n,$$
$$y_{n+1} = 0.15x_n + 0.8y_n,$$

用矩阵表示为

$$\begin{pmatrix} x_{n+1} \\ y_{n+1} \end{pmatrix} = \boldsymbol{A}\begin{pmatrix} x_n \\ y_n \end{pmatrix}, \quad \text{其中} \quad \boldsymbol{A} = \begin{pmatrix} 0.85 & 0.2 \\ 0.15 & 0.8 \end{pmatrix}.$$

已知 $x_1=400, y_1=500$,则第 2 年甲俱乐部的会员数为

$$x_2 = 0.85x_1 + 0.2y_1 = 440,$$

乙俱乐部的会员数为

$$y_2 = 0.15x_1 + 0.8y_1 = 460.$$

用矩阵表示第 2 年这两个俱乐部的会员数为

$$\begin{pmatrix} x_2 \\ y_2 \end{pmatrix} = \boldsymbol{A}\begin{pmatrix} x_1 \\ y_1 \end{pmatrix} = \begin{pmatrix} 440 \\ 460 \end{pmatrix}.$$

同样地,用矩阵表示第 n 年这两个俱乐部的会员数为

$$\begin{pmatrix} x_n \\ y_n \end{pmatrix} = \boldsymbol{A}^{n-1}\begin{pmatrix} x_1 \\ y_1 \end{pmatrix}.$$

为了计算 $\boldsymbol{A}^{n-1}$,先求出 $\boldsymbol{A}$ 的特征值. $\boldsymbol{A}$ 的特征多项式为

$$|\lambda\boldsymbol{E}-\boldsymbol{A}| = \begin{vmatrix} \lambda-0.85 & -0.2 \\ -0.15 & \lambda-0.8 \end{vmatrix} = \lambda^2 - 1.65\lambda + 0.65 = (\lambda-1)(\lambda-0.65),$$

故 $\boldsymbol{A}$ 的特征值为

$$\lambda_1 = 1, \quad \lambda_2 = 0.65.$$

解方程组

$$(\lambda_1\boldsymbol{E}-\boldsymbol{A})\boldsymbol{x} = \boldsymbol{0},$$

得对应于 λ_1 的特征向量

$$\boldsymbol{\xi}_1 = (4,3)^{\mathrm{T}};$$

再解方程组

$$(\lambda_2\boldsymbol{E}-\boldsymbol{A})\boldsymbol{x} = \boldsymbol{0},$$

得对应于 λ_2 的特征向量

$$\boldsymbol{\xi}_2 = (1,-1)^{\mathrm{T}}.$$

令

$$\boldsymbol{P}=(\boldsymbol{\xi}_1,\boldsymbol{\xi}_2)=\begin{pmatrix}4&1\\3&-1\end{pmatrix},\quad \boldsymbol{D}=\begin{pmatrix}1&0\\0&0.65\end{pmatrix},$$

则有 $\boldsymbol{A}=\boldsymbol{PDP}^{-1}$，从而

$$\boldsymbol{A}^{n-1}=\boldsymbol{PD}^{n-1}\boldsymbol{P}^{-1}=-\frac{1}{7}\begin{pmatrix}4&1\\3&-1\end{pmatrix}\begin{pmatrix}1&0\\0&0.65^{n-1}\end{pmatrix}\begin{pmatrix}-1&-1\\-3&4\end{pmatrix}$$

$$=\frac{1}{7}\begin{pmatrix}4+3\times0.65^{n-1}&4-4\times0.65^{n-1}\\3-3\times0.65^{n-1}&3+4\times0.65^{n-1}\end{pmatrix}.$$

因此，第 n 年这两个俱乐部的会员数为

$$\begin{pmatrix}x_n\\y_n\end{pmatrix}=\boldsymbol{A}^{n-1}\begin{pmatrix}x_1\\y_1\end{pmatrix}=\frac{1}{7}\begin{pmatrix}3600-800\times0.65^{n-1}\\2700+800\times0.65^{n-1}\end{pmatrix}.$$

最后要求很多年以后这两个俱乐部的会员数的最终趋势，可以令 $n\to\infty$，得

$$\lim_{n\to\infty}\begin{pmatrix}x_n\\y_n\end{pmatrix}\xlongequal{\text{def}}\begin{pmatrix}\lim\limits_{n\to\infty}x_n\\\lim\limits_{n\to\infty}y_n\end{pmatrix}=\frac{1}{7}\begin{pmatrix}3600\\2700\end{pmatrix}\approx\begin{pmatrix}514\\386\end{pmatrix},$$

即两个俱乐部的会员数的最终趋势为：甲俱乐部的会员数约为 514 人，乙俱乐部的会员数约为 386 人.

注意 本例中的矩阵 $\boldsymbol{A}$ 有两个特点：一是它的所有元素均为正数；二是它的各个列的元素之和为 1. 具有这两个特点的矩阵称为**概率转移矩阵**，它有一个特征值为 1(证明作为练习留给读者).

例 2 设 $\boldsymbol{A}$ 为 n 阶正交矩阵，证明：$\boldsymbol{A}$ 的实特征值的绝对值为 1.

证明 设 λ 是 $\boldsymbol{A}$ 的一个实特征值，$\boldsymbol{x}\neq\boldsymbol{0}$ 是对应于 λ 的实特征向量，则 $\boldsymbol{Ax}=\lambda\boldsymbol{x}$. 又 $\boldsymbol{A}$ 为正交矩阵，即 $\boldsymbol{A}^{\mathrm{T}}\boldsymbol{A}=\boldsymbol{E}$，由此推出

$$(\boldsymbol{Ax})^{\mathrm{T}}(\boldsymbol{Ax})=\boldsymbol{x}^{\mathrm{T}}\boldsymbol{A}^{\mathrm{T}}\boldsymbol{Ax}=\boldsymbol{x}^{\mathrm{T}}\boldsymbol{Ex}=\boldsymbol{x}^{\mathrm{T}}\boldsymbol{x}.$$

另一方面，有

$$(\boldsymbol{Ax})^{\mathrm{T}}(\boldsymbol{Ax})=(\lambda\boldsymbol{x})^{\mathrm{T}}(\lambda\boldsymbol{x})=\lambda^2\boldsymbol{x}^{\mathrm{T}}\boldsymbol{x}.$$

由以上两式得

$$\lambda^2\boldsymbol{x}^{\mathrm{T}}\boldsymbol{x}=\boldsymbol{x}^{\mathrm{T}}\boldsymbol{x}.$$

由于 $\boldsymbol{x}\neq\boldsymbol{0}$，必有 $\boldsymbol{x}^{\mathrm{T}}\boldsymbol{x}>0$，故

$$\lambda^2=1,\quad 即\quad |\lambda|=1.$$

例 3 设 4 阶方阵 $\boldsymbol{A}$ 与 $\boldsymbol{B}$ 相似，且矩阵 $\boldsymbol{A}$ 的特征值为 $\frac{1}{2},\frac{1}{4},\frac{1}{6},\frac{1}{7}$，求行列式 $|\boldsymbol{B}^{-1}-\boldsymbol{E}|$ 的值.

解　因矩阵 $\boldsymbol{A}$ 与 $\boldsymbol{B}$ 相似，由§5.2中的定理1知，相似的矩阵有相同的特征值，故 $\boldsymbol{B}$ 的特征值为 $\frac{1}{2},\frac{1}{4},\frac{1}{6},\frac{1}{7}$. 由§5.1中的性质2有

$$|\boldsymbol{B}|=\frac{1}{2}\times\frac{1}{4}\times\frac{1}{6}\times\frac{1}{7}\neq 0,$$

从而 $\boldsymbol{B}$ 为可逆矩阵. 而 $\boldsymbol{B}^{-1}$ 的特征值为 $\boldsymbol{B}$ 的特征值的倒数(见习题5.1的第5题)，即 $\boldsymbol{B}^{-1}$ 的特征值为2,4,6,7，进而推出 $\boldsymbol{B}^{-1}-\boldsymbol{E}$ 的特征值为

$$2-1=1,\quad 4-1=3,\quad 6-1=5,\quad 7-1=6.$$

因此

$$|\boldsymbol{B}^{-1}-\boldsymbol{E}|=1\times 3\times 5\times 6=90.$$

例4　设 $\boldsymbol{A}$ 为 n 阶实对称矩阵，且 $\boldsymbol{A}^2=\boldsymbol{E}$，证明：存在 n 阶正交矩阵 $\boldsymbol{Q}$，使得

$$\boldsymbol{Q}^{-1}\boldsymbol{A}\boldsymbol{Q}=\boldsymbol{D}=\mathrm{diag}(1,\cdots,1,-1,\cdots,-1).$$

证明　因为 $\boldsymbol{A}^{\mathrm{T}}=\boldsymbol{A}$，故 $\boldsymbol{A}^{\mathrm{T}}\boldsymbol{A}=\boldsymbol{A}^2=\boldsymbol{E}$，即 $\boldsymbol{A}$ 为 n 阶实对称正交矩阵. 但实对称矩阵的特征值都为实数(见§5.3中的性质1)，由例2知，$\boldsymbol{A}$ 的特征值为实数且绝对值为1. 故 $\boldsymbol{A}$ 的特征值为1和-1. 由§5.3中的定理1知，存在 n 阶正交矩阵 $\boldsymbol{Q}$，使得

$$\boldsymbol{Q}^{-1}\boldsymbol{A}\boldsymbol{Q}=\boldsymbol{D}=\begin{pmatrix}1&&&&&\\&\ddots&&&&\\&&1&&&\\&&&-1&&\\&&&&\ddots&\\&&&&&-1\end{pmatrix}.$$

总习题五

1. 填空题：

(1) 设方阵 $\boldsymbol{A}$ 满足 $\boldsymbol{A}^2=\boldsymbol{O}$，则 $\boldsymbol{A}$ 的特征值只能是________；

(2) 设方阵 $\boldsymbol{B}$ 满足 $\boldsymbol{B}^2=\boldsymbol{B}$，则 $\boldsymbol{B}$ 的特征值只能是________；

(3) 设3阶方阵 $\boldsymbol{A}$ 的特征值为-2，-1，2，则 $\boldsymbol{A}^{\mathrm{T}}$ 的特征值为________，$\boldsymbol{A}^{-1}$ 的特征值为________，$f(\boldsymbol{A})=\boldsymbol{A}^3+\boldsymbol{A}^2-2\boldsymbol{E}$ 的特征值为________，$|f(\boldsymbol{A})|=$________；

(4) 设 $\lambda=2$ 是可逆矩阵 $\boldsymbol{A}$ 的一个特征值，则矩阵 $\left(\frac{1}{3}\boldsymbol{A}^2\right)^{-1}$ 的一个特征值等于________；

(5) 若 $\boldsymbol{A}$ 相似于单位矩阵 $\boldsymbol{E}$，则 $\boldsymbol{A}=$________；

(6) 设矩阵

$$A=\begin{pmatrix}1&0&0\\0&0&1\\0&1&x\end{pmatrix},\quad B=\begin{pmatrix}1&0&0\\0&y&0\\0&0&-1\end{pmatrix},$$

且已知 A 与 B 相似，则 $x=$________，$y=$________；

(7) 设矩阵 $A=\begin{pmatrix}3&1&4\\0&4&4\\0&0&3\end{pmatrix}$，则 A 有________个线性无关的特征向量；

(8) 设 2 阶实对称矩阵 A 的特征值为 1,2，且已知 A 的对应于特征值 1 的特征向量为 $\alpha_1=(1,-1)^T$，则矩阵 $A=$________.

2. 选择题：

(1) 设 A 为 3 阶方阵，它的特征值为 1，−1，2，则下列齐次线性方程组中只有零解的是(　　)；

A. $(A+E)x=0$　　B. $(A+2E)x=0$

C. $(A-E)x=0$　　D. $(A-2E)x=0$

(2) 设矩阵 C 满足 $C^2=E$，则 C 的特征值是(　　)；

A. +1　　B. −1　　C. 0 或 −1　　D. +1 或 −1

(3) 设 A 是 4 阶方阵，且 $R(5E-A)=2$，则 $\lambda=5$ 是 A 的(　　)；

A. 至少二重特征值　　B. 至多二重特征值

C. 一重特征值　　D. 二重特征值

(4) 若矩阵 A 与 B 相似，则下列结论中不正确的是(　　)；

A. $|A|=|B|$　　B. A 与 B 有相同的特征多项式

C. $\mathrm{tr}(A)=\mathrm{tr}(B)$　　D. A 与 B 有相同的特征值和特征向量

(5) 下列 2 阶方阵可对角化的是(　　)；

A. $\begin{pmatrix}1&1\\-4&5\end{pmatrix}$　　B. $\begin{pmatrix}1&1\\0&0\end{pmatrix}$　　C. $\begin{pmatrix}1&-4\\1&5\end{pmatrix}$　　D. $\begin{pmatrix}0&1\\-1&2\end{pmatrix}$

(6) 下列矩阵中，不能与对角矩阵相似的矩阵是(　　).

A. $\begin{pmatrix}1&0&0\\0&1&0\\1&0&3\end{pmatrix}$　　B. $\begin{pmatrix}1&0&0\\0&1&0\\0&3&3\end{pmatrix}$　　C. $\begin{pmatrix}1&1&0\\0&1&1\\0&0&3\end{pmatrix}$　　D. $\begin{pmatrix}1&0&1\\0&1&1\\0&0&3\end{pmatrix}$

3. 设 x 为矩阵 A 的对应于特征值 λ 的特征向量，证明：$P^{-1}x$ 是矩阵 $P^{-1}AP$ 的对应于特征值 λ 的特征向量.

4. 设 A 是 2 阶方阵，并且 $|A|<0$，证明：A 必可与对角矩阵相似.

5. 设矩阵$A=\begin{pmatrix}2&0&0\\0&3&2\\0&a&3\end{pmatrix}$有一个 2 重特征值，求 a 的值，并对 a 的每一个值，讨论矩阵 A 是否可对角化.

6. 设 n 阶方阵 A 可对角化，$f(\lambda)$是矩阵 A 的特征多项式，证明：$f(A)=O$.

7. 证明：如果 A 是实对称矩阵，且 $A^2=O$，则必有 $A=O$.

8. 某试验性生产线每年一月份进行熟练工与非熟练工的人数统计，然后将 1/6 熟练工支援其他生产部门，其缺额由招收新的非熟练工补齐. 新、老非熟练工经过培训及实践至年终考核有 2/5 成为熟练工. 设第 n 年一月份统计的熟练工和非熟练工所占百分比分别为 x_n 和 y_n，记做向量$\begin{pmatrix}x_n\\y_n\end{pmatrix}$.

(1) 求$\begin{pmatrix}x_{n+1}\\y_{n+1}\end{pmatrix}$与$\begin{pmatrix}x_n\\y_n\end{pmatrix}$的关系式，并写成如下矩阵乘积的形式：

$$\begin{pmatrix}x_{n+1}\\y_{n+1}\end{pmatrix}=A\begin{pmatrix}x_n\\y_n\end{pmatrix};$$

(2) 求矩阵 A 的特征值与对应的线性无关的特征向量；

(3) 当$\begin{pmatrix}x_1\\y_1\end{pmatrix}=\begin{pmatrix}1/2\\1/2\end{pmatrix}$时，求$\begin{pmatrix}x_{n+1}\\y_{n+1}\end{pmatrix}$；

(4) 考虑多年以后的变化趋势，求$\lim\limits_{n\to\infty}\begin{pmatrix}x_n\\y_n\end{pmatrix}$.

第六章 二次型

在解析几何中，为了便于研究二次曲线

$$ax^2+2bxy+cy^2=1$$

的几何性质，可以作一个坐标旋转变换

$$\begin{cases}x=x'\cos\theta-y'\sin\theta,\\ y=x'\sin\theta+y'\cos\theta,\end{cases}$$

通过选择旋转角度 θ，将二次曲线方程化为标准方程(只含变量的平方项)

$$a'(x')^2+c'(y')^2=1,$$

从而判断曲线的类型. 在二次曲面的分类研究中也有类似的情况. 许多理论和实际问题常常会遇到这类将二次齐次式(称为二次型)化简或定性的问题.

本章先介绍二次型及其标准形的定义；然后介绍化二次型为标准形与规范形的方法，以及矩阵合同的概念；最后介绍正定二次型的概念及常用的判别方法.

§6.1 二次型及其标准形

定义 1 含有 n 个变量的二次齐次多项式

$$\begin{aligned}f(x_1,x_2,\cdots,x_n)=\ &a_{11}x_1^2+a_{22}x_2^2+\cdots+a_{nn}x_n^2+2a_{12}x_1x_2\\&+2a_{13}x_1x_3+\cdots+2a_{n-1,n}x_{n-1}x_n\end{aligned}\tag{1}$$

称为 n **元二次型**. 当系数 $a_{ij}\ (i,j=1,2,\cdots,n)$ 均为实数时，称其为**实二次型**.

本书仅讨论实二次型.

令 $a_{ji}=a_{ij}$，则 $2a_{ij}x_ix_j=a_{ij}x_ix_j+a_{ji}x_jx_i$，从而可以把(1)式改写成

$$\begin{aligned}f=\ &a_{11}x_1^2+a_{12}x_1x_2+\cdots+a_{1n}x_1x_n+a_{21}x_2x_1+a_{22}x_2^2+\cdots+a_{2n}x_2x_n\\&+\cdots+a_{n1}x_nx_1+a_{n2}x_nx_2+\cdots+a_{nn}x_n^2\end{aligned}$$

$$= \sum_{i=1}^{n}\sum_{j=1}^{n} a_{ij}x_i x_j.$$

利用矩阵乘法,可以将此二次型表示为矩阵乘积的形式,即有

$$f = x_1\sum_{j=1}^{n} a_{1j}x_j + x_2\sum_{j=1}^{n} a_{2j}x_j + \cdots + x_n\sum_{j=1}^{n} a_{nj}x_j$$

$$= (x_1, x_2, \cdots, x_n)\begin{pmatrix} a_{11}x_1 + a_{12}x_2 + \cdots + a_{1n}x_n \\ a_{21}x_1 + a_{22}x_2 + \cdots + a_{2n}x_n \\ \vdots \\ a_{n1}x_1 + a_{n2}x_2 + \cdots + a_{nn}x_n \end{pmatrix}$$

$$= (x_1, x_2, \cdots, x_n)\begin{pmatrix} a_{11} & a_{12} & \cdots & a_{1n} \\ a_{21} & a_{22} & \cdots & a_{2n} \\ \vdots & \vdots & & \vdots \\ a_{n1} & a_{n2} & \cdots & a_{nn} \end{pmatrix}\begin{pmatrix} x_1 \\ x_2 \\ \vdots \\ x_n \end{pmatrix}.$$

记

$$\boldsymbol{A} = \begin{pmatrix} a_{11} & a_{12} & \cdots & a_{1n} \\ a_{21} & a_{22} & \cdots & a_{2n} \\ \vdots & \vdots & & \vdots \\ a_{n1} & a_{n2} & \cdots & a_{nn} \end{pmatrix}, \quad \boldsymbol{x} = \begin{pmatrix} x_1 \\ x_2 \\ \vdots \\ x_n \end{pmatrix},$$

则二次型可以记做

$$f = \boldsymbol{x}^{\mathrm{T}}\boldsymbol{A}\boldsymbol{x} \quad (\boldsymbol{A}^{\mathrm{T}} = \boldsymbol{A}). \tag{2}$$

称 n 阶对称矩阵 $\boldsymbol{A}$ 为二次型 f 的矩阵,并称 $\boldsymbol{A}$ 的秩 $\mathrm{R}(\boldsymbol{A})$为二次型 f 的秩.

由上可知,n 元二次型(2)的矩阵 $\boldsymbol{A}$ 是一个 n 阶对称矩阵,其主对角线上的元素就是平方项的系数,非主对角线上的元素就是交叉乘积项的系数的一半.由此,一个二次型与它的矩阵有一一对应的关系.

例 1 写出下列二次型的矩阵,并求出二次型的秩:

(1) $f(x_1, x_2, x_3) = 3x_1^2 + 2x_2^2 + 4x_3^2 - 2x_1x_3 + 2x_2x_3$;

(2) $f(x_1, x_2, x_3) = 2x_1^2 - 3x_2^2 + 5x_3^2$.

解 (1) 二次型 f 的矩阵为

$$\boldsymbol{A} = \begin{pmatrix} 3 & 0 & -1 \\ 0 & 2 & 1 \\ -1 & 1 & 4 \end{pmatrix}.$$

又二次型 f 的秩就是 $\mathrm{R}(\boldsymbol{A})$,而

$$A=\begin{pmatrix}3&0&-1\\0&2&1\\-1&1&4\end{pmatrix}\xrightarrow{r_1\leftrightarrow r_3}\begin{pmatrix}-1&1&4\\0&2&1\\3&0&-1\end{pmatrix}\xrightarrow{r_3+3r_1}\begin{pmatrix}-1&1&4\\0&2&1\\0&3&11\end{pmatrix}$$

$$\xrightarrow{r_3+r_2\times\left(-\frac{3}{2}\right)}\begin{pmatrix}-1&1&4\\0&2&1\\0&0&19/2\end{pmatrix},$$

因此 $R(\boldsymbol{A})=3$,即二次型 f 的秩为 3.

(2) 二次型 f 的矩阵为

$$\boldsymbol{A}=\begin{pmatrix}2&0&0\\0&-3&0\\0&0&5\end{pmatrix}.$$

显然 $R(\boldsymbol{A})=3$,即二次型 f 的秩为 3.

例 2 写出下列对称矩阵所对应的二次型:

(1) $\boldsymbol{A}=\begin{pmatrix}1&1&1\\1&1&1\\1&1&1\end{pmatrix}$; (2) $\boldsymbol{A}=\begin{pmatrix}1&0&0&0\\0&1&0&0\\0&0&-1&0\\0&0&0&0\end{pmatrix}$.

解 (1) 此处 $a_{ij}=1(i,j=1,2,3)$,故矩阵 $\boldsymbol{A}$ 对应的二次型为

$$f(x_1,x_2,x_3)=x_1^2+x_2^2+x_3^2+2x_1x_2+2x_1x_3+2x_2x_3.$$

(2) $f(x_1,x_2,x_3,x_4)=x_1^2+x_2^2-x_3^2$(注意 $n=4$,有 4 个变量).

定义 2 只含有变量的平方项的二次型

$$f=d_1y_1^2+d_2y_2^2+\cdots+d_ny_n^2 \tag{3}$$

称为二次型的**标准形**.特别地,如果标准形具有如下形式:

$$f=y_1^2+\cdots+y_p^2-y_{p+1}^2-\cdots-y_r^2\quad(0\leqslant p\leqslant r\leqslant n), \tag{4}$$

也就是,如果(3)式中有

$$d_1=\cdots=d_p=1,\quad d_{p+1}=\cdots=d_r=-1,\quad d_{r+1}=\cdots=d_n=0,$$

则称二次型 f 为二次型的**规范形**.

显然,标准形(3)的矩阵是对角矩阵

$$\boldsymbol{D}=\mathrm{diag}(d_1,d_2,\cdots,d_n),$$

而规范形(4)的矩阵是

$$\begin{pmatrix}\boldsymbol{E}_p&&\\&-\boldsymbol{E}_{r-p}&\\&&\boldsymbol{O}\end{pmatrix},$$

称为**合同规范形矩阵**(见 §6.3).

习 题 6.1

1. 写出下列二次型的矩阵：

(1) $f(x_1,x_2,x_3)=x_1^2-3x_2^2+6x_3^2+2x_1x_2-4x_1x_3+6x_2x_3$；

(2) $f(x_1,x_2,x_3)=x_1^2+7x_2^2$；

(3) $f(x_1,x_2,x_3)=x_1^2+x_2^2+5x_3^2+2tx_1x_2-2x_1x_3+4x_2x_3$.

2. 写出下列对称矩阵所对应的二次型：

(1) $A=\begin{pmatrix} 2 & -3 & 1 \\ -3 & 1 & 6 \\ 1 & 6 & 8 \end{pmatrix}$； (2) $A=\begin{pmatrix} 3 & a & 5 \\ a & 2 & 0 \\ 5 & 0 & 9 \end{pmatrix}$； (3) $A=\begin{pmatrix} 3 & 2 & 0 \\ 2 & -4 & 0 \\ 0 & 0 & 0 \end{pmatrix}$.

3. 已知二次型 $f(x_1,x_2,x_3)=3x_1^2+2x_2^2+9x_3^2+2ax_1x_2+10x_1x_3$ 的秩为 2，求 a 的值.

§6.2 化二次型为标准形

定义 1 设 $x_1,x_2,\cdots,x_n$ 和 $y_1,y_2,\cdots,y_n$ 是两组变量，称变换

$$\begin{cases} x_1=c_{11}y_1+c_{12}y_2+\cdots+c_{1n}y_n, \\ x_2=c_{21}y_1+c_{22}y_2+\cdots+c_{2n}y_n, \\ \cdots\cdots\cdots\cdots\cdots\cdots \\ x_n=c_{n1}y_1+c_{n2}y_2+\cdots+c_{nn}y_n \end{cases} \tag{1}$$

为从变量 $x_1,x_2,\cdots,x_n$ 到变量 $y_1,y_2,\cdots,y_n$ 的**线性变换**，其中 $c_{ij}\,(i,j=1,2,\cdots,n)$ 是已知实数. 若令

$$\boldsymbol{x}=(x_1,x_2,\cdots,x_n)^{\mathrm{T}}, \quad \boldsymbol{y}=(y_1,y_2,\cdots,y_n)^{\mathrm{T}}, \quad \boldsymbol{C}=(c_{ij})_{n\times n},$$

则可把变换(1)写成如下矩阵形式：

$$\boldsymbol{x}=\boldsymbol{C}\boldsymbol{y}. \tag{2}$$

当矩阵 $\boldsymbol{C}$ 是可逆矩阵时，称变换(1)为**可逆线性变换**.

对二次型，我们讨论的主要问题之一是，寻找一个变量的可逆线性变换，使得二次型只含变量的平方项，也就是将变换(1)代入 §6.1 中的二次型(1)，能得到

$$f=d_1y_1^2+d_2y_2^2+\cdots+d_ny_n^2=\boldsymbol{y}^{\mathrm{T}}\boldsymbol{D}\boldsymbol{y}. \tag{3}$$

用矩阵的形式写出来，也就是将(2)式代入 §6.1 中的(2)式得到

$$f=\boldsymbol{x}^{\mathrm{T}}\boldsymbol{A}\boldsymbol{x}\xlongequal{\boldsymbol{x}=\boldsymbol{C}\boldsymbol{y}}(\boldsymbol{C}\boldsymbol{y})^{\mathrm{T}}\boldsymbol{A}(\boldsymbol{C}\boldsymbol{y})=\boldsymbol{y}^{\mathrm{T}}(\boldsymbol{C}^{\mathrm{T}}\boldsymbol{A}\boldsymbol{C})\boldsymbol{y}=\boldsymbol{y}^{\mathrm{T}}\boldsymbol{D}\boldsymbol{y}.$$

这样就有

$$\boldsymbol{C}^{\mathrm{T}}\boldsymbol{A}\boldsymbol{C}=\boldsymbol{D}. \tag{4}$$

定义 2 设 $\boldsymbol{A}$ 和 $\boldsymbol{B}$ 是 n 阶方阵. 若有 n 阶可逆矩阵 $\boldsymbol{C}$，使得

$$C^{T}AC = B,$$

则称 A 与 B **合同**，其中可逆矩阵 C 称为**合同变换矩阵**.

要使二次型 f 经可逆线性变换 $x=Cy$ 变成标准形 $f=y^{T}Dy$，就是要使 $C^{T}AC=D$，即矩阵 A 与对角矩阵 D 合同. 给定一个对称矩阵 A，寻找可逆矩阵 C，使得 $C^{T}AC$ 为对角阵，这称为把对称矩阵 A 合同对角化.

化二次型 $f=x^{T}Ax$ 为标准形有两种常用的方法：

第一种方法是**正交变换法**，即利用 § 5.3 中的定理，求出正交矩阵 Q，使得

$$Q^{-1}AQ = Q^{T}AQ = D,$$

其中 $D=\mathrm{diag}(\lambda_1,\lambda_2,\cdots,\lambda_n)$，这里 $\lambda_1,\lambda_2,\cdots,\lambda_n$ 是对称矩阵 A 的特征值. 作变换 $x=Qy$，便可将二次型化为

$$f = y^{T}Dy = \lambda_1 y_1^2 + \lambda_2 y_2^2 + \cdots + \lambda_n y_n^2.$$

第二种方法是**配方法**，即中学代数中所讲的把二次齐次多项式配成完全平方和的方法.

例 1 将二次型 $f=x_1^2-2x_2^2+x_3^2-4x_1x_2-8x_1x_3+4x_2x_3$ 化为标准形，并求出所作的可逆线性变换.

解 *方法 1* 正交变换法：二次型 f 的矩阵为

$$A = \begin{pmatrix} 1 & -2 & -4 \\ -2 & -2 & 2 \\ -4 & 2 & 1 \end{pmatrix}.$$

由 § 5.3 中的例知，有正交矩阵

$$Q = (\eta_1, \eta_2, \eta_3) = \begin{pmatrix} 1/\sqrt{2} & 1/3\sqrt{2} & 2/3 \\ 0 & 4/3\sqrt{2} & -1/3 \\ 1/\sqrt{2} & -1/3\sqrt{2} & -2/3 \end{pmatrix},$$

使得

$$Q^{-1}AQ = Q^{T}AQ = D = \begin{pmatrix} \lambda_1 & 0 & 0 \\ 0 & \lambda_1 & 0 \\ 0 & 0 & \lambda_2 \end{pmatrix} = \begin{pmatrix} -3 & 0 & 0 \\ 0 & -3 & 0 \\ 0 & 0 & 6 \end{pmatrix}.$$

作可逆线性变换 $x=Qy$，即

$$\begin{cases} x_1 = \dfrac{1}{\sqrt{2}}y_1 + \dfrac{1}{3\sqrt{2}}y_2 + \dfrac{2}{3}y_3, \\ x_2 = \dfrac{4}{3\sqrt{2}}y_2 - \dfrac{1}{3}y_3, \\ x_3 = \dfrac{1}{\sqrt{2}}y_1 - \dfrac{1}{3\sqrt{2}}y_2 - \dfrac{2}{3}y_3, \end{cases}$$

便将二次型 f 化为标准形

$$f=\boldsymbol{y}^{\mathrm{T}}\boldsymbol{D}\boldsymbol{y}=-3y_1^2-3y_2^2+6y_3^2.$$

方法 2 配方法：由于 f 含有变量 x_1 的平方项和交叉乘积项，故把含 x_1 的项归并起来，并对 x_1 配方，可得

$$\begin{aligned}f&=x_1^2-2x_2^2+x_3^2-4x_1x_2-8x_1x_3+4x_2x_3=x_1^2-4x_1x_2-8x_1x_3-2x_2^2+x_3^2+4x_2x_3\\&=x_1^2-2x_1(2x_2+4x_3)+(2x_2+4x_3)^2-(2x_2+4x_3)^2-2x_2^2+x_3^2+4x_2x_3\\&=(x_1-2x_2-4x_3)^2-6x_2^2-12x_2x_3-15x_3^2.\end{aligned}$$

上式右端除第 1 项外都不含 x_1. 继续对 x_2 配平方，可得

$$\begin{aligned}f&=(x_1-2x_2-4x_3)^2-6(x_2^2+2x_2x_3)-15x_3^2\\&=(x_1-2x_2-4x_3)^2-6(x_2+x_3)^2-9x_3^2.\end{aligned}$$

作可逆线性变换

$$\begin{cases}y_1=x_1-2x_2-4x_3,\\y_2=\qquad\ \ x_2+\ x_3,\\y_3=\qquad\qquad\ \ x_3,\end{cases}\quad 即\quad \begin{cases}x_1=y_1+2y_2+2y_3,\\x_2=\qquad\ \ y_2-\ y_3,\\x_3=\qquad\qquad\ \ y_3,\end{cases}$$

便将二次型 f 化为标准形

$$f=y_1^2-6y_2^2-9y_3^2.$$

下面介绍怎样把二次型的标准形化为规范形. 不妨设标准形为

$$f=d_1y_1^2+\cdots+d_py_p^2-d_{p+1}y_{p+1}^2-\cdots-d_ry_r^2+0y_{r+1}^2+\cdots+0y_n^2,$$

这里 $d_1,\cdots,d_p,d_{p+1},\cdots,d_r>0$. 作可逆线性变换

$$y_1=\frac{z_1}{\sqrt{d_1}},\quad y_2=\frac{z_2}{\sqrt{d_2}},\quad \cdots,\quad y_r=\frac{z_r}{\sqrt{d_r}},\quad y_{r+1}=z_{r+1},\quad \cdots,\quad y_n=z_n,$$

就可把二次型化为规范形

$$f=z_1^2+\cdots+z_p^2-z_{p+1}^2-\cdots-z_r^2\quad(0\leqslant p\leqslant r\leqslant n).\tag{5}$$

例 2 作可逆线性变换将例 1 中二次型 f 的标准形化为规范形.

解 对于用正交变换法得到的标准形 $f=-3y_1^2-3y_2^2+6y_3^2$，作可逆线性变换

$$y_1=\frac{z_2}{\sqrt{3}},\quad y_2=\frac{z_3}{\sqrt{3}},\quad y_3=\frac{z_1}{\sqrt{6}},$$

即可化为规范形

$$f=z_1^2-z_2^2-z_3^2.\tag{6}$$

而对于用配方法得到的标准形 $f=y_1^2-6y_2^2-9y_3^2$，作变量的可逆线性变换

$$y_1=z_1,\quad y_2=\frac{z_2}{\sqrt{6}},\quad y_3=\frac{z_3}{3},$$

即可化为规范形(6).

把以上变换与例 1 中得到的线性变换复合，就能得到从变量 $x_1,x_2,\cdots,x_n$ 到变量 $z_1,z_2,\cdots,z_n$ 的可逆线性变换(作为练习留给读者完成).

可见，一个二次型可以有多个标准形，但规范形是唯一的.

习　题　6.2

1. 利用习题 5.3 第 1 题的结果，用正交变换法将下列二次型化为标准形：

(1) $f(x_1,x_2,x_3)=3x_1^2+4x_2^2+5x_3^2+4x_1x_2-4x_2x_3$；

(2) $f(x_1,x_2,x_3)=-x_2^2+2x_1x_3$；

(3) $f(x_1,x_2,x_3)=x_1^2+4x_2^2+4x_3^2-4x_1x_2+4x_1x_3-8x_2x_3$；

(4) $f(x_1,x_2,x_3)=-x_1^2-x_2^2-x_3^2+4x_1x_2+4x_1x_3-4x_2x_3$.

2. 用配方法将下列二次型化为标准形，并求出所作的可逆线性变换：

(1) $f(x_1,x_2,x_3)=3x_1^2+4x_2^2+5x_3^2+4x_1x_2-4x_2x_3$；

(2) $f(x_1,x_2,x_3)=-x_2^2+2x_1x_3$；

(3) $f(x_1,x_2,x_3)=2x_1^2+x_2^2-4x_3^2-4x_1x_2-2x_2x_3$；

(4) $f(x_1,x_2,x_3)=2x_1x_2-2x_2x_3$.

3. 作可逆线性变换将下列二次型化为规范形：

(1) $f(x_1,x_2,x_3)=3x_1^2+4x_2^2+5x_3^2+4x_1x_2-4x_2x_3$；

(2) $f(x_1,x_2,x_3)=-x_2^2+2x_1x_3$.

4. 证明：设 $\boldsymbol{A},\boldsymbol{B}$ 都是 n 阶对称矩阵，且 $\boldsymbol{A}$ 与 $\boldsymbol{B}$ 合同，则 $\mathrm{R}(\boldsymbol{A})=\mathrm{R}(\boldsymbol{B})$.

§6.3　正定二次型

我们知道，二次型的标准形不是唯一的. 然而，标准形中系数不为零的平方项的个数 r 是唯一的，它就是二次型的秩；系数为正的平方项的个数 p 是唯一的，称为二次型的**正惯性指数**，从而系数为负的平方项的个数 $r-p$ 也是唯一的，称为二次型的**负惯性指数**. 对上一节的例 1 来说，$r=3$，$p=1$，$r-p=2$.

一般地，对二次型有如下的惯性定理：

定理 1(惯性定理)　任意一个二次型均可以用可逆线性变换化为标准形或规范形，其中规范形的正惯性指数与负惯性指数都是唯一的，与所用的可逆线性变换无关. (证明略)

用矩阵的语言，上述结论又可叙述为：任一实对称矩阵 $\boldsymbol{A}$ 都可以合同于对角矩阵，进一步还可以合同于形如

$$\begin{pmatrix} \boldsymbol{E}_p & & \\ & -\boldsymbol{E}_{r-p} & \\ & & \boldsymbol{O} \end{pmatrix}$$

的矩阵,它就是规范形的矩阵,是由 $\boldsymbol{A}$ 唯一确定的,称为 $\boldsymbol{A}$ 的**合同规范形矩阵**.

在实际问题中,常常遇到正惯性指数等于 n 的 n 元二次型.我们有如下定义:

定义 1 设 n 元二次型

$$f(x_1,x_2,\cdots,x_n)=\boldsymbol{x}^{\mathrm{T}}\boldsymbol{A}\boldsymbol{x}.$$

若对任意 n 维向量 $\boldsymbol{x}\neq\boldsymbol{0}$,都有

$$f=\boldsymbol{x}^{\mathrm{T}}\boldsymbol{A}\boldsymbol{x}>0,$$

则称该二次型为**正定二次型**,并称矩阵 $\boldsymbol{A}$ 为**正定矩阵**;若存在 $\boldsymbol{x}_1\neq\boldsymbol{0}$,使得

$$\boldsymbol{x}_1^{\mathrm{T}}\boldsymbol{A}\boldsymbol{x}_1\leqslant 0,$$

则称该二次型为**非正定二次型**,并称矩阵 $\boldsymbol{A}$ 为**非正定矩阵**.

由定义可知,正定矩阵必是对称矩阵.怎样判定一个矩阵是不是正定的呢?

首先,我们指出,变量的可逆线性变换不改变二次型的正定性.也就是说,设二次型 $f=\boldsymbol{x}^{\mathrm{T}}\boldsymbol{A}\boldsymbol{x}$ 正定,即对于任意的 $\boldsymbol{x}\neq\boldsymbol{0}$ 都有 $\boldsymbol{x}^{\mathrm{T}}\boldsymbol{A}\boldsymbol{x}>0$.作变量的可逆线性变换 $\boldsymbol{x}=\boldsymbol{C}\boldsymbol{y}$,那么对于任意的 $\boldsymbol{y}\neq\boldsymbol{0}$,因为矩阵 $\boldsymbol{C}$ 可逆,必有 $\boldsymbol{C}\boldsymbol{y}\neq\boldsymbol{0}$(否则齐次线性方程组 $\boldsymbol{C}\boldsymbol{y}=\boldsymbol{0}$ 有非零解,这与克拉默法则矛盾),这时二次型

$$f=\boldsymbol{y}^{\mathrm{T}}(\boldsymbol{C}^{\mathrm{T}}\boldsymbol{A}\boldsymbol{C})\boldsymbol{y}=(\boldsymbol{C}\boldsymbol{y})^{\mathrm{T}}\boldsymbol{A}(\boldsymbol{C}\boldsymbol{y})>0,$$

即新的二次型是正定的.反之亦然.

这个结论用矩阵的语言可叙述为:若 $\boldsymbol{A}$ 为正定矩阵,$\boldsymbol{C}$ 为可逆矩阵,则 $\boldsymbol{C}^{\mathrm{T}}\boldsymbol{A}\boldsymbol{C}$ 也是正定矩阵;反之亦然.

其次,根据前面的讨论我们已经知道,一个 n 元二次型 $f=\boldsymbol{x}^{\mathrm{T}}\boldsymbol{A}\boldsymbol{x}$ 可通过可逆线性变换 $\boldsymbol{x}=\boldsymbol{C}\boldsymbol{y}$ 化成标准形

$$f=\boldsymbol{y}^{\mathrm{T}}(\boldsymbol{C}^{\mathrm{T}}\boldsymbol{A}\boldsymbol{C})\boldsymbol{y}=d_1y_1^2+d_2y_2^2+\cdots+d_ny_n^2.$$

所以二次型正定当且仅当它的标准形正定.而标准形正定,显然当且仅当其平方项的系数全大于零.于是有如下结论:

定理 2 n 元二次型 $f=\boldsymbol{x}^{\mathrm{T}}\boldsymbol{A}\boldsymbol{x}$ 为正定的充分必要条件是它的标准形中平方项的系数全大于零,即它的正惯性指数等于 n.

设 n 阶实对称矩阵 $\boldsymbol{A}$ 的 n 个特征值为 $\lambda_1,\lambda_2,\cdots,\lambda_n$,那么由 §5.3 中的定理知,可作正交变换 $\boldsymbol{x}=\boldsymbol{Q}\boldsymbol{y}$,将二次型化为

$$f=\lambda_1y_1^2+\lambda_2y_2^2+\cdots+\lambda_ny_n^2.$$

于是由定理 2 又有下面的结论:

推论 对称矩阵 $\boldsymbol{A}$ 是正定的充分必要条件是它的特征值全大于零.

定义 2 设 n 阶方阵 $\boldsymbol{A}=(a_{ij})$.令 Δ_k 是 $\boldsymbol{A}$ 的左上角的 k 阶子式,即

$$\Delta_1 = a_{11}, \quad \Delta_2 = \begin{vmatrix} a_{11} & a_{12} \\ a_{21} & a_{22} \end{vmatrix}, \quad \cdots, \quad \Delta_n = \begin{vmatrix} a_{11} & a_{12} & \cdots & a_{1n} \\ a_{21} & a_{22} & \cdots & a_{2n} \\ \vdots & \vdots & & \vdots \\ a_{n1} & a_{n2} & \cdots & a_{nn} \end{vmatrix},$$

称这 n 个行列式为 $\mathbf{A}$ 的**顺序主子式**.

定理 3 n 阶对称矩阵 $\mathbf{A}$ 为正定的充分必要条件是它的 n 个顺序主子式都大于零，即

$$\Delta_k > 0 \quad (k = 1,2,\cdots,n).$$

定理 3 的证明从略.

例 1 判定二次型

$$f(x_1,x_2,x_3) = 3x_1^2 + 2x_2^2 + 4x_3^2 - 2x_1x_3 + 2x_2x_3$$

是否为正定二次型.

解 二次型 f 的矩阵为

$$\mathbf{A} = \begin{pmatrix} 3 & 0 & -1 \\ 0 & 2 & 1 \\ -1 & 1 & 4 \end{pmatrix},$$

其顺序主子式为

$$\Delta_1 = 3 > 0, \quad \Delta_2 = \begin{vmatrix} 3 & 0 \\ 0 & 2 \end{vmatrix} = 6 > 0, \quad \Delta_3 = |\mathbf{A}| = \begin{vmatrix} 3 & 0 & -1 \\ 0 & 2 & 1 \\ -1 & 1 & 4 \end{vmatrix} = 19 > 0,$$

故二次型 f 是正定二次型.

定义 3 n 元二次型 $f=\boldsymbol{x}^{\mathrm{T}}\mathbf{A}\boldsymbol{x}$ 可分类如下：如果对任意的 $\boldsymbol{x}\neq\mathbf{0}$，都有

(1) $f=\boldsymbol{x}^{\mathrm{T}}\mathbf{A}\boldsymbol{x}>0$，则称 f 是**正定的**，也称矩阵 $\mathbf{A}$ 是**正定的**；

(2) $f=\boldsymbol{x}^{\mathrm{T}}\mathbf{A}\boldsymbol{x}<0$，则称 f 是**负定的**，也称矩阵 $\mathbf{A}$ 是**负定的**；

(3) $f=\boldsymbol{x}^{\mathrm{T}}\mathbf{A}\boldsymbol{x}\geqslant 0$，则称 f 是**半正定的**，也称矩阵 $\mathbf{A}$ 是**半正定的**；

(4) $f=\boldsymbol{x}^{\mathrm{T}}\mathbf{A}\boldsymbol{x}\leqslant 0$，则称 f 是**半负定的**，也称矩阵 $\mathbf{A}$ 是**半负定的**；

(5) 除以上情况的其他情况称 f 是**不定的**，也称矩阵 $\mathbf{A}$ 是**不定的**.

例 2 在微积分中，设二元函数 $f(x,y)$ 在一点 $P_0(x_0,y_0)$ 的邻域内具有一阶和二阶的连续偏导数，则它在点 $P_0(x_0,y_0)$ 取得极值的必要条件是

$$f_x(x_0,y_0) = 0, \quad f_y(x_0,y_0) = 0.$$

记

$$\boldsymbol{H}(P_0) = \begin{pmatrix} f_{xx}(x_0,y_0) & f_{xy}(x_0,y_0) \\ f_{yx}(x_0,y_0) & f_{yy}(x_0,y_0) \end{pmatrix},$$

称 $\boldsymbol{H}(P_0)$ 为函数 $f(x,y)$ 在点 P_0 处的 **Hessian 矩阵**，则可以证明：

(1) 当 $\boldsymbol{H}(P_0)$ 为正定矩阵时，$f(x_0,y_0)$ 为 $f(x,y)$ 的极小值；

(2) 当 $\boldsymbol{H}(P_0)$ 为负定矩阵时，$f(x_0,y_0)$ 为 $f(x,y)$ 的极大值；

(3) 当 $\boldsymbol{H}(P_0)$ 为不定矩阵时，$f(x_0,y_0)$ 不是 $f(x,y)$ 的极值.

以上二元函数取得极值的必要条件和充分条件可以推广到一般的 n 元函数.

习 题 6.3

1. 判定下列二次型是否为正定二次型：

(1) $f(x_1,x_2,x_3)=x_1^2-3x_2^2+6x_3^2+2x_1x_2-4x_1x_3+6x_2x_3$；

(2) $f(x_1,x_2,x_3)=x_1^2+x_2^2+x_3^2+x_1x_2+x_1x_3+x_2x_3$；

(3) $f(x_1,x_2,x_3)=x_1^2+7x_2^2$；

(4) $f(x_1,x_2,x_3)=x_1^2+3x_2^2+9x_3^2-2x_1x_2+4x_1x_3$.

2. 当 t 取何值时，$f(x_1,x_2,x_3)=x_1^2+x_2^2+5x_3^2+2tx_1x_2-2x_1x_3+4x_2x_3$ 是正定二次型？

3. 证明：

(1) 如果 $\boldsymbol{A},\boldsymbol{B}$ 是同阶正定矩阵，则 $\boldsymbol{A}+\boldsymbol{B}$ 也是正定矩阵；

(2) 如果 $\boldsymbol{A}$ 为正定矩阵，则 $\boldsymbol{A}^{-1}$ 也是正定矩阵.

4. 证明：n 阶方阵 $\boldsymbol{A}$ 正定的充分必要条件是存在可逆矩阵 $\boldsymbol{C}$，使得 $\boldsymbol{A}=\boldsymbol{C}^{\mathrm{T}}\boldsymbol{C}$.

§6.4 综合例题

例 1 已知二次型

$$f(x,y,z)=5x^2-2xy+6xz+5y^2-6yz+cz^2$$

的秩为 2，求参数 c，并指出 $f(x,y,z)=1$ 表示哪一种二次曲面？

解 该二次型的矩阵为

$$\boldsymbol{A}=\begin{pmatrix}5&-1&3\\-1&5&-3\\3&-3&c\end{pmatrix}.$$

由已知得 $\mathrm{R}(\boldsymbol{A})=2$，所以

$$|\boldsymbol{A}|=\begin{vmatrix}5&-1&3\\-1&5&-3\\3&-3&c\end{vmatrix}=\begin{vmatrix}5&-1&3\\24&0&12\\-12&0&c-9\end{vmatrix}=\begin{vmatrix}24&12\\-12&c-9\end{vmatrix}=12(2c-6)=0.$$

故 $c=3$.

解特征方程

$$|\lambda\boldsymbol{E}-\boldsymbol{A}|=\begin{vmatrix}\lambda-5 & 1 & -3\\ 1 & \lambda-5 & 3\\ -3 & 3 & \lambda-3\end{vmatrix}=\begin{vmatrix}\lambda-5 & 1 & -3\\ \lambda-4 & \lambda-4 & 0\\ -3 & 3 & \lambda-3\end{vmatrix}=\lambda(\lambda-4)(\lambda-9)=0,$$

得 $\boldsymbol{A}$ 的特征值为 9,4,0,因此必存在正交变换

$$\begin{pmatrix}x\\ y\\ z\end{pmatrix}=\boldsymbol{Q}\begin{pmatrix}u\\ v\\ w\end{pmatrix},$$

将二次型化为标准形

$$f=9u^2+4v^2.$$

故 $f(x,y,z)=1$ 即为 $9u^2+4v^2=1$,表示椭圆柱面.

例 2 设二次型

$$f(x_1,x_2,x_3)=x_1^2+x_2^2+x_3^2-2x_1x_2-2x_1x_3+2ax_2x_3$$

可通过正交变换 $\boldsymbol{x}=\boldsymbol{Q}\boldsymbol{y}$ 化为标准形

$$f=2y_1^2+by_2^2+2y_3^2.$$

(1) 求常数 a, b 以及 f 的正、负惯性指数;

(2) 证明: 函数 f 在约束条件 $\boldsymbol{x}^{\mathrm{T}}\boldsymbol{x}=3$ 下的值不超过 6.

解 (1) 二次型及其对应的标准形的矩阵分别为

$$\boldsymbol{A}=\begin{pmatrix}1 & -1 & -1\\ -1 & 1 & a\\ -1 & a & 1\end{pmatrix},\quad \boldsymbol{B}=\begin{pmatrix}2 & 0 & 0\\ 0 & b & 0\\ 0 & 0 & 2\end{pmatrix}.$$

因为

$$\boldsymbol{Q}^{-1}\boldsymbol{A}\boldsymbol{Q}=\boldsymbol{Q}^{\mathrm{T}}\boldsymbol{A}\boldsymbol{Q}=\boldsymbol{B},$$

所以 $\boldsymbol{A}$ 与 $\boldsymbol{B}$ 相似. 故 $\boldsymbol{A},\boldsymbol{B}$ 有相同的特征值,从而有相同的迹:

$$\mathrm{tr}(\boldsymbol{A})=\mathrm{tr}(\boldsymbol{B}),$$

即 $3=4+b$,亦即 $b=-1$. 因此,f 的正惯性指数为 2,负惯性指数为 1.

设 $\boldsymbol{A}$ 的特征值为 $\lambda_1,\lambda_2,\lambda_3$,则

$$|\boldsymbol{A}|=\lambda_1\lambda_2\lambda_3.$$

又由 $\boldsymbol{A},\boldsymbol{B}$ 有相同的特征值知

$$\lambda_1\lambda_2\lambda_3=2\times(-1)\times 2=-4,$$

而经计算得 $|\boldsymbol{A}|=-(a-1)^2$,于是有

$$a^2-2a-3=0,\quad 即\quad a=-1,3.$$

经验证当 $a=3$ 时 $\boldsymbol{A}$ 与 $\boldsymbol{B}$ 的特征值不相同,故舍去 $a=3$,即有 $a=-1$.

(2) 若 $\boldsymbol{x}^{\mathrm{T}}\boldsymbol{x}=3$,因为 $\boldsymbol{Q}$ 是正交矩阵,有

$$(\boldsymbol{Q}\boldsymbol{y})^{\mathrm{T}}(\boldsymbol{Q}\boldsymbol{y}) = \boldsymbol{y}^{\mathrm{T}}\boldsymbol{Q}^{\mathrm{T}}\boldsymbol{Q}\boldsymbol{y} = \boldsymbol{y}^{\mathrm{T}}\boldsymbol{y} = 3,$$

即正交变换保持长度不变,从而

$$f = 2y_1^2 - y_2^2 + 2y_3^2 \leqslant 2(y_1^2 + y_2^2 + y_3^2) = 2\boldsymbol{y}^{\mathrm{T}}\boldsymbol{y} = 6.$$

例 3 设 $\boldsymbol{A}$, $\boldsymbol{A}-\boldsymbol{E}$ 均为 n 阶正定矩阵,证明:$\boldsymbol{A}$ 可逆,且 $\boldsymbol{E}-\boldsymbol{A}^{-1}$ 为正定矩阵.

证明 首先,由§6.3中的定理2的推论知,$\boldsymbol{A}$ 的特征值 $\lambda_1,\lambda_2,\cdots,\lambda_n$ 都大于零,因此

$$|\boldsymbol{A}| = \lambda_1\lambda_2\cdots\lambda_n > 0,$$

从而 $\boldsymbol{A}$ 是可逆的.其次,容易验证 $\boldsymbol{E}-\boldsymbol{A}^{-1}$ 为对称矩阵:

$$(\boldsymbol{E}-\boldsymbol{A}^{-1})^{\mathrm{T}} = \boldsymbol{E}-(\boldsymbol{A}^{\mathrm{T}})^{-1} = \boldsymbol{E}-\boldsymbol{A}^{-1}.$$

最后,设 λ 为 $\boldsymbol{A}$ 的特征值.则 $\lambda-1$ 为 $\boldsymbol{A}-\boldsymbol{E}$ 的特征值.由 $\boldsymbol{A}-\boldsymbol{E}$ 正定知 $\lambda-1>0$,即 $\lambda>1$,从而 $\boldsymbol{A}^{-1}$ 的特征值 $\dfrac{1}{\lambda}<1$,$\boldsymbol{E}-\boldsymbol{A}^{-1}$ 的特征值 $1-\dfrac{1}{\lambda}>0$.因此 $\boldsymbol{E}-\boldsymbol{A}^{-1}$ 的全部特征值

$$1-\frac{1}{\lambda_1},\quad 1-\frac{1}{\lambda_2},\quad \cdots,\quad 1-\frac{1}{\lambda_n}$$

均为正数(见§5.1中的性质4),故 $\boldsymbol{E}-\boldsymbol{A}^{-1}$ 为正定矩阵.

总习题六

1. 填空题:

(1) 二次型 $f(x_1,x_2,x_3)=\sum\limits_{1\leqslant i<j\leqslant 3} x_i x_j$ 的矩阵为________;

(2) 二次型 $f(x_1,x_2,x_3)=3x_1^2+3x_2^2+9x_3^2+10x_1x_2+12x_1x_3+12x_2x_3$ 的秩为________;

(3) 设矩阵

$$\boldsymbol{A}=\begin{pmatrix}-2&0&0\\0&1&0\\0&0&1\end{pmatrix},\quad \boldsymbol{B}=\begin{pmatrix}1&0&0\\0&1&0\\0&0&-2\end{pmatrix},$$

$\boldsymbol{A}$ 与 $\boldsymbol{B}$ 合同,即存在可逆矩阵 $\boldsymbol{C}$,使得 $\boldsymbol{C}^{\mathrm{T}}\boldsymbol{A}\boldsymbol{C}=\boldsymbol{B}$,则 $\boldsymbol{C}=$________;

(4) 若3阶实对称矩阵 $\boldsymbol{A}$ 的特征值为3,4,4,则二次型 $f(x_1,x_2,x_3)=\boldsymbol{x}^{\mathrm{T}}\boldsymbol{A}\boldsymbol{x}$ 的规范形为________,正惯性指数为________,负惯性指数为________.

2. 选择题:

(1) 设 $\boldsymbol{A}$,$\boldsymbol{B}$ 都是 n 阶对称矩阵,且 $\boldsymbol{A}$ 与 $\boldsymbol{B}$ 合同,则( );

A. $\boldsymbol{A}$ 与 $\boldsymbol{B}$ 有相同的特征值　　B. $|\boldsymbol{A}|=|\boldsymbol{B}|$

C. $\boldsymbol{A}$ 与 $\boldsymbol{B}$ 相似　　D. $\mathrm{R}(\boldsymbol{A})=\mathrm{R}(\boldsymbol{B})$

(2) 设 $\boldsymbol{A},\boldsymbol{B}$ 都是 n 阶方阵，则下列命题中正确的是(　　)；

A. 若 $\boldsymbol{A}$ 与 $\boldsymbol{B}$ 等价，则 $\boldsymbol{A}$ 与 $\boldsymbol{B}$ 合同　　B. 若 $\boldsymbol{A}$ 与 $\boldsymbol{B}$ 合同，则 $\boldsymbol{A}$ 与 $\boldsymbol{B}$ 等价

C. 若 $\boldsymbol{A}$ 与 $\boldsymbol{B}$ 相似，则 $\boldsymbol{A}$ 与 $\boldsymbol{B}$ 合同　　D. 若 $\boldsymbol{A}$ 与 $\boldsymbol{B}$ 合同，则 $\boldsymbol{A}$ 与 $\boldsymbol{B}$ 相似

(3) 设 $\boldsymbol{A}$ 为正定矩阵，则下列矩阵不一定为正定矩阵的是(　　)；

A. $\boldsymbol{A}^{\mathrm{T}}$　　B. $\boldsymbol{A}+\boldsymbol{E}$　　C. $\boldsymbol{A}^{-1}$　　D. $\boldsymbol{A}-3\boldsymbol{E}$

(4) 当 a,b,c 满足(　　)时，二次型 $f(x_1,x_2,x_3)=ax_1^2+bx_2^2+ax_3^2+2cx_1x_3$ 是正定二次型.

A. $a>0,b+c>0$　　B. $a>0,b>0$

C. $a>|c|,b>0$　　D. $|a|>c,b>0$

3. 判定下列二次型是否为正定二次型，并用配方法将它们化为标准形：

(1) $f(x_1,x_2,x_3)=2x_1^2+2x_2^2+2x_3^2-2x_1x_2-2x_1x_3-2x_2x_3$；

(2) $f(x_1,x_2,x_3)=x_1^2+2x_2^2+3x_3^2+2x_1x_2+2x_1x_3+4x_2x_3$.

4. 当 t 取何值时，$f(x_1,x_2,x_3)=5x_1^2+x_2^2+tx_3^2+4x_1x_2-2x_1x_3-2x_2x_3$ 是正定二次型？

5. 证明：若 $\boldsymbol{A}=(a_{ij})_{n\times n}$ 为正定矩阵，则 $a_{ii}>0(i=1,2,\cdots,n)$.

6. 设二次型

$$f(x_1,x_2,x_3)=\sum_{i=1}^{3}\sum_{j=1}^{3}a_{ij}x_ix_j=\boldsymbol{x}^{\mathrm{T}}\boldsymbol{A}\boldsymbol{x}$$

是正定二次型，求椭球体 $f(x_1,x_2,x_3)\leqslant 1$ 的体积 V. $\left(\text{已知椭球体 } \frac{x^2}{a^2}+\frac{y^2}{b^2}+\frac{z^2}{c^2}\leqslant 1 \text{ 的体积为 } \frac{4}{3}\pi abc\right)$

7. 设 $\boldsymbol{A},\boldsymbol{B}$ 都是 n 阶对称矩阵，且 $\boldsymbol{B}$ 正定，证明：存在可逆矩阵 $\boldsymbol{C}$，使得 $\boldsymbol{C}^{\mathrm{T}}\boldsymbol{A}\boldsymbol{C}$ 及 $\boldsymbol{C}^{\mathrm{T}}\boldsymbol{B}\boldsymbol{C}$ 都是对角矩阵.

习题参考答案与提示

习 题 1.2

1. (1) 4； (2) 0. **2.** (1) $x^6-(1-y)^6$； (2) $(-1)^{\frac{(n-1)(n-2)}{2}}a_1a_2\cdots a_n$.

习 题 1.3

1. (1) 5； (2) 0. **2.** (1) -6； (2) 3. **4.** D.

习 题 1.4

1. (1) 27； (2) -142. **2.** (1) -2； (2) $\left(a_1-\frac{1}{a_2}-\frac{1}{a_3}-\cdots-\frac{1}{a_n}\right)a_2\cdots a_n$.

3. (1) 160； (2) $[x+(n-1)a](x-a)^{n-1}$.

习 题 1.5

1. (1) 2100； (2) -10368. **2.** (1) -4； (2) $(a^2-b^2)(c^2-d^2)$.

习 题 1.6

1. (1) $x_1=3,x_2=-\frac{3}{2},x_3=2,x_4=-\frac{1}{2}$； (2) $x_1=3,x_2=-4,x_3=-1,x_4=1$.

2. $k=2$ 或 $k=5$ 或 $k=8$. **3.** $k=0$ 或 $\lambda=1$.

总习题一

1. (1) A； (2) D； (3) C； (4) D； (5) B.

2. (1) 0,0； (2) 2； (3) 2； (4) 0； (5) $-20,24$； (6) $k=-1$ 或 $k=-3$.

3. (1) -60； (2) a^4； (3) $\left(n-\frac{2^2}{n-1}-\frac{3^3}{n-2}-\cdots-\frac{n^2}{1}\right)(n-1)!$； (4) $n+1$.

习 题 2.1

1. (1) $\begin{pmatrix}3&3\\7&3\\13&6\end{pmatrix}$； (2) 10； (3) $\begin{pmatrix}6&8\\3&4\\6&8\end{pmatrix}$； (4) $x_1^2+4x_2^2-2x_3^2+4x_1x_2-6x_1x_3+2x_2x_3$.

2. $2AB-3BA=\begin{pmatrix}-8 & -19 & 14\\ 23 & -9 & 24\\ -26 & -16 & 1\end{pmatrix}$, $AB^{T}=\begin{pmatrix}6 & -1 & 8\\ 5 & 5 & 2\\ 0 & -8 & 5\end{pmatrix}$.

5. E.

习 题 2.2

1. (1) $\begin{pmatrix}-2 & 3/2\\ 1 & -1/2\end{pmatrix}$; (2) $\begin{pmatrix}-2 & 1 & 0\\ -15/2 & 7/2 & -1/2\\ -18 & 8 & -1\end{pmatrix}$; (3) $\begin{pmatrix}1/2 & 0 & 0\\ 0 & 1/4 & 0\\ 0 & 0 & 1/5\end{pmatrix}$.

2. $A^{-1}=\frac{1}{2}(A-E)$, $(A+2E)^{-1}=\frac{1}{4}(3E-A)$.

3. (1) $\frac{1}{5}\begin{pmatrix}5 & -2 & 15\\ 0 & 3 & -5\end{pmatrix}$; (2) $\frac{1}{3}\begin{pmatrix}-10 & 12 & -1\\ 2 & 3 & -1\end{pmatrix}$; (3) $\begin{pmatrix}1/2 & -1\\ 0 & 2\end{pmatrix}$.

4. $X=\begin{pmatrix}2 & 0 & 1\\ 0 & 3 & 0\\ 1 & 0 & 2\end{pmatrix}$. **5.** $B=\begin{pmatrix}0 & 3 & 3\\ -1 & 2 & 3\\ 1 & 1 & 0\end{pmatrix}$.

6. $\left|\left(\frac{1}{3}A\right)^{-1}\right|=\frac{27}{2}$, $|2A^{*}|=32$, $|2A^{-1}+(3A)^{*}|=4000$.

7. $(A^{-1})^{*}=\begin{pmatrix}1/2 & 1 & 3/2\\ 1 & 1 & 1/2\\ 3/2 & 2 & 3/2\end{pmatrix}$.

习 题 2.3

1. $AB=\begin{pmatrix}1 & 0 & 1 & 0\\ -1 & 2 & 0 & 1\\ -2 & 4 & 3 & 3\\ -1 & 1 & 3 & 1\end{pmatrix}$. **2.** $|A|=-100$, $|A^{8}|=10^{16}$.

$A^{4}=\begin{pmatrix}625 & 0 & 0 & 0\\ 0 & 625 & 0 & 0\\ 0 & 0 & 16 & 0\\ 0 & 0 & 64 & 16\end{pmatrix}$, $A^{-1}=\begin{pmatrix}3/25 & 4/25 & 0 & 0\\ 4/25 & -3/25 & 0 & 0\\ 0 & 0 & 1/2 & 0\\ 0 & 0 & -1/2 & 1/2\end{pmatrix}$.

3. -6, -6. **4.** 3. **5.** (1) $\begin{pmatrix}O & B^{-1}\\ A^{-1} & O\end{pmatrix}$; (2) $\begin{pmatrix}A^{-1} & O\\ -B^{-1}CA^{-1} & B^{-1}\end{pmatrix}$.

6. (1) $\begin{pmatrix} 0 & 0 & 3 & -4 \\ 0 & 0 & -2 & 3 \\ -4 & 3 & 0 & 0 \\ 3 & -2 & 0 & 0 \end{pmatrix}$; (2) $\begin{pmatrix} 1/5 & -3/5 & 0 & 0 \\ 1/5 & 2/5 & 0 & 0 \\ -9/25 & 22/25 & 2/5 & 1/5 \\ 2/25 & 9/25 & -1/5 & 2/5 \end{pmatrix}$.

总 习 题 二

1. (1) B; (2) B; (3) D; (4) C; (5) B; (6) D; (7) A; (8) D.

2. (1) 4，54; (2) $\dfrac{2\boldsymbol{A}-3\boldsymbol{E}}{3}$，$2\boldsymbol{A}+\boldsymbol{E}$; (3) 14^8，$\begin{pmatrix} 3/2 & -2 & 0 & 0 \\ -1/2 & 1 & 0 & 0 \\ 0 & 0 & -4/7 & 5/7 \\ 0 & 0 & 3/7 & -2/7 \end{pmatrix}$;

(4) $\begin{pmatrix} \boldsymbol{O} & \boldsymbol{B}^{-1} \\ \boldsymbol{A}^{-1} & \boldsymbol{O} \end{pmatrix}$; (5) $\begin{pmatrix} 1/\lambda_1 & 0 & 0 & 0 \\ 0 & 1/\lambda_2 & 0 & 0 \\ 0 & 0 & 1/\lambda_3 & 0 \\ 0 & 0 & 0 & 1/\lambda_4 \end{pmatrix}$; (6) 3; (7) $\begin{pmatrix} 0 & 0 & 1 \\ 0 & 1 & 0 \\ 1 & 0 & 0 \end{pmatrix}$.

3. $|2\boldsymbol{A}^*\boldsymbol{B}^{-1}|=-\dfrac{32}{3}$，$||2\boldsymbol{A}^*|\boldsymbol{B}^{-1}|=-\dfrac{32^3}{3}$.

4. $\boldsymbol{B}=\begin{pmatrix} 1 & 0 & 0 \\ 0 & -2 & 0 \\ 0 & 0 & 1 \end{pmatrix}$.

6. 提示：因为$\boldsymbol{A}\boldsymbol{A}^{\mathrm{T}}=\boldsymbol{E}$，所以$\boldsymbol{A}^{-1}=\boldsymbol{A}^{\mathrm{T}}$，而$\boldsymbol{A}^{-1}=\dfrac{1}{|\boldsymbol{A}|}\boldsymbol{A}^*=\boldsymbol{A}^*$，故$\boldsymbol{A}^{\mathrm{T}}=\boldsymbol{A}^*$.

8. (2) $\boldsymbol{A}=\begin{pmatrix} 0 & 2 & 0 \\ -1 & -1 & 0 \\ 0 & 0 & -2 \end{pmatrix}$. **9.** $\boldsymbol{X}=\begin{pmatrix} 1 & 2 & 5 \\ 0 & 1 & 2 \\ 0 & 0 & 1 \end{pmatrix}$.

习 题 3.1

1. (1) $\boldsymbol{A}=\begin{pmatrix} 1 & 0 & 1/2 & 1 \\ 0 & 1 & 1 & 1 \\ 0 & 0 & 0 & 0 \end{pmatrix}$，$\begin{pmatrix} \boldsymbol{E}_2 & \boldsymbol{O} \\ \boldsymbol{O} & \boldsymbol{O} \end{pmatrix}_{3\times 4}$; (2) $\begin{pmatrix} 1 & 0 & 0 \\ 0 & 1 & 0 \\ 0 & 0 & 1 \end{pmatrix}$，$\boldsymbol{E}_3$;

(3) $\boldsymbol{A}=\begin{pmatrix} 1 & 0 & 2 & 0 & -2 \\ 0 & 1 & -1 & 0 & 3 \\ 0 & 0 & 0 & 1 & 4 \\ 0 & 0 & 0 & 0 & 0 \end{pmatrix}$，$\begin{pmatrix} \boldsymbol{E}_3 & \boldsymbol{O} \\ \boldsymbol{O} & \boldsymbol{O} \end{pmatrix}_{4\times 5}$.

2. (1) $\boldsymbol{A}^{-1}=\begin{pmatrix}1&3&-2\\-3/2&-3&5/2\\1&1&-1\end{pmatrix}$; (2) $\boldsymbol{A}^{-1}=\begin{pmatrix}-5/2&1&-1/2\\5&-1&1\\7/2&-1&1/2\end{pmatrix}$.

3. $\boldsymbol{X}=\begin{pmatrix}3&2\\-2&-3\\1&3\end{pmatrix}$. **4.** $\boldsymbol{X}=\begin{pmatrix}-2&2&6\\2&0&-3\\2&-1&-3\end{pmatrix}$. **5.** $\boldsymbol{P}=\begin{pmatrix}-3&2&0\\2&-1&0\\7&-6&1\end{pmatrix}$.

习　题　3.2

1. (1) $\mathrm{R}(\boldsymbol{A})=3$, $\begin{vmatrix}1&-1&1\\2&3&3\\1&1&2\end{vmatrix}$; (2) $\mathrm{R}(\boldsymbol{A})=2$, $\begin{vmatrix}-8&2\\2&2\end{vmatrix}$.

2. $\lambda=5$, $\mu=1$. **3.** (1) $k=1$; (2) $k=-2$; (3) $k\neq1$,且 $k\neq-2$.

习　题　3.3

1. (1) $\boldsymbol{x}=c_1\begin{pmatrix}-2\\1\\0\\0\end{pmatrix}+c_2\begin{pmatrix}1\\0\\0\\1\end{pmatrix}$, $c_1,c_2\in\mathbb{R}$; (2) 仅有零解.

2. (1) $\boldsymbol{x}=c\begin{pmatrix}1\\1\\0\\0\end{pmatrix}+\begin{pmatrix}1\\0\\1\\0\end{pmatrix}$, $c\in\mathbb{R}$; (2) $\boldsymbol{x}=c_1\begin{pmatrix}3/2\\3/2\\1\\0\end{pmatrix}+c_2\begin{pmatrix}-3/4\\7/4\\0\\1\end{pmatrix}+\begin{pmatrix}5/4\\-1/4\\0\\0\end{pmatrix}$, $c_1,c_2\in\mathbb{R}$;

(3) 无解.

3. (1) 当 $a=-2$ 时,无解;当 $a\neq-2$,且 $a\neq1$ 时,有唯一解;当 $a=1$ 时,有无穷多解.

(2) 唯一解为

$$x_1=\frac{a-1}{a+2},\quad x_2=-\frac{3}{a+2},\quad x_3=-\frac{3}{a+2};$$

全部解为

$$\boldsymbol{x}=c_1\begin{pmatrix}-1\\1\\0\end{pmatrix}+c_2\begin{pmatrix}-1\\0\\1\end{pmatrix}+\begin{pmatrix}-2\\0\\0\end{pmatrix},\quad c_1,c_2\in\mathbb{R}.$$

4. 当 $k=-2$ 或 $k=3$ 时,方程组有非零解.当 $k=-2$ 时,解为

$$x = c\begin{pmatrix}1\\1\\0\end{pmatrix},\quad c\in\mathbb{R};$$

当 $k=3$ 时,解为

$$x = c\begin{pmatrix}-3/5\\2/5\\1\end{pmatrix},\quad c\in\mathbb{R}.$$

总习题三

1. (1) B; (2) A; (3) C; (4) D; (5) A.

2. (1) $R(AB)=2$; (2) $a=-1$; (3) 0 或 1; (4) $\geqslant$; (5) -1; (6) -2.

3. $a=1$, $b=2$, $R(AB)=1$.

4. 当 $k\neq17$ 时,$R(A)=3$;当 $k=17$ 时,$R(A)<3$.

5. $P=\begin{pmatrix}1&3\\2&5\end{pmatrix}$, $PA=\begin{pmatrix}1&0&4\\0&1&7\end{pmatrix}$. **6.** $A^{-1}=\frac{1}{5}\begin{pmatrix}7&2&3&-4\\-5&0&-5&5\\-4&1&-1&3\\-13&-3&-7&11\end{pmatrix}$.

7. 行最简形矩阵和标准形分别为

$$\begin{pmatrix}1&0&0&-2&19/6\\0&1&0&-2&23/6\\0&0&1&1&-11/6\\0&0&0&0&0\end{pmatrix},\begin{pmatrix}1&0&0&0&0\\0&1&0&0&0\\0&0&1&0&0\\0&0&0&0&0\end{pmatrix}.$$

8. $a=1$, $b=2$.

9. 当 $a=1$ 时,

$$x = c_1\begin{pmatrix}-1\\1\\0\end{pmatrix}+c_2\begin{pmatrix}-1\\0\\1\end{pmatrix},\quad c_1,c_2\in\mathbb{R}\text{,但不同时为 }0;$$

当 $a=-\frac{1}{2}$ 时,

$$x = c\begin{pmatrix}1\\1\\1\end{pmatrix},\quad c\in\mathbb{R},c\neq0.$$

习　题　4.1

1. $\boldsymbol{\beta}_1=2\boldsymbol{\alpha}_1+\boldsymbol{\alpha}_2$，$\boldsymbol{\beta}_2$ 不能由 $\boldsymbol{\alpha}_1,\boldsymbol{\alpha}_2$ 线性表示.

3. (1) 线性相关； (2) 线性无关； (3) 线性无关.

4. (1) $a=2$ 或 $a=-1$； (2) $a\neq 3$，且 $a\neq -2$.

习　题　4.2

1. (1) 秩为 3，极大无关组为 $\boldsymbol{\alpha}_1,\boldsymbol{\alpha}_2,\boldsymbol{\alpha}_4$，$\boldsymbol{\alpha}_3=-\boldsymbol{\alpha}_1-\boldsymbol{\alpha}_2$，$\boldsymbol{\alpha}_5=4\boldsymbol{\alpha}_1+3\boldsymbol{\alpha}_2-3\boldsymbol{\alpha}_4$；

(2) 秩为 2，极大无关组为 $\boldsymbol{\alpha}_1,\boldsymbol{\alpha}_2$，$\boldsymbol{\alpha}_3=2\boldsymbol{\alpha}_1-\boldsymbol{\alpha}_2$，$\boldsymbol{\alpha}_4=-\boldsymbol{\alpha}_1+2\boldsymbol{\alpha}_2$.

2. $a=2,b=5$.　　**3.** 向量组的秩为 2，线性相关.

习　题　4.3

1. (1) $\boldsymbol{\xi}_1=(1,1,0,0)^{\mathrm T}$，$\boldsymbol{\xi}_2=(-3,0,-2,1)^{\mathrm T}$；

(2) $\boldsymbol{\xi}_1=(-2,1,1,0,0)^{\mathrm T}$，$\boldsymbol{\xi}_2=(-6,5,0,1,0)^{\mathrm T}$，$\boldsymbol{\xi}_3=(-6,5,0,0,1)^{\mathrm T}$.

2. (1) $\boldsymbol{x}=c_1\begin{pmatrix}-1/3\\7/3\\1\\0\end{pmatrix}+c_2\begin{pmatrix}1/3\\2/3\\0\\1\end{pmatrix}+\begin{pmatrix}-5/3\\-10/3\\0\\0\end{pmatrix}$，$c_1,c_2\in\mathbb{R}$；

(2) $\boldsymbol{x}=c_1\begin{pmatrix}3\\3\\2\\0\end{pmatrix}+c_2\begin{pmatrix}-3\\7\\0\\4\end{pmatrix}+\begin{pmatrix}5/4\\-1/4\\0\\0\end{pmatrix}$，$c_1,c_2\in\mathbb{R}$.

3. $\boldsymbol{x}=c\begin{pmatrix}1\\1\\2\\0\end{pmatrix}+\begin{pmatrix}1\\1/2\\0\\0\end{pmatrix}$，$c\in\mathbb{R}$.

习　题　4.4

1. V_1 是向量空间，V_2 不是向量空间.　　**2.** 坐标为 1,1,1.

4. V 的维数为 3.　　**5.** 坐标为 2,1,0.

习　题　4.5

1. (1) $\boldsymbol{\beta}_1=(1,1,1)^{\mathrm T}$，$\boldsymbol{\beta}_2=(-1,0,1)^{\mathrm T}$，$\boldsymbol{\beta}_3=\dfrac{1}{3}(1,-2,1)^{\mathrm T}$；

(2) $\boldsymbol{\beta}_1=(1,0,1,0)^{\mathrm T},\boldsymbol{\beta}_2=(-1,1,1,1)^{\mathrm T},\boldsymbol{\beta}_3=(0,-1,0,1)^{\mathrm T}$.

2. $a=-\dfrac{1}{2}$.

3. (1) $\boldsymbol{\xi}_1=(0,\sqrt{2}/2,\sqrt{2}/2)^{\mathrm T},\boldsymbol{\xi}_2=(\sqrt{6}/3,\sqrt{6}/6,-\sqrt{6}/6)^{\mathrm T},\boldsymbol{\xi}_3=(\sqrt{3}/3,-\sqrt{3}/3,\sqrt{3}/3)^{\mathrm T}$;

(2) $\boldsymbol{\xi}_1=(-\sqrt{3}/3,-\sqrt{3}/3,\sqrt{3}/3)^{\mathrm T},\boldsymbol{\xi}_2=(-\sqrt{2}/2,\sqrt{2}/2,0)^{\mathrm T},\boldsymbol{\xi}_3=(\sqrt{6}/6,\sqrt{6}/6,\sqrt{6}/3)^{\mathrm T}$.

总 习 题 四

1. (1) $(4,3,2,1)^{\mathrm T}$； (2) 2； (3) 1,1,−1； (4) $a\neq-2$； (5) $\mathrm{R}(\boldsymbol{A},\boldsymbol{b})=4$.

2. (1) C； (2) C； (3) B； (4) B； (5) B； (6) C.

4. $\begin{cases}x_1-2x_2+x_3\qquad=0,\\2x_1-3x_2+\qquad x_4=0.\end{cases}$

5. (2) $a=2,\ b=-3,\ \boldsymbol{x}=c_1\begin{pmatrix}-2\\1\\1\\0\end{pmatrix}+c_2\begin{pmatrix}4\\-5\\0\\1\end{pmatrix}+\begin{pmatrix}2\\-3\\0\\0\end{pmatrix},\ c_1,c_2\in\mathbb{R}$.

6. $\boldsymbol{x}=c_1\begin{pmatrix}1\\-1\\1\\0\end{pmatrix}+c_2\begin{pmatrix}0\\-1\\0\\1\end{pmatrix},\ c_1,c_2\in\mathbb{R}$.　　**7.** $\boldsymbol{x}=c\begin{pmatrix}1\\3\\2\\4\end{pmatrix}+\begin{pmatrix}1\\2\\3\\4\end{pmatrix},\ c\in\mathbb{R}$.

8. $\boldsymbol{\beta}_1=(1,0,0)^{\mathrm T},\boldsymbol{\beta}_2=(0,1,0)^{\mathrm T},\boldsymbol{\beta}_3=(0,0,1)^{\mathrm T}$;坐标为 2,3,5.

9. $\boldsymbol{\alpha}_2=(1,0,-1)^{\mathrm T}$， $\boldsymbol{\alpha}_3=(-1/2,1,-1/2)^{\mathrm T}$.

10. 标准正交基为

$\boldsymbol{\xi}_1=(\sqrt{3}/3,-\sqrt{3}/3,\sqrt{3}/3)^{\mathrm T}$， $\boldsymbol{\xi}_2=(-\sqrt{6}/6,\sqrt{6}/6,\sqrt{6}/3)^{\mathrm T}$， $\boldsymbol{\xi}_3=(\sqrt{2}/2,\sqrt{2}/2,0)^{\mathrm T}$，

坐标为 $\dfrac{2\sqrt{3}}{3},-\dfrac{\sqrt{6}}{3},0$.

习 题 5.1

1. 矩阵 $\boldsymbol{A}$ 的特征值和对应的极大无关特征向量组为(k_1,k_2 分别为 λ_1,λ_2 的代数重数)

(1) $\lambda_1=7,\boldsymbol{\xi}_1=(1,1)^{\mathrm T}$; $\lambda_2=-2,\boldsymbol{\xi}_2=(4,-5)^{\mathrm T}(k_1=1,k_2=1)$.

(2) $\lambda_1=1,\boldsymbol{\xi}_1=(1,0)^{\mathrm T}(k_1=2)$.

(3) $\lambda_1=1,\boldsymbol{\xi}_1=(1,0,0)^{\mathrm T},\boldsymbol{\xi}_2=(0,1,0)^{\mathrm T}$; $\lambda_2=2,\ \boldsymbol{\xi}_3=(-1,0,1)^{\mathrm T}(k_1=2,k_2=1)$.

(4) $\lambda_1=1,\boldsymbol{\xi}_1=(1,0,0)^{\mathrm T}$; $\lambda_2=2,\boldsymbol{\xi}_2=(0,0,1)^{\mathrm T}(k_1=2,k_2=1)$.

(5) $\lambda_1=-3,\boldsymbol{\xi}_1=(1,0,1)^{\mathrm T},\boldsymbol{\xi}_2=(1,2,0)^{\mathrm T}$; $\lambda_2=6,\boldsymbol{\xi}_3=(2,-1,-2)^{\mathrm T}(k_1=2,k_2=1)$.

(6) $\lambda_1=1,\boldsymbol{\xi}_1=(-1,-2,1)^{\mathrm{T}}$；$\lambda_2=2,\boldsymbol{\xi}_2=(0,0,1)^{\mathrm{T}}(k_1=2,k_2=1)$.

2. 提示：按定义 1 证明.

3. 提示：按定义 2，并利用行列式的性质证明.

4. 提示：注意到 $\boldsymbol{A}$ 可逆的充分必要条件是 $|\boldsymbol{A}|\neq 0$，用性质 2 证明.

5. 提示：按定义 1，并利用第 4 题的结论证明.

6. $\boldsymbol{A}^{\mathrm{T}}$ 的特征值是 1，-1，2；$\boldsymbol{A}^{-1}$ 的特征值是 1，-1，1/2；$f(\boldsymbol{A})$ 的特征值是 -2，4，1.

提示：应用第 3 题和第 5 题的结论以及性质 4.

7. 提示：(1) 按线性无关的定义证明；(2) 用反证法证明.

习　题　5.2

1. (1)，(3)，(5)的矩阵 $\boldsymbol{A}$ 可以对角化；(2)，(4)，(6)的矩阵 $\boldsymbol{A}$ 不可以对角化.

(1) $\boldsymbol{P}=\begin{pmatrix}1&4\\1&-5\end{pmatrix}$，$\boldsymbol{D}=\begin{pmatrix}7&0\\0&-2\end{pmatrix}$；　(3) $\boldsymbol{P}=\begin{pmatrix}1&0&-1\\0&1&0\\0&0&1\end{pmatrix}$，$\boldsymbol{D}=\begin{pmatrix}1&0&0\\0&1&0\\0&0&2\end{pmatrix}$；

(5) $\boldsymbol{P}=\begin{pmatrix}1&1&2\\0&2&-1\\1&0&-2\end{pmatrix}$，$\boldsymbol{D}=\begin{pmatrix}-3&0&0\\0&-3&0\\0&0&6\end{pmatrix}$.

2. $\boldsymbol{A}=\begin{pmatrix}3&1\\5&-1\end{pmatrix}$，$\boldsymbol{A}^{20}=\dfrac{2^{19}}{3}\begin{pmatrix}5\cdot 2^{20}+1&2^{20}-1\\5\cdot 2^{20}-5&2^{20}+5\end{pmatrix}$.

3. $a=0$，$b=-2$.　提示：利用定理 1 的结论(1)来求.

4. 提示：利用定理 1 的结论(1)以及 §5.1 的性质 2 证明.

5. 提示：应用第 4 题的结论，按定义 1 证明.

6. 由于 $\boldsymbol{A}$ 与 $\boldsymbol{B}$ 相似，故 $\boldsymbol{B}$ 与 $\boldsymbol{A}$ 有相同的特征值 2，3，-1，从而 $\boldsymbol{B}^{-1}$ 的特征值为 1/2，1/3，-1；$\boldsymbol{B}^2-3\boldsymbol{B}+2\boldsymbol{E}$ 的特征值为 0，2，6.

习　题　5.3

1. (1) $\boldsymbol{Q}=\begin{pmatrix}-1/\sqrt{2}&1/\sqrt{2}\\1/\sqrt{2}&1/\sqrt{2}\end{pmatrix}$，$\boldsymbol{D}=\begin{pmatrix}1&0\\0&3\end{pmatrix}$；

(2) $\boldsymbol{Q}=\begin{pmatrix}-1/\sqrt{2}&1/\sqrt{2}&0\\1/\sqrt{2}&1/\sqrt{2}&0\\0&0&1\end{pmatrix}$，$\boldsymbol{D}=\begin{pmatrix}1&0&0\\0&3&0\\0&0&3\end{pmatrix}$；

(3) $\boldsymbol{Q}=\frac{1}{3}\begin{pmatrix}2&2&1\\-2&1&2\\-1&2&-2\end{pmatrix}$, $\boldsymbol{D}=\begin{pmatrix}1&0&0\\0&4&0\\0&0&7\end{pmatrix}$;

(4) $\boldsymbol{Q}=\begin{pmatrix}0&1/\sqrt{2}&1/\sqrt{2}\\-1&0&0\\0&-1/\sqrt{2}&1/\sqrt{2}\end{pmatrix}$, $\boldsymbol{D}=\begin{pmatrix}-1&0&0\\0&-1&0\\0&0&1\end{pmatrix}$;

(5) $\boldsymbol{Q}=\begin{pmatrix}1/3&2/\sqrt{5}&-2/3\sqrt{5}\\-2/3&1/\sqrt{5}&4/3\sqrt{5}\\2/3&0&5/3\sqrt{5}\end{pmatrix}$, $\boldsymbol{D}=\begin{pmatrix}9&0&0\\0&0&0\\0&0&0\end{pmatrix}$;

(6) $\boldsymbol{Q}=\begin{pmatrix}1/\sqrt{3}&1/\sqrt{2}&1/\sqrt{6}\\-1/\sqrt{3}&1/\sqrt{2}&-1/\sqrt{6}\\-1/\sqrt{3}&0&2/\sqrt{6}\end{pmatrix}$, $\boldsymbol{D}=\begin{pmatrix}-5&0&0\\0&1&0\\0&0&1\end{pmatrix}$.

2. 提示：$\boldsymbol{A}=\boldsymbol{QDQ}^{-1}=\boldsymbol{QDQ}^{\mathrm{T}}$.

3. (1) $\boldsymbol{\xi}_2=(1,1)^{\mathrm{T}}$. 提示：利用性质 2. (2) $\boldsymbol{A}=\frac{1}{2}\begin{pmatrix}3&1\\1&3\end{pmatrix}$.

总 习 题 五

1. (1) 0； (2) 1,0；

(3) $\boldsymbol{A}^{\mathrm{T}}$ 的特征值为 $-2,-1,2$，$\boldsymbol{A}^{-1}$ 的特征值为 $-\frac{1}{2},-1,\frac{1}{2}$，

$f(\boldsymbol{A})=\boldsymbol{A}^3+\boldsymbol{A}^2-2\boldsymbol{E}$ 的特征值为 $-6,-2,10$，$|f(\boldsymbol{A})|=120$；

(4) $\frac{3}{4}$； (5) $\boldsymbol{E}$； (6) $x=0,y=1$； (7) 3； (8) $\begin{pmatrix}3/2&1/2\\1/2&3/2\end{pmatrix}$.

2. (1) B； (2) D； (3) A； (4) D； (5) B； (6) C.

提示：(3) 应用 §5.1 中的定理.

3. 提示：按 §5.1 中的定义 1 证明.

4. 提示：设 $\boldsymbol{A}$ 的特征值为 λ_1 和 λ_2，则 $|\boldsymbol{A}|=\lambda_1\lambda_2<0$.

5. $a=1/2$ 或 $a=0$. 当 $a=1/2$，$\boldsymbol{A}$ 可对角化；当 $a=0$，$\boldsymbol{A}$ 不可对角化.

6. 提示：设 $\boldsymbol{A}$ 的特征值为 $\lambda_1,\lambda_2,\cdots,\lambda_n$，存在相似变换矩阵 $\boldsymbol{P}$，对角矩阵

$$\boldsymbol{D}=\mathrm{diag}(\lambda_1,\lambda_2,\cdots,\lambda_n),$$

使得 $\boldsymbol{A}=\boldsymbol{PDP}^{-1}$，而 $f(\boldsymbol{A})=\boldsymbol{P}f(\boldsymbol{D})\boldsymbol{P}^{-1}$.

7. 提示：$\boldsymbol{A}$ 的特征值只能是 0，由 §5.3 中的定理知，存在正交矩阵 $\boldsymbol{Q}$，使 $\boldsymbol{Q}^{-1}\boldsymbol{AQ}=\boldsymbol{O}$.

8. (1) $\boldsymbol{A}=\begin{pmatrix}9/10 & 2/5\\ 1/10 & 3/5\end{pmatrix}$； (2) $\lambda_1=1,\boldsymbol{\xi}_1=(4,1)^{\mathrm{T}}$；$\lambda_1=\frac{1}{2},\boldsymbol{\xi}_2=(-1,1)^{\mathrm{T}}$；

(3) $\begin{pmatrix}x_{n+1}\\ y_{n+1}\end{pmatrix}=\frac{1}{10}\begin{pmatrix}8-\frac{3}{2^n}\\ 2+\frac{3}{2^n}\end{pmatrix}$； (4) $\lim\limits_{n\to\infty}\begin{pmatrix}x_n\\ y_n\end{pmatrix}=\begin{pmatrix}0.8\\ 0.2\end{pmatrix}$.

习 题 6.1

1. (1) $\boldsymbol{A}=\begin{pmatrix}1 & 1 & -2\\ 1 & -3 & 3\\ -2 & 3 & 6\end{pmatrix}$； (2) $\boldsymbol{A}=\begin{pmatrix}1 & 0 & 0\\ 0 & 7 & 0\\ 0 & 0 & 0\end{pmatrix}$； (3) $\boldsymbol{A}=\begin{pmatrix}1 & t & -1\\ t & 1 & 2\\ -1 & 2 & 5\end{pmatrix}$.

2. (1) $f(x_1,x_2,x_3)=2x_1^2+x_2^2+8x_3^2-6x_1x_2+2x_1x_3+12x_2x_3$；

(2) $f(x_1,x_2,x_3)=3x_1^2+2x_2^2+9x_3^2+2ax_1x_2+10x_1x_3$；

(3) $f(x_1,x_2,x_3)=3x_1^2-4x_2^2+4x_1x_2$.

3. $a=\pm\frac{2}{3}$.

习 题 6.2

1. (1) $f=y_1^2+4y_2^2+7y_3^2$, $\boldsymbol{x}=\boldsymbol{C}\boldsymbol{y}$, $\boldsymbol{C}=\frac{1}{3}\begin{pmatrix}2 & 2 & 1\\ -2 & 1 & 2\\ -1 & 2 & -2\end{pmatrix}$；

(2) $f=-y_1^2-y_2^2+y_3^2$, $\boldsymbol{x}=\boldsymbol{C}\boldsymbol{y}$, $\boldsymbol{C}=\begin{pmatrix}0 & 1/\sqrt{2} & 1/\sqrt{2}\\ -1 & 0 & 0\\ 0 & -1/\sqrt{2} & 1/\sqrt{2}\end{pmatrix}$；

(3) $f=9y_1^2$, $\boldsymbol{x}=\boldsymbol{C}\boldsymbol{y}$, $\boldsymbol{C}=\begin{pmatrix}1/3 & 2/\sqrt{5} & -2/3\sqrt{5}\\ -2/3 & 1/\sqrt{5} & 4/3\sqrt{5}\\ 2/3 & 0 & 5/3\sqrt{5}\end{pmatrix}$；

(4) $f=-5y_1^2+y_2^2+y_3^2$, $\boldsymbol{x}=\boldsymbol{C}\boldsymbol{y}$, $\boldsymbol{C}=\begin{pmatrix}1/\sqrt{3} & 1/\sqrt{2} & 1/\sqrt{6}\\ -1/\sqrt{3} & 1/\sqrt{2} & -1/\sqrt{6}\\ -1/\sqrt{3} & 0 & 2/\sqrt{6}\end{pmatrix}$.

2. (1) $f=3y_1^2+\frac{8}{3}y_2^2+\frac{7}{2}y_3^2$, $\boldsymbol{x}=\boldsymbol{C}\boldsymbol{y}$, $\boldsymbol{C}=\begin{pmatrix}1 & -2/3 & -1/2\\ 0 & 1 & 3/4\\ 0 & 0 & 1\end{pmatrix}$；

(2) $f=2y_1^2-y_2^2-2y_3^2$, $\boldsymbol{x}=\boldsymbol{C}\boldsymbol{y}$, $\boldsymbol{C}=\begin{pmatrix}1&0&1\\0&1&0\\1&0&-1\end{pmatrix}$;

(3) $f=2y_1^2-y_2^2-3y_3^2$, $\boldsymbol{x}=\boldsymbol{C}\boldsymbol{y}$, $\boldsymbol{C}=\begin{pmatrix}1&1&-1\\0&1&-1\\0&0&1\end{pmatrix}$;

(4) $f=2y_1^2-2y_2^2$, $\boldsymbol{x}=\boldsymbol{C}\boldsymbol{y}$, $\boldsymbol{C}=\begin{pmatrix}1&1&1\\1&-1&0\\0&0&1\end{pmatrix}$. 提示：先作变换 $\begin{cases}x_1=z_1+z_2,\\x_2=z_1-z_2,\\x_3=\qquad z_3,\end{cases}$ 再用配方法.

3. (1) $f=y_1^2+y_2^2+y_3^2$, $\boldsymbol{x}=\boldsymbol{C}\boldsymbol{y}$,

$$\boldsymbol{C}=\frac{1}{3}\begin{pmatrix}2&1&1/\sqrt{7}\\-2&1/2&2/\sqrt{7}\\-1&1&-2/\sqrt{7}\end{pmatrix} \quad 或 \quad \boldsymbol{C}=\begin{pmatrix}1/\sqrt{3}&-\sqrt{6}/6&-1/\sqrt{14}\\0&\sqrt{6}/4&3/2\sqrt{14}\\0&0&2/\sqrt{14}\end{pmatrix};$$

(2) $f=y_1^2-y_2^2-y_3^2$, $\boldsymbol{x}=\boldsymbol{C}\boldsymbol{y}$,

$$\boldsymbol{C}=\begin{pmatrix}1/\sqrt{2}&0&1/\sqrt{2}\\0&-1&0\\1/\sqrt{2}&0&-1/\sqrt{2}\end{pmatrix} \quad 或 \quad \boldsymbol{C}=\begin{pmatrix}1/\sqrt{2}&0&1/\sqrt{2}\\0&1&0\\1/\sqrt{2}&0&-1/\sqrt{2}\end{pmatrix}.$$

4. 按定义 2 证明.

习　题　6.3

1. (1) 不是正定； (2) 正定； (3) 不是正定； (4) 正定.

2. $-\dfrac{4}{5}<t<0$.

3. (1) 提示：利用 $\boldsymbol{x}^{\mathrm{T}}(\boldsymbol{A}+\boldsymbol{B})\boldsymbol{x}=\boldsymbol{x}^{\mathrm{T}}\boldsymbol{A}\boldsymbol{x}+\boldsymbol{x}^{\mathrm{T}}\boldsymbol{B}\boldsymbol{x}$,按定义 1 证明；

(2) 提示：利用定理 2 的推论证明.

4. 提示：利用定理 2 证明.

总 习 题 六

1. (1) $\begin{pmatrix}0&1/2&1/2\\1/2&0&1/2\\1/2&1/2&0\end{pmatrix}$; (2) 2; (3) $\boldsymbol{C}=\begin{pmatrix}0&0&1\\0&1&0\\1&0&0\end{pmatrix}$; (4) $f=y_1^2+y_2^2+y_3^2$, 3, 0.

2. (1) D； (2) B； (3) D； (4) C.

3. (1) 正定，$f=2y_1^2+\frac{3}{2}y_2^2$； (2) 正定，$f=y_1^2+y_2^2+y_3^2$.

4. $t>2$.

5. 提示：对任意 $\boldsymbol{x}\in\mathbb{R}^n,\boldsymbol{x}\neq\boldsymbol{0},\boldsymbol{x}^{\mathrm{T}}\boldsymbol{A}\boldsymbol{x}>0$，取

$$\boldsymbol{x}=\boldsymbol{e}_i=(0,\cdots,0,1,0,\cdots,0)^{\mathrm{T}}\quad(i=1,2,\cdots,n).$$

6. $V=\dfrac{4\pi}{3\sqrt{|\boldsymbol{A}|}}$. 提示：设 $\boldsymbol{A}$ 的特征值为 $\lambda_1,\lambda_2,\lambda_3$，则 $\lambda_1,\lambda_2,\lambda_3>0,|\boldsymbol{A}|=\lambda_1\lambda_2\lambda_3$. 又存在正交变换 $\boldsymbol{x}=\boldsymbol{Q}\boldsymbol{y}$，将 f 化为标准形 $f(y_1,y_2,y_3)=\lambda_1y_1^2+\lambda_2y_2^2+\lambda_3y_3^2$.

7. 提示：存在可逆矩阵 $\boldsymbol{P}$，使得 $\boldsymbol{P}^{\mathrm{T}}\boldsymbol{B}\boldsymbol{P}=\boldsymbol{E}$，而 $\boldsymbol{P}^{\mathrm{T}}\boldsymbol{A}\boldsymbol{P}$ 是对称矩阵.